帝国日本の大陸政策と満洲国軍

及川琢英著

吉川弘文館

目次

第Ⅱ部　満洲国軍の発展と崩壊

図表目次

凡例

一、年号は原則として西暦に統一した。ただし清朝期の元号を併記した箇所もある。

二、旧字体は適宜、新字体に改めた。

三、「満洲国」「満洲国軍」「満系」「支那通」などは本来括弧を付けるべきであるが、煩瑣になるのを避けるため、括弧を省略した。

四、史料の引用に際して、判読不能な文字は□で補い、明らかに誤字・脱字と判断できるものは文字の傍らに（ママ）を付し、正しい文字が特定できる場合は（ ）で補った。引用上、現在では不適切な呼称や表現などを表記せざるを得ない箇所があるが、ご理解いただきたい。

五、アジア歴史資料センター（https://www.jacar.go.jp）で閲覧した史料は、JACARと記し、レファレンスコードを付した。レファレンスコードの最初のアルファベットは、Aが国立公文書館、Bが外務省外交史料館、Cが防衛省防衛研究所の所蔵を示している。

序章　課題と視角

一　問題の所在

一九三一年満洲事変以来、四五年敗戦まで日本の占領地には多くの対日協力政権が置かれ、同政権軍が組織された(1)。その嚆矢となったのが、満洲国であり、満洲国軍であった。満洲国軍は日本に帰順した奉天軍部隊など在地勢力をもとに組織された満洲国の軍隊であり、陸軍部隊のほか河川警備を担う艦隊を配備していた。満洲国執政（のち皇帝）が統率するとされたが、実際は関東軍が主導した。「傀儡国家」として日本の威力を背景に存続し、抗日勢力による武装闘争に直面した満洲国において、ことさら軍事力が重要な位置を占めたことは想像に難くない。

では満洲国軍は、「傀儡軍」として取るに足らない存在だったのだろうか。一九四四年軍事評論家の小林知治は、満洲国軍が独力で治安作戦を遂行し成果を挙げたこと、日本軍と協力して華北や内モンゴルなど外征作戦に従事したことを指摘し、「満洲建国十一周年を迎へんとする今日、満洲国軍は建国《ママ》時代、整軍時代を経て、真に独立国の軍隊として、内容外観共に威容を備へるに至つてゐるのである」と述べている。「真に独立国の軍隊」の箇所は問題があるとしても、満洲国軍を高く評価していることがわかる(2)。また関東軍参謀やビルマ方面軍参謀などを務めた片倉衷も戦後の回想で、「満洲国軍は逐次素質を向上せられ、且憲兵隊の設置其他軍心の把制に努められた結果、日本軍との共同作戦に若干の貢献をなし、治安維持には、相当の成果を挙げた」と、汪政府軍や内モンゴル軍、ビルマ軍、インド国民軍などに比べて、高い評価を与えていることが注目される。[3]

満洲国における軍事を扱った本格的研究の嚆矢であり、満洲国軍が一定の積極的評価を下し得る存在であったことを先駆的に指摘したのが、吉田裕および山田朗の研究であった。吉田は、満洲事変期（一九三一～三七年）における反満抗日武装闘争と関東軍を中心に考察し、満洲国では「傀儡軍（満洲国軍）の育成にかなりの程度成功し、これが治安体系の中で少なからぬ機能を実際に担っ」ており、その点で日本の植民地・占領地支配の歴史の中で特異な位置を占めていると指摘した。[4]また日中全面戦争期以降の関東軍および満洲国軍を考察した山田は、関東軍は当初、満洲国における対外侵攻軍事力、「治安維持」軍事力双方の役割を担ったが、対ソ戦準備に専念したい関東軍は、満洲国軍を「治安維持」軍事力の主体へと強化させ、一定の成果を挙げたとする。山田はまた後述のように日本の植民地初の徴兵制として「国兵法」（一九四〇年四月公布）に着目し、分析している。[5]すなわち両研究によっても満洲国軍が取るに足らない単なる形だけの存在ではなく、日本の植民地・占領地史において考察に値すべき対象であることが示されている。

しかしその後両研究の論点を発展させる研究の蓄積が十分になされてきたとは言い難い。二〇〇〇年代までの満洲国研究の一定の到達点を示したのが、植民地文化学会・東北淪陥一四年史総編室編『〈日中共同研究〉「満洲国」とは何だったのか』（小学館、二〇〇八年）であり、第四章「治安と軍事」には「関東軍と『満洲国軍』」の項がある。ただし満洲国軍についてはその成立から解体までの経緯の表面的な記述に止まっており、同軍にとって重要な意味を持った国兵法への言及もなく、十分なものとは言い難い。[6]

二〇一〇年代に入ると、満洲国軍研究が活発化し、個別的論点が深まっているが、[7]吉田および山田の指摘を十分に踏まえて研究を進展させ、日本の植民地・占領地史の中に位置づけつつ、満洲国軍の全体像を描いていくことは、いまだ課題として残されているのである。

二　満洲国軍前史——日本の対中国政策と在地勢力——

満洲事変を起こした関東軍は、一九三一年九月二二日「満蒙問題解決策案」を策定し、宣統帝（溥儀）を頭首とする「支那政権」を樹立するとともに、地方治安維持のために在地勢力の熙洽、張海鵬、湯玉麟、于芷山、張景恵を起用することを方針とした。(8) この熙洽らが有する兵力が満洲国軍の基盤となっていく。

では熙洽以下の人物は果して何者であり、ほかにはどのような者が満洲国軍に参加したのだろうか。すでに満系官吏や軍官の出自については、浜口裕子や傅大中によって分類がなされている。(10) しかしながら満系軍官となる者が満洲事変以前において、具体的にはどのような立場にあり、どのような経緯を経て、満洲国参加へと到ったのかの詳細については、必ずしも十分に明らかにされているとは言い難い。満洲国軍がいかに一定の積極的評価を与えられるほど発展したかを明らかにするためにも、満洲国軍前史の十分な解明が合わせて必要であろう。

さて日本の対中国政策においては、日露戦争によって獲得した満洲権益をいかに維持・発展させていくかが重要な課題となった。(11) 古屋哲夫は、対中国政策の積み重ねのなかで、日中関係が全面戦争にまで至った構造（「分離主義」とその実現のための「現地解決方式」）がどのように生み出されていったのかを考察している。(12) 古屋によると、日露戦争後、「分離主義」形成の最初の契機となる、満蒙を日本と特殊の関係にあるとみなす「特殊利益論」が登場した。そして二十一か条要求をきっかけに「特殊利益論」の上に親日派育成政策が重ねられるようになっていく。袁世凱打倒工作において対中国政策のなかに「謀略」志向が持ち込まれ、やがて張作霖・段祺瑞という「親日派」勢力が育成されていったが、第一次大戦後には「特殊利益論」の後退、「治安維持」要求への転換を余儀なくされた。しかしそれでも張作霖を媒介として満蒙を特殊化しようとする「満蒙分離主義」は維持されていった。やがて満蒙治安維持に介入する立場を得た関東軍は、張作霖を爆殺し、「満蒙分離主義」を植民地化の方向へ強化していった。関東軍は「局地的軍事行動」と傀儡化工作により、満洲国建国を主導し、さらには華北分離工作を展開していく。[14]

このように「分離主義」を志向した日本の対中国政策において、在地勢力の利用は重要な構成要素であった。これまでの研究においても張作霖の存在は注目され、[15]「満蒙独立運動」などの謀略工作についても研究が蓄積されてきたが、[16]在地勢力の内実を踏まえた研究が十分になされてきたとは言い難い。そもそも張作霖らを「親日派」として規定していいのだろうか。また日本は長年支援してきた張作霖を排除していったが、では人材的にみると、満洲事変時の傀儡化工作にはどのように繋がっていくのだろうか。また満洲国では在地勢力はどのように扱われ、どのように満洲国崩壊を迎えていったのだろうか。

在地勢力の利用に関しては、傀儡化される在地勢力、そして操縦役となる日本側勢力の進出が問題となる。日本と満洲在地勢力との関係は、日露戦争以来のものであったことが改めて注目されなければならない。日露戦争では清が中立を宣言するなか、日本軍は奉天周辺の勢力を大陸浪人らに操縦させる特別任務班を設置し、[17]張作霖（腹心には張景恵らがいた）のほか、馮徳麟（麟閣）、張海鵬、于芷山、馬占山、バボージャブ（巴布扎布）など多くの馬賊たちが同任務班に関わっている。彼らはのちに清国官軍に編入され、バボージャブを除いて張作霖が主導する奉天軍の一員となっていった。また日露戦争で駐屯した日本軍は、在地有力者の子弟（熙洽らがいた）の陸軍士官学校（以下、陸士）留学を斡旋しており（中国からの陸士留学八期生に該当）、帰国した同八期生も奉天軍へと集結していった。では以上のような日露戦争以来日本とつながりのある者たちは、奉天軍においていかなる状況に置かれ、日本への帰順へと到るのだろうか。

中国における陸士留学生研究においては、陸士留学生たちは校友関係により特殊な紐帯で結ばれ、特異な社会集団を形成したこと、帰国後には権力階層に入り込み、軽視し得ない存在となったこと、「軍閥混戦」の中で各地に割拠する勢力となったり、「軍閥」の有力な側近となったことなどが指摘されている。(18)ただし管見の限り、奉天派の陸士留学生を主たる対象とし、満洲国への参加までを視野に入れた研究はみられない。

一方、中国東北史研究においては、江夏由樹(19)および澁谷由里(20)らにより、辛亥革命以降、東三省で重要な役割を占め、張作霖・張学良政権、さらには満洲国にも関与していった奉天地域エリートの存在が注目されてきた。(21)江夏や澁谷らの研究においては、奉天出身の陸士留学八期生のうち張煥相や楊宇霆、(22)臧式毅(23)など個々あるいは数名が言及されることがあったとしても、八期生全体が広く分析の俎上に載せられ、十分に考察されることはなかった。しかし八期生は地域エリートとして袁金鎧ら文治派と利害関係を共通させつつも、軍官としてまた異なる立場から、満洲国にはより深く関与していくのであり、(24)その全体の分析は欠かすことができない。

奉天派研究(25)においては、すでに楊宇霆周辺の陸士留学生、張学良や郭松齢周辺の北京陸大・東三省講武堂出身者からなる「新派」と張作霖の旧来の部下である「旧派」の世代間対立が指摘されている。(26)しかし楊宇霆以外の八期生についてみてみると、旧派に取り立てられた側面を見落とすことはできず、旧派との対立を強調するのは適切ではない。実際、張学良が旧派と連携して楊宇霆を暗殺した後も八期生のなかには引き続きその地位を継続させた者もいた。すなわち陸士留学八期生は、単純に楊宇霆を中心とするグループとは言えないのである。張作霖が東三省支配を確立し(27)ていくなかで、陸士留学八期生がいかに地位を上昇させていったのか、いかなる政治的位置にあったのかを再検証しなければならない。

日露戦時特別任務班の日本人監督官は、馬賊の官軍編入と同時に、教官として聘傭された。のちに日本はそれを契機に、奉天将軍の下へ軍事顧問を派遣することを中国に認めさせ、同顧問はさらに満洲国軍事顧問へと繋がっていった。軍事顧問を務めた陸軍支那通に関しては、戸部良一の研究がある(28)。同研究によって、陸軍支那通の動向の体系的な枠組みが提示されたといえよう。ただし任務班に関しては、組織および活動の概要に言及しているのみで、任務班が有した歴史的意義、陸軍支那通が任務班に関わった意義については論じる余地がある。また奉天出身の留学生の動向や同留学生と陸軍支那通の関係は明らかではなく、満洲国軍事顧問に関しても最高顧問佐々木到一の思想に言及されているのみで、考察の余地は残されている。

三　満洲国統治と支配の浸透

満洲国軍に関しては、同軍関係者の手による満洲国軍編纂委員会編『満洲国軍』（蘭星会、一九七〇年）が刊行されており、基本文献となっている。しかし同書のみに依拠することは、当事者的、しかも日本側からの観点に引きずられる恐れがあろう。吉田および山田の研究はその問題点に意識的であるが、『満洲国軍』ほか日本側史料にのみ依ってしまっている。当事者的観点の限界を乗り越えるためには中国側史料などを発掘し多角的に分析することが必要となる(29)。

日本側史料とともに多くの中国側史料に依拠しているのが、傅大中『偽満洲国軍簡史』であり、同書により満洲国軍に関する基本的な論点と分析が提示されている(30)。今後は傅大中の研究を受けて、さらに研究水準を高めていくことが求められる。

満系軍官に関しては、前述のように奉天軍から帰順し満洲国の大臣や軍司令官など重職を担っていく者は、特別任務班出身者や陸士留学八期生など、日本とは日露戦争以来の繋がりがある人物であった(31)。また内モンゴル東部地域においてもバボージャブの子カンジュルジャブ（甘珠爾扎布）らが陸士に留学し、満洲事変では彼らの内モンゴル自治軍はさしたる成果は挙げられなかったものの、一定の役割を果たすことなった。彼ら特別任務班関係者や陸士留学生は満洲国軍においてどのような立場に置かれたのか。日露戦争以来の経緯を踏まえつつ、「明昇暗降」策(32)に加えて、世代交代に関して分析していく必要があるだろう。

また軍事顧問および日系軍官はいかに満系を統制しようとしたのか、統制は貫徹し得たのかという「支配の浸透」の視角(33)からの分析も必要である。山室信一は、満洲国統治は第三次日韓協約に沿って進められた韓国統治と類似しているとして、「顧問統治から次官政治への転換」、すなわち「統治組織のライン外にあって間接的に責任者を介して統治意図を実現する統治方法から、統治組織のライン内に入って直接的に自ら責任者として統治意図を実現する統治方法への転換」が図られたこと、「次官政治」は総務庁中心主義と接合していったことを指摘している(34)。また山室は、関東軍は民政・外交・財政など各部については「総務庁中心主義ないし総務長官中心主義を採って日本人官吏を関東軍が内面的に指導し、間接軍政を施行」した一方で、軍政部については「法制上存在しない顧問制によって直接軍政の方式を残し」たとも述べている(35)。そこで問題となるのは、軍政部を含めた満洲国軍の統治は「顧問統治」であったと言っていいのかという点である。確かに満洲国軍では顧問が存続し、統帥権独立によって軍は総務庁の統制からは外れるが、満系への統制強化を図る場合、満洲国軍の統治は「顧問統治」から次第に「次官政治」へと重点を移していったことは考えられないだろうか。この問題については軍事顧問の動向、日系軍官増加の内情と合わせて総合的に満系がいかに統制されていったのかを考察しなければならない[36]。

また満洲国軍を国内治安維持のための軍隊とすることは妥当だろうか。満洲国軍の性格に関して重要となるのは、満洲国軍の対外作戦をいかに評価するかという点である。満洲国軍は一九三七年日中全面戦争の開始以降、華北に出動し、三九年にはノモンハン戦争[37]にも参戦している。

ノモンハン戦争を論じた研究は枚挙にいとまがないが、満洲国軍に十分な関心を向けるものは、前掲『満洲国軍』を除くと、満洲国軍は改革の成果を示すためにノモンハン戦争に動員され、逃亡など植民地軍隊の本質を暴露したことを指摘する傅大中[38]、内モンゴルの視点からノモンハン戦争に参戦した興安軍について論じるボルジギン・フスレ[39]、一章を「興安支隊と蒙古少年隊」に割き、関東軍や満洲国軍当局の無智を批判する牛島康允[40]など、数えるのみである[41]。満洲国軍は四五年にはソ連が対日宣戦したため、関東軍が撤退するなかでソ連軍への対処を迫られることとなった。ソ連参戦と満洲国軍の崩壊に関しても、傅大中が概要を論じているが、詳細については研究の余地が残されている[42]。

以上の研究を踏まえつつ、満洲国軍の対外作戦について、華北への出動、ノモンハン戦争への参戦、関特演、ソ連参戦時の対応を総合的に捉えていくことが必要である。

四　植民地兵制・中国近代兵制研究

満洲国における徴兵制を規定した国兵法は、植民地兵制の観点において興味深い論点を有する。近代日本の「国民皆兵」システムは、一八八九年徴兵令改正で一応の完成をみた。しかしそれ以降も「国民皆兵」をめぐって多くの課題を抱えた。日本の支配領域が拡大し、人々の国際的な移動が活発化するなかで問題となったのが、外国寄留者や日本在留外国人の兵役に加え、日本の支配下に入った植民地人の兵役をどうするかという点であった(43)。

日本が最初に領有した植民地である台湾では、植民地人への兵役賦課を射程に入れた実験的措置が試みられたが、結局、失敗に終わり、その後の植民地人兵役賦課議論に否定的な影響を与えることとなった(44)。また朝鮮においては併合過程において、在来の軍隊は将来徴兵制を実施するとしつつ、皇宮の守衛・儀杖を担う朝鮮歩兵隊・騎兵隊を除き解散させられた。騎兵隊は早くも一九一三年に解隊となり、歩兵隊は志願制による募兵で維持されたが、自然淘汰が見込まれ、次第に縮小、結局一九三一年に廃止となった(45)。

一方、満洲国では現地人部隊が存置されて発展し、朝鮮や台湾に先んじて徴兵制が実施されることとなる。山田朗は「日本帝国主義の植民地として初めてひかれた現地人徴兵制」であったとして国兵法に着目し、国兵法の制定意図および制度的概要を明らかにした(46)。同研究により国兵法に関する基本的な論点と分析が提示されたが、第一に国兵法期の満洲国軍の実態、特に国兵法がいかに実施されたのかが明らかになっておらず、そのため同時期の満洲国軍の性格が正しく認識されていない。第二に満洲国軍および国兵法を帝国日本の植民地兵制のなかにいかに位置づけるのかという点で課題も残されている。

また国兵法は、中国近代兵制とも関わりがある。当時の満洲国軍をめぐる言説においては概して、同軍の前身である中国軍隊一般の質が不良であることを強調し、あたかも民族的通弊であるかのように解説する。その上で満洲国軍が日本軍の指導でその通弊を脱却し、徴兵制導入にまで至ったことが説かれる(47)。

たしかに中国では、国家統一、国民軍の建設がなかなか進まず、各地には私兵的軍隊を有する勢力が割拠していた。しかし清末以降、近代的軍隊の建設、徴兵制導入が模索されていたことも事実であった。日本の対中政策は、割拠勢力を利用するものであり、国家統一を阻止する作用を有していた。満洲国ができると、一転、国家的凝集性が求められ、国軍としての満洲国軍、徴兵制導入が模索されていく。そして満洲国崩壊後も中国東北では国民党軍により徴兵が実施されている。満洲国における国兵法は、中国東北に何をもたらしたのだろうか。中国近代兵制史を踏まえつつ、満洲国の国兵法、中国民国の兵役法、日本の兵役法を比較していくことが必要であろう。

五　本書の研究視角と構成

日本は日露戦争以降、中国大陸に植民地を獲得し、勢力圏を発展させようとする政策を推し進めた。その重要な焦点となったのが、中国東北地域であった。第一次世界大戦後には、平和的国際協調の潮流が進展し、日本は中国の権益回収熱へ対処しつつ、権益の維持、拡大を模索することとなった。しかし中国ナショナリズムが発展し、日中対立が熾烈化するなか、日本は満洲事変を起こして満洲国を成立させ、さらに軍事的発展路線を継続させていく。

本書は以上のような大陸政策の展開をめぐって、日本国内の諸政治勢力の対立や協調について論じるというより、むしろ中国東北地域の在地勢力、特に満洲国軍に関係する勢力の動向に着目する。満洲国軍が有した特徴が明らかになるとともに、支配者に協力しつつも、単純に従属者の枠組みに収まらない存在であった在地勢力に一貫して着目することによって、支配側の視点による分析では見えてこない、帝国日本の一端が浮かび上がることであろう。

構成は以下の通りである。日露戦争期から満洲事変期までを扱った第Ⅰ部と、満洲国軍の発展から崩壊までを扱った第Ⅱ部の二部構成となっている。

第Ⅰ部第一章「日露戦争期から辛亥革命期の奉天在地勢力―張作霖・馬賊・陸軍士官学校留学生―」では、第一に日露戦時、張作霖や馬賊勢力は日本軍の特別任務班とどのように関わったのか、第二に日露戦後、特別任務班に関わった馬賊馮徳麟らはどのように清国官軍に編入され、軍内で張作霖とともにいかに昇進していったか、顧問として招聘された日本人監督官はどのような状況にあったか、第三に辛亥革命で張作霖、馮徳麟はどのように行動し、また奉天出身の陸士留学生はどのような状況にあったかを考察する。

第二章「東三省支配期の奉天軍と陸軍士官学校留学生」では、第一に帰国した陸士留学八期生が任官していく、張作霖率いる奉天軍はどのように構成されていたか、第二に陸士留学八期生の最初の顕著な動きである奉天軍の南征に八期生はいかに関与していったのか、第三に陸士留学八期生は中東鉄路護路軍などに関わり、黒龍江省や吉林省でいかに地位を確立していったのかについて論じ、陸士留学生八期生を中心に東三省支配確立期の奉天軍の内実を明らかにする。

第三章「満洲事変と満洲国軍の創設」では、第一に満洲事変直前の奉天軍はいかなる情勢にあったか、第二に満洲事変において在地勢力はいかに日本に帰順していったのか、第三に東三省軍事顧問はいかに満洲国軍事顧問へと推移していくのかについて論じ、満洲国軍に参加していく日中双方の勢力の出自・背景を総合的に考察し、満洲事変が有した歴史的意義の一端を明らかにする。

第Ⅱ部第一章「満洲国軍の発展と軍事顧問・日系軍官の満系統制」では、モンゴル人軍官や中下級軍官を含め、満系軍官の置かれた状況を明らかにするとともに、軍事顧問、日系軍官の動向および両者がいかに満系軍官を統制したか、満洲国軍の発展の内実について論じ、満洲国統治の一端を明らかにする。

第二章「満洲国軍の変化と国兵法」では、第一に国兵法の施行実態を明らかにし、同時期の満洲国軍の性格について再考すること、第二に国兵法を朝鮮や台湾における状況と比較しつつ帝国日本の植民地兵制の中に位置づけること、第三に中国近代兵制の文脈に国兵法を位置づけることを通じて、国兵法および当該期満洲国軍が有した歴史的意義の一端を明らかにする。

第三章「満洲国軍の対外作戦と崩壊」では、満洲国軍の華北出兵、ノモンハン戦争、ソ連参戦について扱い、満洲国軍の対外作戦への動員、満洲国軍の崩壊について考察する。

以上を踏まえて終章では結論を述べる。

註

（1）満洲国軍のほか、華北治安軍（公認六万余・遊撃四万余）および綏靖隊（四万五〇〇〇）を根幹として、汪兆銘政府軍（約三五万）が創設されており、また内モンゴル軍、ビルマ軍、インド国民軍などがあった（片倉衷「異民族部隊の軍事的評価に就て」一九五〇年、国立国会図書館憲政資料室所蔵「片倉衷文書」一三七三）。

（2）小林知治『大陸建設の譜』文松堂書店、一九四四年、八五〜九四頁。著者は雑誌『国防思想』主幹、国防攻究会主宰。

（3）前掲「異民族部隊の軍事的評価に就て」。日本軍人の経歴に関しては、以下、特に断らない限り、秦郁彦編『日本陸海軍総合事典』（第二版、東京大学出版会、二〇〇五年）による。

（4）吉田裕「軍事支配（1）満州事変期」浅田喬二・小林英夫編『日本帝国主義の満州支配』時潮社、一九八六年、一六〇頁。

（5）山田朗「軍事支配（2）日中戦争・太平洋戦争期」前掲『日本帝国主義の満州支配』。

（6）二〇一〇年代以前の研究としては、軍警統合問題を扱った、飯嶋満「満洲国における『軍警統合』の成立と崩壊」（『駿台史学』一〇八、一九九九年一二月）、在満朝鮮人の徴兵問題を扱った、田中隆一「『満洲国』協和会の『在満朝鮮人』政策と徴兵制」（『帝塚山学院大学日本文学研究』三三、二〇〇二年二月）、中国共産党による浸透工作を扱った、同「『満洲国』軍の反乱」（『東洋文化研究』一一、二〇〇九年三月）がある。中国における研究としては、満州事変前後の軍閥の状況から満洲国軍の崩壊までを扱った、傅大中『偽満洲国軍簡史』（吉林文史出版社、一九九九年）がある。満洲国研究の第一人者による、解学詩『偽満洲国史新編』（人民出版社、一九九五年）でも、満洲国軍や国兵法にも言及している。韓国における研究に関しては、前掲「『満洲国』軍の反乱」参照。

（7）近年の研究としては、満洲国軍内の朝鮮人を扱った、飯倉江里衣「殺さねばならぬ『共匪』」の記憶と満洲国軍出身者：金得中『「アカ」の誕生』を読む」（『クァドランテ』一六、二〇一四年三月）、同「朝鮮人の満洲国軍・中央陸軍訓練処への入校」（『日本植民地研究』二七、二〇一五年）、同「満洲国陸軍軍官学校へ入校した朝鮮人・金光植の語りを考える」（『日本オーラル・ヒストリー研究』一三、二〇一七年九月）、同「満洲国軍朝鮮人の植民地解放前後史―日本植民地下の軍事経験と韓国軍への連続性―」（二〇一七年東京外国語大学博士学位申請論文）、満洲国軍事予算および主要兵器の調達について扱った、平井廣一「満州国の軍事予算と兵器調達」（『北星学園大学経済学部北星論集』五三―二、二〇一四年三月）、関東軍の誕生から崩壊までの経緯のなかで満洲国軍についても言及する、加藤聖文「関東軍と満洲国―政治権力を握った軍隊」（坂本悠一編『地域のなかの軍隊7 帝国支配の最前線 植民地』吉川弘文館、二〇一五年）、陸軍軍官学校や同生徒について扱った、張聖東「陸軍軍官学校の設立から見る満洲国軍の育成・強化」（『文学研究論集』四六、二〇一七年二月）、同『「満洲国」陸軍軍官学校中国人出身者の戦後』（梅村卓ほか編『満洲の戦後 継承・再生・新生の地域史』勉誠出版、二〇一八年）、軍事顧問の満洲国軍認識を扱った、同「日本人軍事顧問の初期「満洲国軍」に対する認識と整備構想―佐々木到一を中心に―」（『駿台史学』一六六、二〇一九年三月）、関東軍の満洲国軍観を扱った、松野誠也「関東軍と満洲国軍」（『歴史学研究』九四九、二〇一六年一〇月）などがある。また貴志俊彦ほか編『二〇世紀満洲歴史事典』（吉川弘文館、二〇一二年）では「満洲国軍」の項があり、軍の強化や対外作戦への従事、国兵法についても言及している。文学の分野では、ある満系軍官の恋文について扱った、李青「轍印深深：ある満洲国軍官の日記に現れた恋文について」（『文芸論叢』八五、二〇一五年一〇月）、満洲国軍出身の作家楊慈燈の小説を扱った、同「軍旅作家楊慈燈の短編小説からみる満洲国の実態」（「東アジアの植民主義と文学研究会」第三回年度大会及び「台湾／満洲／朝鮮の植民主義と文化交渉」国際シンポジウム、二〇一七年九月一八日）がある。

（8）関東軍参謀部総務課片倉衷大尉「満洲事変機密政略日誌 其一」昭和六年自九月一八日至一〇月三一日、小林龍夫ほか編『現代史資料7』みすず書房、一九六四年、一八九頁。

（9）「軍官」は中国語で「将校」を意味する。

（10）浜口は、満洲国の満系官吏（一部の主要軍官を含む）に関して、張学良との関係が遠く、日本や清朝に近い者、東北にのみ基盤を持っていた者が満洲国への参加を選択したことを指摘している（浜口裕子『日本統治と東アジア社会』勁草書房、一九九六年、第二章）。本書第Ⅰ部第三章は特に同研究に負うところが大きい。傅大中の分類については後述。

(11) 古屋哲夫「対中国政策の構造をめぐって」古屋哲夫・山室信一編『近代日本における東アジア問題』吉川弘文館、二〇〇一年、一八二頁。

(12) 古屋哲夫「日中戦争にいたる対中国政策の展開とその構造」古屋哲夫編『日中戦争史研究』吉川弘文館、一九八四年。

(13) 満鉄沿線の治安維持を理由に駐箚部隊が中国の内戦に介入した事例は、すでに辛亥革命の際にみられる（中山隆志『関東軍』講談社、二〇〇〇年、二六頁）。

(14) また古屋は、一九一三年の漢口事件や一九一六年の鄭家屯事件を例に、何か事件が起これば、原因の如何にかかわらず、現地での「日本軍の威信」を守ることを優先させる解決方式についても指摘している（前掲「対中国政策の構造をめぐって」）。張作霖支援策については、易顕石『日本の大陸政策と中国東北』（六興出版、一九八九年）第五章、服部龍二『東アジア国際環境の変動と日本外交　一九一八―一九三一』（有斐閣、二〇〇一年）が詳しい。易は日本と中国東北の関係史を総括的に論じているが、多様な史料が入手可能な現在、その詳細に関しては、検討の余地がある。一方、服部は、一九一八年から一九二八年の対中政策を「軍事力による干渉」の程度、「政治指導者への干渉」の程度という二つの軸から類型化している。前者は「絶対的不干渉」、「留保付不干渉」（東三省でのみ干渉）、「全土での干渉」、「満蒙領有」、後者は「非援張」、「限定的援張」（東三省の枠内でのみ援助）、「積極的援張」、「張作霖排除」に分類される。

(15) 張作霖の伝記としては、園田一亀『快傑張作霖』（中華堂、一九二二年）、Gavan McCormack, *Chang Tso-lin in Northeast China 1911-1928:China, Japan, and the Manchurian idea*, Stanford, Calif, Stanford University Press, 1977 同書の中国語訳版である、加文・麦柯馬克著、華万聞訳『張作霖在東北』（吉林文史出版社、一九八八年）、常城主編『張作霖』（遼寧人民出版社、一九八〇年）、白雲荘主人『張作霖』（中央公論社、一九九〇年〈原著は一九二八年刊〉）、浅野犀涯『大元帥張作霖』（ゆまに書房、二〇一六年〈原著は一九二八年刊〉）、杉山祐之『張作霖 爆殺への軌跡一八七五―一九二八』（白水社、二〇一七年）がある。

(16) 栗原健「第一次・第二次満蒙独立運動と小池外務省政務局長の辞職」（同編著『対満蒙政策史の一面』原書房、一九六六年、第六章）は、辛亥革命時の日本陸軍の一部および川島浪速らによる「第一次満蒙独立運動」、袁世凱の帝制運動を契機に起った第三革命に際して計画された「第二次満蒙独立運動」について論じている。ほかに山本四郎「第二次満蒙挙事」（『奈良大学紀要』一、一九七二年一二月）、王希亮「満蒙独立運動と大陸浪人」『金沢法学』三五―一・二、一九九三年三月、波多野勝『満蒙独立運動』（ＰＨＰ研究所、二〇〇一年）などがある。一方、中見立夫『「満蒙問題」の歴史的構図』（東京大学出版会、二〇一三年）は、「満蒙独立運動」が実体のない、川島の追い求めた「幻影」にすぎないことを主張している。

(17) 日露戦争史の観点から特別任務班に言及したものとして、谷壽夫『機密日露戦史』（原書房、一九六六年）、長南政義『新史料による日露戦争陸戦史』（並木書房、二〇一五年）があるが、任務班の活動の詳細や解散後の動向など考察の余地がある。

(18) 姜新「略論民国初年的日本士官学校留学卒業生」『民国檔案』二〇〇七年三期（八月）。また留学生数に関する研究としては、陳芳「近代中国留日陸軍士官生人数考究」（『軍事歴史研究』二〇〇八年第二期）がある。南京国民政府を主たる対象とした、王元『中華民国の権力構造における帰国留学生の位置づけ』（白帝社、二〇一〇年）第四章では、北洋軍では留日学生の勢力が弱かったこと、留日学生は地方清軍の旧勢力が北方ほど強くない南方で主導的地位を占めていったことなどが指摘されている。

(19) 江夏は奉天地域エリートとして、袁金鎧、于冲漢、撫順の有力者であった張氏（張榕や張煥相などを輩出）などを取り上げ、各政権は自己の統治を確固としたものとするため地域エリートの協力を必要とした一方で、政権が安定すると、民間の利害を代表する存在であった地域エリートは政権中枢から遠ざけられる傾向にあったことなどを指摘している（江夏由樹「旧奉天省遼陽の郷団指導者袁金鎧について」『一橋論叢』一〇〇―六、一九八八年一二月、同「旧奉天省撫順の有力者張家について」同一〇二―六、一九八九年一二月、同「近代中国の旧奉天省地方権力と地域エリート」『歴史学研究』六五一、一九九三年一〇月、同「辛亥革命後、旧奉天省における官地の払い下げ―昭陵窰柴官甸地の場合―」『東洋史研究』五三―三、一九九四年一二月）。また江夏のミシガン大学に提出した博士論文を基にした、*Banner Legacy: The Rise of the Fengtian Local Elite at the End of the Qing*, Ann Arbor, Center for Chinese Studies, The University of Michigan, 2004がある。

(20) 澁谷は、奉天省財政庁長や同省長などを務め、袁金鎧、于冲漢とともに「文治派三巨頭」と呼ばれた王永江に注目し、王永江は清末新政の改革を継承し、東北の自主性を維持する「保境安民」方針を主張したが、結局張作霖の軍備増強・関内進出に反対して下野し、課題は次代へ持ち越されていったとしている。また澁谷は満洲事変時の奉天地方維持委員会について分析し、袁金鎧は親張学良の旗幟を鮮明にした一方で、于冲漢は張学良との関係断絶、「絶対保境安民主義」を主張したこと、臧式毅は張学良政権が東北の独自性を貫けなかったとみており、関東軍の脅迫的要求を受け入れ、帰順したとしている（澁谷由里「張作霖政権下の奉天省民政と社会―王永江を中心として―」『東洋史研究』五二―一、一九九三年六月、同『馬賊の「満洲」張作霖と近代中国』講談社、二〇一七年〈原著は二〇〇四年刊〉、同「『九・一八』事変直後における瀋陽の政治状況―奉天地方維持委員会を中心として―」『史林』七八―一、一九九五年一月）。

(21) ほかに松重充浩「張作霖による奉天省権力の掌握とその支持基盤」(『史学研究』一九二、一九九一年六月)では、張作霖の支持基盤となった在地有力者層について論じ、陳崇橋「奉系軍閥与知識分子」(『遼寧大学学報』総第七九期、一九八六年六月)では、袁金鎧ら「知識分子」の能力が効果的に発揮されたことが奉天派の成功した要因であると論じている。揣麗華「奉系軍閥統治時期的知識分子及其歴史作用」(『遼寧師範大学学報(社会科学版)』第二五巻第二期、二〇〇二年三月)は、奉天派の「知識分子」を、袁金鎧ら「封建士人」が変転した者、楊宇霆ら生員出身の「青年読書人」で科挙廃止後に新式教育を受けた者、郭松齢ら一般家庭出身の「知識青年」で新式教育を受けた者に分類している。

(22) 楊宇霆は七期生であるとする説もあるが、八期生に相当する「各連隊士官候補生人名清単」(一九〇九年一〇月一四日)には、楊玉亭(楊宇霆の原名)の名がみえる(外務省記録『在本邦清国留学生関係雑纂/陸軍学生之部』第四巻、JACAR：B12081619000)。楊宇霆の研究としては、常城「奉系軍閥的〝智嚢〟楊宇霆」『社会科学戦線』一九八四年一期(三月)、陳崇橋「応該怎样評価楊宇霆」『遼寧大学学報』一九八八年第五期(一〇月)、温相「奉系智嚢楊宇霆」『同舟共進』二〇一六年第三期(三月)などがある。

(23) 臧式毅および王茲棟は九期生であるが、奉天派に参加した八期生一五人と同様な経歴を辿っており、煩瑣になることを避けるため、本書では臧式毅と王茲棟を八期生のなかに含めて分析したい。

(24) 陸士留学八期生は袁金鎧(一八七〇年生)・于沖漢(一八七一年生)・王永江(一八七二年生)らの一回りほど下の世代に当たった。袁金鎧の次女は張煥相(一八八二年生)の弟と結婚し(前掲「辛亥革命後、旧奉天省における官地の払い下げ—昭陵窰柴官甸地の場合—」)、また王永江と楊宇霆(一八八六年生)は、書簡のやり取りで差出人名を省略できるほど親密であった(遼寧省檔案館編『奉系軍閥密信』中華書局、一九八五年、二頁)など文治派とは近い関係にあった。王永江は一九二七年に没するが、袁金鎧や于沖漢、一二名の八期生は満洲国に参加していった。前掲『日本陸海軍総合事典』(第二版)六八三頁においては、一部の八期生ほか主な陸士留学生の名が挙げられている。以下、中国要人の経歴に関しては特に断らない限り、徐友春主編『民国人物大辞典』増補版(河北人民出版社、二〇〇七年)による。

(25) 奉天派研究史としては、李欣鑫・銭鳳欣「八〇年代以来奉系軍閥研究総述」(『黒龍江史志』総二七八、二〇一二年)がある。

(26) McComack, op.cit., p.102. 前掲『張作霖在東北』一一二頁。西村成雄『張学良—日中の覇権と「満洲」』(岩波書店、一九九六年)第二章においても新派の代表的人物として楊宇霆を挙げ、新旧の対抗関係、張作霖死後の張学良による新たな政治的グループの形成などを指摘している。また樋口秀実「東三省政権をめぐる東アジア国際政治と楊宇霆」（『史学雑誌』一一三―七、二〇〇四年七月）は、第一次奉直戦争（一九二二年・奉天派と直隷派の争い）後から楊宇霆の暗殺（一九二九年）までの時期を対象とし、楊宇霆は「旧人派」を圧倒するために関内に進出し自己の地盤を拡大しようとしており、決して親日一辺倒ではなかったこと、新旧両派の均衡上に権力を維持していた張学良は、急進的な楊宇霆を暗殺し、「旧人派」を温存しての漸進的な中国統一路線を選択したことなどを指摘している。すなわち楊宇霆＝親日、張学良＝反日という理解は正しくなく、両者は比較的近い立場で主導権を争っていたことが示されている。中国における近年の研究でも、楊宇霆が日本と結託していないばかりか、主権問題で日本と争っていたことが指摘されるようになっている（前掲「奉系智嚢楊宇霆」四三頁）。また日本側が流言によって楊宇霆と張学良の離間を謀ったとする説もある（陳崇橋「〝楊常〟与日本」『日本研究』一九八六年第三期、五七頁）。

(27) 日本における張作霖の東三省支配確立期を扱った研究としては、安直戦争と張作霖について扱った、藤井昇三「一九二〇年安直戦争をめぐる日中関係の一考察」（『国際政治』一五、一九六一年）、中国軍のハルビン出動、日本による日中軍事協定工作の観点から中国の政局や張作霖の動向に言及する、関寛治『現代東アジア国際環境の誕生』（福村出版、一九六六年）、張作霖が他省督軍、北京政府、日本という三者の力関係を配慮して行動していたことを論じる、林正和「張作霖軍閥の形成過程と日本の対応」（『国際政治』四一、一九七〇年）、張作霖の吉林省進出に関して、在地有力者層の支持の観点から論じる、松重充浩「張作霖による在地懸案解決策と吉林省督軍孟恩遠の駆逐」横山英・曽田三郎編『中国の近代化と政治的統合』（渓水社、一九九二年）、原内閣期の張作霖対策を論じた、晋林波「原内閣の対『満蒙』政策の新展開（二）」（『名古屋大学法政論集』一五二、一九九四年一月）、辛亥革命前後から第二次奉直戦争までの張作霖の動向を簡潔に叙述する、水野明『東北軍閥政権の研究』（国書刊行会、一九九四年）、第二章などがある。

(28) 戸部は明治以来の日本の対中国政策を陸軍支那通を中心に描いており、陸軍支那通の養成過程や袁世凱の顧問となり、北京に長く駐在した坂西利八郎、孫文に共感して一時期国民党を高く評価し、のちに満洲国軍最高顧問となった佐々木到一の動向を中心に追っている（戸部良一『日本陸軍と中国「支那通」にみる夢と蹉跌』筑摩書房、二〇一六年〈原著は講談社から一九九九年刊〉）。

(29) ただし本書においては、筆者の能力上、モンゴル語やロシア語、朝鮮語の史料を扱うことはできていない。各専門による研究の進展を待ちたい。

(30) 傅大中は満系軍官に関して、軍官の淘汰が一定の完了をみた時点で軍官に占める満系の割合は約六割であったこと、階級別にみると、上将はすべて満系、中将は日満が半々、中少校や上尉など中堅層では満系が日系を下回ったこと、満系軍官は①主に元奉天軍の少中将で部下を率いて投降し、満洲国政府や国軍の建設に関わった者、②近代軍事教育を受け、軍事知識をもって積極的に日本側に追随した者、③その他の中下級軍官に分類できることを指摘している。そして日本は①に対して特に注意を払い、「明昇暗降」策（実権のないポストへの「昇進」）や関内傀儡政権への転任によって権限を奪っていった。②は陸軍士官学校・陸軍大学（陸大）留学生と満洲国中央陸軍訓練処（中訓）専科学生出身者に細分される。③に関しては建軍後、中訓のちに陸軍軍官学校を中心として新軍官の養成が開始され、末期にはそれらの卒業生による旧軍官の淘汰が完成したという。一方、満洲国軍政部（のち治安部、軍事部と改称）および各軍に置かれた軍事顧問に関しては、最高顧問は軍政部大臣以上の権限を有し、高級顧問は軍政部次長の職位に対応していたこと、最高顧問は定例の関東軍課長会議に、高級顧問は日本人次長会議に出席したこと、満洲国では日本式の統帥権独立が採用され、軍政部大臣が輔弼責任を負っていたが、実際は関東軍の分身たる顧問が日系軍官とともに軍を統制し、満洲国軍は独立行動のできない関東軍の「付属物」となっていったことを指摘している。また日系軍官については、中訓や軍官学校における養成の概要、おおよその生徒数などが示されている。ほかに日系軍官養成制度については、鈴木健一「満洲国における日系軍官養成問題」（『近畿大学教育論叢』一〇―二、一九九九年一月）がある。

(31)　前掲『偽満洲国軍簡史』においても、張海鵬が特別任務班出身、熙治が陸士留学生であったこと自体は指摘されている。

(32)　前掲『日本統治と東アジア社会』は満系官吏に関して、満洲国建国が既成事実化されると、中央集権の妨げになる恐れがある旧来の「大物」政治家達は実権のないポストへ棚上げされ、「実務型」官吏が重用されるようになったことを指摘しており、「大物」の棚上げ的処置は文官および軍官に共通した傾向であったと考えられる。

(33)　この視角に関しては、塚瀬進の研究に示唆を受けた。塚瀬進「一九四〇年代における満洲国統治の社会への浸透」（『アジア経済』三九―七、一九九八年七月）は、経済統制や農業政策を例に、一九四〇年代前半の満洲社会は政治権力と末端社会がかつてなく接近したものの、社会の末端にまで及ぶ掌握はできなかったとしている。

(34)　山室信一「植民帝国・日本の構成と満洲国」ピーター・ドウス、小林英夫編『帝国という幻想』青木書店、一九九八年、同「『満洲国』統治過程論」山本有造編『「満洲国」の研究』緑蔭書店、一九九五年。山室によると、満洲国の中央行政機関である国務院では、総務庁に権限が集中し、総務長官は日系が独占した。各部の大臣は満系であったが、次長には日系が就くようになり、次長会議により、重要事項が決まった。

(35) 前掲「植民帝国・日本の構成と満洲国」一七〇～一七三頁。前掲「『満洲国』統治過程論」一〇四、一一一頁も参照。

(36) 満洲国軍の整備強化の一環として日系軍官が増加していったこと自体については、前掲「軍事支配(1)満州事変期」、「軍事支配(2)日中戦争・太平洋戦争期」がすでに言及している。ただし両論文では軍事顧問に対する関心は強くはない。

(37)「ノモンハン戦争」という呼称については、田中克彦『ノモンハン戦争』岩波新書、二〇〇九年、一一～三頁参照。

(38) 前掲『偽満洲国軍簡史』第一六章。

(39) ボルジギン・フスレ「内モンゴルからみたノモンハン戦争」今西淳子、ボルジギン・フスレ編『ノモンハン事件(ハルハ河会戦)七〇周年 二〇〇九年ウランバートル国際シンポジウム報告論文集』風響社、二〇一〇年。満洲国軍の参加兵力数を一万八〇〇〇人に及ぶとする『満洲国軍』の記述に関して、それは軍隊の編成上の数値によるもので、実際に戦場に立った数はそれより少ないとする同論文の指摘は重要である。ただし同研究の関心は興安軍のみにあり、満洲国軍全体のノモンハン戦参加人員数の解明については課題として残されている。

(40) 牛島康允『ノモンハン全戦史』自然と科学社、一九八八年、第一四章。著者は当時、陸軍嘱託としてハルビン特務機関に勤務。

(41) ほかに満洲国軍に言及したものとしては、ノモンハン戦争に従軍した経験を有する著者による小澤親光『秘史満州国軍―日系軍官の役割―』(柏書房、一九七六年)、厲春鵬ほか『諾門罕戦争』(吉林文史出版社、一九八八年)、興安軍官学校関係者の動向については、楊海英『日本陸軍とモンゴル』(中央公論新社、二〇一五年)第四章がある。加藤聖文「モンゴルと興安軍」(前掲『地域のなかの軍隊7 帝国支配の最前線 植民地』)では、ノモンハン戦に関して、「興安軍の一部が参加したものの少年兵を含む急ごしらえの部隊であったため、機械化されたソ連軍に太刀打ちできず死傷者が続出し、戦線離脱者が相次いだ」(一四一頁)と、簡単な記述に止まっている。

(42) 傅大中は、満洲国軍は関東軍の指揮下に置かれ、関東軍の三つの方面軍の下に配置されたこと、ソ連参戦後、満洲国軍では日本人の統制からの脱却を策し、反乱を起こした部隊があったこと、満洲国軍解散後、ソ連軍に武器を接収されたり、国民党軍に収容された部隊があったことなどを指摘している(前掲『偽満洲国軍簡史』第二一章)。

(43) 本書第Ⅱ部第二章参照。

(44) 近藤正巳「徴兵令はなぜ海を越えなかったか?」浅野豊美・松田利彦編『植民地帝国日本の法的構造』信山社、二〇〇四年。

(45) 拙稿「植民地朝鮮と軍隊」『北大史学』四四、二〇〇四年一一月。

(46) 山田によれば、満洲国軍は「治安維持」軍事力の主体へと強化されたが、「守るべきもの」についての確信のない、精神的な脆弱さを有する軍隊であった。徴兵制導入によりその弱点を克服し、兵員の質を向上させるとともに「満洲国建設」の中核となる階層を創出しようとしたのが、国兵法であったとしている（前掲「軍事支配（2）日中戦争・太平洋戦争期」）。

(47) 本書第Ⅱ部第二章参照。

第Ⅰ部　奉天在地勢力と日本

——満洲国軍前史——

第一章　日露戦争期から辛亥革命期の奉天在地勢力

——張作霖・馬賊・陸軍士官学校留学生——

はじめに

満洲国軍に参加する人材と日本との関わりの起点は、日露戦争にあった。日露戦時日本軍は馬賊を利用して諜報・破壊活動を行うために特別任務班を設置しており、馮徳麟らが同任務班の下に活動した。日露戦争前に馬賊からいち早く官軍に編入されていた張作霖との出会いも同任務班の活動による。また日露戦争で駐屯した日本軍が在地有力者の師弟に強く働きかけた結果、奉天から多くの陸士留学生が送られている。

そこで本章では、第一に日露戦時、張作霖や馬賊勢力は日本軍の特別任務班とどのように関わったのか、第二に日露戦後、特別任務班に関わった馮徳麟らはどのように清国官軍に編入され、軍内で張作霖とともにいかに昇進していったか、第三に辛亥革命で張作霖、馮徳麟はどのように行動したか、また奉天出身の陸士留学生はどのような状況にあったかを考察することを通じて、当該期東三省の軍事情勢の一端を明らかにする。

一　張作霖・馬賊と日露戦時特別任務班

清末の東三省では不安定な社会情勢のもとで官軍の兵力不足および警察制度の未整備によって、馬賊による掠奪が横行した(1)。そこで各地の有力者は「団練」(「保険隊」)と呼ばれる民兵を組織し、馬賊の来襲に備えた。ただし馬賊と団練の区分は必ずしも明確ではなく、ある地域では団練として防衛を請け負う一方で、それ以外の地域では馬賊として掠奪を働くこともあった。張作霖や馮徳麟らはそのような集団の出身であった(2)。

張作霖は一八七五年遼寧省海城県に生まれた。一八九四年には営口に駐屯していた馬玉崑の部隊に加わり、日清戦争に参加している(3)。その後、馬賊となり、張景恵や張作相、湯玉麟と知り合って自身の勢力に組み込んだ。一九〇〇年東三省にロシアが侵攻して来るが、張作霖は当初ロシアに与した馬賊金寿山による帰順の誘いを断ったため、金寿山およびロシア兵より襲撃を受けている。同じ頃、一八八二年(一八七九年という説も)遼寧省台安県生まれの于芷山の勢力もロシア兵の攻撃を受けて壊滅しており、于芷山は杜立山の下に身を寄せた(4)。張作霖は一九〇二年自身の勢力が当局に公認されることを企図して官軍編入を願い出、新民府巡防遊撃馬隊管帯(5)(営長)として兵力四八五名を率いるようになった。幇帯(副長)は張景恵であった(6)。

一方、馮徳麟も一八六六年海城県の生まれで、一七歳で馬賊となった。張作霖と交流を持つようになり、馮徳麟もまた日清戦争に参戦し日本軍への妨害活動に従事したとみられる。馮徳麟は一九〇〇年遼河両岸一六局総巡長に任じられたが、ロシアに対する妨害活動を行ってロシアに逮捕・拘置させられている。釈放された馮徳麟は一九〇二年に再び官職に就いたが、すぐに辞職し馬賊へと戻った。その頃、加わった配下には張海鵬がいた(7)。

ロシアは一九〇三年四月第二期撤兵期限が迫るに当たって、鴨緑江方面のロシア兵に代えて馬賊を招集し、勢力を維持しようとした。ロシア軍は遼陽および奉天などで二千あるいは三千名を募兵し鴨緑江方面に派遣しようとしたが、馬賊たちが依然として掠奪行為を続けるため、清国地方官の取り締まりに合い、計画がとん挫する。馬賊の使用が有効ではないと判断したロシアは馬賊を解放するが、給料は未払いの上、武器も没収したために馬賊との関係が悪化した。また民間においても、馬賊を招集・庇護しようとしたロシアに対し、反感が強まっていった。民心が離反するのを感知したロシア軍は同年一〇月奉天を再占領し、団練の解散、馬賊討伐を実施したために両者の関係は決定的に決裂した。そのような状況のなかで日露戦争が起きたため、多くの馬賊、団練は日本に加勢することとなったのである。

日本軍においても日露開戦以前から戦場となることが予想される満洲での諜報破壊活動の準備を進めていた。中心となったのは参謀本部第二部長福島安正であった(8)。福島は一八九三年から一八九四年にかけての「シベリア単騎横断」の際に満蒙視察を行ったほか、清国出張や同公使館附武官など清国勤務経験が豊富な人材であった。一九〇〇年義和団が北京を包囲した際には福島は日本軍を率いて列国軍とともに戦闘に参加した。福島は「列国兵ハ戦勝毎ニ人民ヲ殺シ財物ヲ奪ヒ婦女を辱シムル等乱暴狼藉至ラザルナク」、露仏伊三国兵は特に酷く、一方、日本軍は「独リ其間ニ在テ軍紀厳粛強ヲ制シ弱ヲ助ケ意ヲ用ヰテ官憲ヲ保護シ人民ヲ愛撫」し、宮城を兵火から守り、平和談判の成立に寄与したため、清国における「日清戦役当時ノ怨恨ハ地ヲ払テ消滅シ益、我国ニ接近スルニ及」んだと述べている(9)。

福島はロシア事情に精通する参謀本部員田中義一に命じて、馬賊を利用し諜報破壊活動に当たる特別任務班について準備を進めさせた。一九〇三年一〇、一一月頃に提出された福島の意見書では、日露開戦の際、在地勢力を利用して「特種の飛動軍を組織」すること、「有力なる土人を以て其長とし、五隊に一名の我将校を附し、其行動に関しては神出鬼没彼等の自由に任せ、或は鉄道を破り橋梁を毀ち哨所を襲ひ倉庫を焼き、或は兵站、線路を脅威する」ことを主張している。[10]

参謀本部次長児玉源太郎は福島の案を正式に認可し、福島の薦めにより青木宣純を北京公使館附武官として任務班の統括を命じた。青木はシベリア視察[11]、清国差遣、同公使館附武官の経歴のほか、軍事顧問として指名されるなど袁世凱（直隷総督・北洋大臣）の信頼が厚く、清の協力を取り付け得る人物であった。青木の補佐は、天津駐在の経験のある佐藤安之助が務めた。日露開戦後には、児玉は満洲軍総参謀長、福島、田中は同参謀、佐藤は同司令部附となった。

日本軍の対露陸戦作戦計画において第一期は、まず韓国より鴨緑江右岸に進出して敵を牽制し、その機に乗じて遼東半島に上陸、旅順要塞を監視あるいは攻略し、その後、各軍が呼応して遼陽を占領する。第二期は遼陽以北形勝の地で兵力を整え、さらに進撃するというものであった。[12]

任務班[13]には当初、日本軍の遼東半島上陸を支援するため、ロシア軍の戦線後方で破壊活動を行い、ロシア軍の注意、兵力を分散させる役割が求められた。[14]福島は一九〇四年一月一一日付児玉宛書簡で、青木より請求のあった武器弾薬送付に関して、一万挺の銃器であったとしても「利用ノ如何ニヨリテハ敵ノ五万、十万ヲモ脅威スルヲ得」、「仮リニ二十人ノ小部隊ヲ編成スルモノトセハ即チ五百隊ヲ作ルヲ得テ、数百ケ所ヨリ敵ノ弱点ヲ蜂撃」できるとして、速やかに秦皇島に上陸させることを促した。実際、青木の要求通り、スナイドル銃一万挺および弾薬五百万発が送付されている。[15]

同年二月、青木のもとで組織された遼西方面の任務班は北京特別任務班（「満洲馬隊」「蒙古馬隊」とも）と呼ばれた。第一期の北京特別任務班は四班から構成されている。各班は現役将校からなる班長と、大陸浪人（陸軍通訳として採用）などからなる班員で構成された。班員には清国で教師や留学、探検の経験者など中国語や中国の地理等に精通した者が選ばれた。人選には北京警務学堂の学長をしていた川島浪速も関わっており、同学堂の関係者も班員に含まれている。[16]川島は福島とは同郷でよく知る仲であり、義和団戦争の際に紫禁城開城の説得に当たり、清国側より一定の信頼を得ていた人物であった。[17]

日本軍の第一軍主力は三月末、平壌南方に上陸し、第二軍は五月五日に遼東半島に上陸するが、それらに呼応するように任務班は四月三日の攻撃決行を計画し、北京を出発する。第一班は二月二〇日に北京を出発し、張家口を経て、二九日にカラチン王府に到着した。そこからさらに北上し、烏丹城北方で二手に分かれ、伊藤柳太郎（歩兵大尉）班はハイラルへ、横川省三（清国探検経験者）班はチチハルへ向かう。四月伊藤班はハイラルに到着するが、鉄橋の破壊はできず、鉄道の爆破を試み、ロシア側に捕えられた森田兼蔵を除いて五月末北京に帰還した。一方横川班はロシア側に発見され、全滅している。

第二班は津久居平吉（歩兵大尉・留学）、田実優（善隣書院・北京警務学堂）、[18]楢崎一良（北洋軍官学堂）、大重仁之助（北京警務学堂）などからなり、二月末に錦州を経て長春北方の農安まで進出したが、前進を断念して錦州方面へ引き返し、馬賊と連絡しつつ敵状調査、鉄道爆破任務に当たった。

第三班は井戸川辰三（歩兵大尉）、松岡勝彦（日本語教師）、奈良崎八郎（記者・通訳）、河崎武（北京警務学堂）、大津吉之助（北京公使館雇員・露清銀行）などからなり、三月八日、北京を出発し、長春南方の東遼河一帯で鉄道爆破を試みた後、バボージャブを中心とするモンゴル馬隊千余名を糾合して「鉄命正義軍」とし、奉天北西の彰武県に根拠地を置いた。[19]同軍には馬占山も参加している。[20]

第四班は橋口勇馬（歩兵少佐）、石丸忠實（歩兵大尉・留学）、鎌田彌助（北洋警務学堂）、早間正志（北京警務学堂）などからなり、三月九日、北京を出発して熱河に入り、二〇〇名の馬隊を募兵し、四月、奉天北方での爆破を試みている。戦況は日本側の計画通りに進み、一九〇四年五月一日、第一軍は鴨緑江を渡って九連城、安東を占領、次に遼陽が攻撃目標となった。任務班の活動は日本人のみによる破壊活動任務で多くの犠牲者を出したこともあり[21]、馬賊操縦による諜報活動・破壊活動に重点が置かれていった。五月七日福島らは遼東方面にも任務班を組織することを決定し[22]、歩兵少佐花田仲之助の統率のもと、「満洲義軍」が編成された。花田は一八九七年から一八九九年にかけてウラジオストクを拠点に諜報活動に従事した経験があり、一八九九年には予備役編入となっていた[23]。一九〇四年五月時点での班員は花田を含め予備役軍人一二名のほか、陸軍通訳として採用された者九名、計二一名であり、その後の参加者としては三六名が確認できる。同軍設立には玄洋社・頭山満の働きかけがあり、班員には玄洋社社員が多く参加しているほか、荒尾精（歩兵中尉）が対清貿易に従事する人材の養成を目的として上海に設立した日清貿易研究所や善隣書院の出身者などが加わっている[24]。

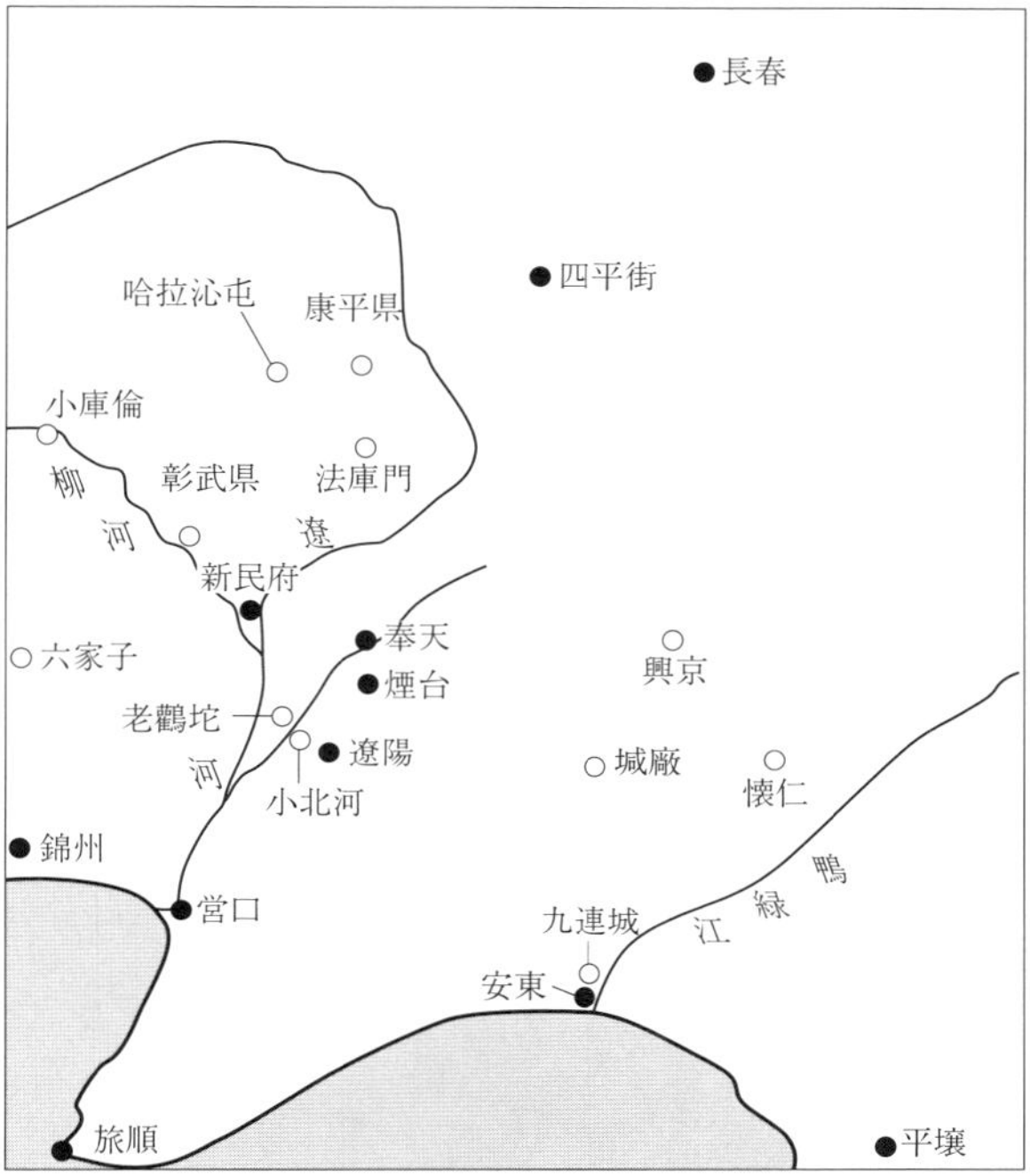

図１　日露戦争関係地略図

註：地名については，松井史料『分捕後調製 満洲図（1/20万）』1905年，JACAR：C13110417100，『明治三十七～三十八戦役 後備歩兵第三十六連隊第二大隊戦史』1906年，JACAR：C13110583900，『支那派遣軍態勢要図』1945年６月～８月頃，JACAR：C13031908600を参考にした．

花田らは六月一九日安東を出発し、二四日城廠南方の寛甸に進出した[25]。そして寛甸県管下馬鹿溝の団練長馬連瑞を帰順させて部隊を編成した。陸軍通訳として参加した大川愛次郎によると、大川らは「日本人十三名外ニ土人苦力五人都合十八名各々支那服ヲ着シ」て馬鹿溝周辺に入り、ロシア軍の目を盗みながら募兵を続け、一一八名を集めた。大川は目撃したロシア軍騎兵三〇〇について「内支那人百名位馬賊ナラン」と述べているように、ロシア軍も馬賊を使用し、警戒に当たっていた。(26)七月二二日満洲義軍は城廠を占領すると、「地方人民の歓迎を受け」、六百余名の招募兵を得ることとなった。ただし同招募兵は「義を聞きて来る者ニ非らすして尽く利を見て集る者」であり、「一日も金なくしてハ操縦出来不申」という状況にあった。招募兵は六分され、日本人をそれぞれに三、四人配置して指揮を執らせ、清国人により「五十人長、什人長」が置かれた。(27)同軍は「日本軍ノ右翼ヲ警戒シ懐仁、老城方面ニ対シテ敵ノ側背ヲ脅威シ其後方物件ヲ破壊シ兼テ敵情ノ捜索」に任じていった。(28)興京・老城攻略には、「満洲帝発祥の地を保安し大ひに全満洲之人気を強ふし将に興らんとする彼地方人士を奮起せしめは奉天鉄岺等之攻撃を容易ならしむる牽制動作を取ることも得易からしむへし」というねらいがあったのである。(29)

一方、北京特別任務班は遼陽攻撃を前にして、青木大佐が錦州で直接指揮を執ることとなり、部隊が再編された。第二期の北京特別任務班は橋口少佐、鎌田彌助、大重仁之助、古庄友佑、辺見勇彦（作新社）(30)らの第一班、井戸川少佐、松岡勝彦、若林龍雄らの第二班、楢崎一良ら単独行動者、河崎武や田実優ら軍司令部・軍政署附、松本菊熊ら別働組からなった。

第一班橋口少佐の下で、「馬賊隊招集の参謀長」の任務を与えられた辺見勇彦は、五、六月頃、北京から錦州に入って一〇〇キロ（直線距離。以下同）ほど北上し、六家子を根拠地とする馬賊の孫と合流した。(31)軍用金および武器を密送し、訓練の上、八月、六家子から東へ約一〇〇キロ、ロシア軍が偵察や物資輸送の根拠地として使用していた新民府付近の軍橋破壊作戦を実施した。しかし作戦は上手くいかず、同馬隊は解散となってしまう。(32)橋口少佐は八月一日付の「意見書」において、馬賊を「侠気ヲ有スル豪骨肌ノモノ」と考えるのは見当違いで、「利慾心」で動き、「行動地区ニ於テ掠奪ヲ謀ル」彼らに「巨額ノ資銀ヲ投シ使用スルノ価値ナシ」とまで述べている。しかしその一方で、「銀餉軍器ヲ要セス我一片ノ護照ヲ得テ動カントスル希望者」がいるとして、田義本の名を挙げている(33)。九月四日に日本軍が遼陽を占領すると、辺見は田義本の操縦を命じられ、営口から遼河を一〇〇キロほど遡り、田義本の住居地田家坨子に入った。そしてそこから東に約一〇キロの田の根拠地老鸛坨で田義本に挙兵させている。遼陽占領後、日本軍の最左翼の兵站地が小北河に置かれたが、老鸛坨はそこから北西約八キロの位置にあった。

また同じ頃、老鸛坨より北北西約一五キロの大邦牛、卞力馬、阿司牛一帯で、大重仁之助、古庄友佑の操縦のもと、ロシア軍の討伐を受けて遼陽付近から遼河の西へ敗走させられていた馮徳麟、杜立山、金寿山が「東亜義勇軍」として挙兵した(34)。日本は日露開戦前から間諜として日本軍人「王小辮子」、津久居平吉を潜入させており、王は馮徳麟、張作霖と義兄弟の盟約を結び、金寿山との関係も良好であったという(35)。小北河の南五里にある螞蜡廟に入った鎌田彌助は、一〇月二三日付小山秋作宛書簡で、「田義本の率ゆる騎馬巡査約六十名に日本人一名附随し大湾附近迄強行偵察に出掛くる事に決定し已に出発致し候当日は又橋口少佐殿自ら馮麟閣の部下約七百名を点検せられ候之れを明日頃遼西に渡る事に相成可候」と述べている(36)。馮らは一一月には奉天北西約八〇キロの姜家屯や同約三〇キロの陶家屯に進出した(37)。すなわち、田や馮らは遼陽占領後、奉天への攻撃段階において、日本軍の左翼前方において諜報、哨戒活動を行うことによって日本軍を支援したのである。

馬賊の利用は、清が中立地帯として宣言していた遼河以西における(38)隠密行動を可能とした点で大きな効果を発揮した。第二班井戸川少佐下のバボージャブを中心とする鉄命正義軍は内モンゴルの小庫倫―彰武県―新民府間の警戒線を担いつつ、根拠地とした彰武県からロシア軍戦線の右側背に脅威を与えて、日本軍の作戦を支援した。特に一九〇五年一月には永沼挺進騎兵隊と共同動作を執ることを命じられ、同軍は永沼隊を教導しながら、内モンゴルを迂回して吉林省境近くのロシア軍の背後に出、そこから南下し、長春の南二キロにある新開河鉄橋付近にて鉄道電線を破壊し、永沼隊の鉄道爆破を支援した。これは日露戦争において日本軍が行った最北端の軍事行動となり、これによって講和交渉において長春以南の東清鉄道割譲を主張できることとなった(39)。

奉天攻撃を前にして日本が諜報活動の拠点としたのが奉天から北西約五〇キロ、遼河西岸近くという格好の位置にある新民府であった(40)。新民府には張作霖が駐屯しており、日本と張作霖の接触が生まれ(41)、ここに両者の長きにわたる関係が始まる。

確かに張作霖は日露両軍に協力していたことが確認できる。一九〇五年一月、日本は牛荘西方、老鸛坨で交戦したロシア軍部隊に清兵が混在していたことを発見しており、「右官兵ハ新民屯営官張作霖ノ部下ニシテ其数約二百ナリシ由ニ有之且ツ張ハ先頃迄ハ青木大佐ノ許ニ出入シタルコアリシモ近頃ハ露軍ニ買収セラレ遼西地方ニ於ケル馬賊ノ剿伐ト称シテ我軍ノ雇使スル馬賊ヲ襲撃スルコ有之」と報告されている(42)。ロシア軍が中立地帯とされた遼河西岸のルートを利用して営口奪還を図った際、同ルート上の新民府に駐屯していた張作霖はロシア側に協力したものとみられる。しかしその一方で張作霖は二月上旬、諜報活動の拠点を求めていた参謀本部派遣諜報班の土井を匿うことを約束し、三月、奉天会戦直前には部下を東亜義勇軍本営に出頭させ、嚮導役を務めること、傷病兵を清国赤十字病院に収容することを申し出て日本側に協力している(43)。同月、日本軍が奉天に続いて新民府を占領し、軍政官として井戸川少佐が派遣されると、張作霖は協力の姿勢を一層強めていったと考えられる。日本側からすればロシア軍にも協力していた張作霖が日本軍に感服して協力するようになったものと映り、処刑寸前で命を助けられて以降日本に頭が上がらなくなったという張作霖の助命エピソードが語り継がれたのではないだろうか。しかし、張作霖にとっては日露両大国に挟まれ、駐屯地が戦場とされるなかで、自身の身を守るために最善の行動を採ったのであろう。(44) 張作霖が恩を感じて日本に協力したとしても、日本に感服したわけではなく、いくら日本側が日本の従属勢力と見做そうとも、張作霖にとっては情勢如何によって変化し得るドライな関係であったとみるべきである。

新民府占領以降、日本軍は任務班を新民府からさらに北に進めていった。田義本の馬隊は康平県の偵察や同県から約三〇キロ北にある遼陽窩棚の占領作戦を実施した。しかしその際、田義本は部下が掠奪事件を起したために士気の低下を察知し慰労金を要求したが、辺見は認めず、田義本の馬隊はそれに抗議して逃亡した。そこで同年五月辺見は新たに哈拉沁屯に駐屯していた馮徳麟の監督官に任命されている。

以上のような日本軍の馬賊利用に関しては清国政府の協力があった。一九〇四年四月内田康哉駐清公使は、清国外務部翻訳局長陶大均がかつて「奉天附近ニ住スル其親戚ノ一人ニシテ同地方ノ馬賊ニ対シ重大ナル勢力ヲ有スル者アルニ付同人ヲ利用シ以テ其国家ニ報効シ同時ニ日本ニ対シテ好意ヲ表彰センコトヲ望ム」と内田に告げたことがあり、同月またその話題に触れてきたと本国に報告している。また五月には奉天（盛京）将軍増祺が日本の「秘密教唆」による「杜立山及馮麟閣ノ下ニ集マル馬賊」二〇〇〇人を解散させようとしたが、内田の抗議もあり、外務部は同将軍に対して干渉しないよう訓令している。七月にはロシアが日本軍の馬賊使用に関して清に抗議してきたが、清は「日本軍カ馬賊ヲ使用スルカ如キハ清国政府ニ於テ何等聞込ミタルコトナシ」とロシア側に回答し、また日本側にはロシアの抗議の手前上、形式的に日本に抗議の公文を送るが、「予テ成立シ居ル黙諾暗助ニ何等影響ヲ及ボサシムル趣旨ニハ毛頭無之旨」を伝えてきた。日本側も「馬賊ヲ使用シタルコトハ断然無之旨」を形式的に回答しており、日清の「共犯関係」が成立していたのである。(45)

しかし一九〇五年二月から三月にかけて日本軍があからさまに彰武県や新民府付近で軍事行動を行い、さらに新民府に軍務署を設置すると[46]、清は中立侵犯であるとして日本に抗議するようになった。それに対して日本は、ロシア軍の行動により中立はすでに崩壊しており、日本軍は軍事上必要な行動を執る権利があるとする反論を繰り返した[47]。

なお日本軍は日露戦後に馬賊利用を総括し、現地住民から支持を受けたとしている。陸軍省『明治三十七八年戦役満洲軍政史』においては、「土人ハ馮麟閣、杜立山ノ率ユル東亜忠義軍ト露国騎兵ト開戦シタルノ報告以来敵騎ノ行動ニ付絶エス報告ニ来リシモ其報告或ハ要領ヲ得ス或ハ重複ニ亘ルモノ多カリシモ之カ為便利ヲ得タルコト多ク加之我兵ノ敵騎ニ追迫セラレ困難シアルモノヲ庇護シ軍政署ニ送致スル者尠カラス」（第六巻、一九一七年、九三九頁）とする[48]。満洲義軍についても「城廠ニ入リテ以来ハ常ニ親密ナル情好ヲ地方官民ニ保チ各地ノ団練ト気脈ヲ通シ投降セル馬賊ヲ操縦シテ或ハ敵情ヲ探索セシメ或ハ敵兵ヲ奇襲セシメタルカ彼等亦深ク義軍ヲ信頼」（第一巻、一九一六年、五四一頁）したと評価している。花田は、部下の通訳が宿営した家主（王荊三）との紛争に託けて取った大金を返還させ、「王荊三は勿論中際（仲裁）人たる支那人等も今は却而我を徳とし義軍の名実を確信義兵ともの日々相購ひる糧食等の価格を底けしめ一般人民とのをりあい弥増大ひに宜敷様相成来り候」と報告していた[49]。

日本軍の協力者となった人物には、奉天交渉局文案（公文書起草担当官）であった王化成がいた。王化成は鴨緑江軍車政総局、安東軍政署の顧問となり、軍需品輸送に便宜を図って財を成し、満洲義軍へ二〇〇〇円、義勇艦隊へ二万円など日本側に多額の寄付をしている[50]。また王化成は安東軍政署が土地買収する際に安東知県との「交渉」（安東県民は「詐取」されたと主張）に当たった報酬を得て大地主となり、事業を始めた[51]。日本軍は日露戦争を契機に満洲に公娼制度を移植しており[52]、賭場やアヘン窟の経営を手掛けた王化成は「買売春」業にも関与したとみられる[53]。

このように現地住民との概ね良好な関係が指摘される一方で、前述の橋口少佐による「意見書」[54]では、「威海衛ニ於ケル英国雇兵ノ如ク多少ノ訓練ヲ与ヘンニハ相応ノ成績ヲ見ルニ至ル」余地はあるものの、現状では「作戦力ハ無能ナリ」と馬賊利用の限界を指摘しており、いくつかの対策を提案していた。その第一策としては、「召募馬賊ノ各班ニ中堅タル可キ日本兵ヲ混入スル事」、「中堅タル日本兵ノ兵力ハ少クモ各班馬賊ノ三分一ニ相当スルニアラサレバ効力ヲ呈スルコ困難ナラン」と述べている。また田実優も馬賊に「若干の日本兵を混じ」ることを主張し、第一に「射撃の要領等を示す」、第二に「馬賊に対する護身兵」とする、第三に馬賊の「取締に充る」必要性を挙げていた。(55)

また宮内英熊は、「馬賊ナルモノヲ買被リ居シガ第一ノ失策」と否定的な見解を示して「日本軍ノ別動隊ヲ使用スル」ことを主張しつつも、「蒙古人ハ比較的勇敢ニシテ樸直ニ有之」とし、ロシアおよび清の双方に当たることができるモンゴルに注目している。(56)

以上のように任務班における馬賊利用の経験を通して、中堅幹部に多くの日本人を投入することによって部隊を統制する、勇敢で樸直であるとしてモンゴル人に注目するという、満洲国軍において実践されていく発想が生まれていったのである。

二　張作霖の昇進と馬賊の清国官軍編入・日本人監督官の招聘

一九〇五年五月二八日、大山巌総司令官、児玉、福島ら満洲軍首脳は、奉天将軍趙爾巽と会談を行い、任務班で用いた馮徳麟や杜立山などを清国官兵として収容することを要請した。(57)(58) 日本側の意図は、満洲義軍を率いた花田による同年七月の上申に明らかである。(59) 花田は清国の従来の巡捕隊（警察）組織を変更し、あるいは「新境土界守備兵」に満洲義軍を主幹もしくは一部として充てることを主張し、「若シ戦後満洲ノ一部ヲ占領スルコト若ハ其若干ヲ若干年間担保等ノ名儀ノ下ニ監視スルコトトナラハ勢ヒ多数ノ日本兵員ヲ用フル能ハサルヨリ支那人ヲ教育シ日本兵監督ノ下ニ属スル支那兵ヨリナル軍隊ヲ養成セサルヘカラサルコトト信ス　其際目下ノ義勇兵卒ヲ継続教育シ恰モ英国ノ印度兵ヲ養成スルカ如クセハ一ハ以テ日本兵ノ不足ヲ補ヒ一ハ以テ暗熟セル土地ニ用フルノ大利ヲ得ン」と述べている。日本軍の影響力が残る部隊を清国官兵の中に置き、将来的に植民地軍隊として利用することを構想しているのである。この花田の構想は、その時点では満洲国軍への展望が見えていたわけではないだろうが、満洲国軍につながっていく萌芽的な構想となっている点で注目され、実際に任務班で活動した者が満洲国軍に参加していくこととなる。(60)また花田は現実問題として、日露戦争によって拡散した「馬賊並土人ノ携帯セル武器ヲ治安維持上押収スル」点からも馬賊の官軍的な利用が必要となることを挙げた。

趙爾巽は六月四日軍機処（清の最高政治機関）に宛てて、「（引用者注―馮徳麟らの部隊を）収容しても性質上、馴致し難く、また中立を害する恐れがある。討伐すれば日本との関係を悪化させる」と述べており、明確な態度を決めかねていた。交渉は続けられ、清側は部隊を解散させ、日露和平後に再収容することを提案したが、日本側は難色を示した。日本側はもし馮徳麟を登用せず、馮徳麟の行き場がなくなれば、惨禍が生じるとして馮徳麟の登用を強く主張した。(61)

なお馮徳麟と杜立山の関係は、杜立山が「一種ノ野心ト慾心トニ駆ラレ財物ノ却奪ヲ行ヒ又馮ノ名義ヲ仮冒シテ種々ノ不正行為ヲ敢テセシニ因リ」悪化していく。杜立山は遼陽から約二〇キロ南西の劉二堡からさらに西の吊水窩子へと移動し、遼陽知州に取り入って、遼西警局隊正巡長となった。副巡長は田義本の実弟田玉達であり、杜立山は田家坨子に戻って約五〇騎の馬隊を擁していた田義本との関係を強めたことがわかる。杜立山は約二五〇騎、田玉達は老鸛坨で約一五〇騎を率いており、遼陽知州から給与は受けず、根拠地付近の村落から軍費を徴収するようになった。(62)そのような状況で日本側は、先に馮徳麟を収容することによって、杜立山を抑える「以毒攻毒之用」を説いた。(63)

交渉の結果、東亜義勇軍で活動した馮徳麟、(64)満洲義軍で活動した馬連瑞が清国官軍に編入され、合わせてそれぞれの監督官であった辺見勇彦、堀米代三郎らも招聘されることとなった[65]。橋口勇馬は小山秋作に対して馮徳麟の就官への尽力に感謝しつつ、「将来も何かと可然御指導或ハ我国家ノ為め充分御利用被下度奉願候」と述べた[66]。また花田も「義軍将来は福嶋閣下之御配慮ニ依り一行一同大ニ喜ひ馬連瑞以下清国人も狂喜シ」ていると報告している[67]。

　日露両国は一九〇七年七月協約を締結し、概ね琿春―ウランホト間で分界線（一二年七月にはさらに内外モンゴル境界まで延長し、内モンゴルの東西分界〈北京の経度〉も設定）を引いて勢力範囲を定め、協調関係を形成していった。日本の勢力圏に入った南満洲では様々な分野で多くの日本人顧問・教習が招聘されており、辺見らの招聘もそれに対応している[68]。また井戸川のもと欽命正義軍で活動したバボージャブも日本側の働きかけがあったとみられ、彰武県巡警局長に就いている[69]。こうして任務班において内モンゴル、遼西、遼東方面で活動していた馬賊がそれぞれ清国官軍（巡警）へと編入されていったのである[70]。

　官軍へ編入された馬賊出身者の動向に関しては、次の三点を指摘できる。第一に、馮徳麟は張作霖とともに昇進競争を勝ち抜き、確固たる地位を築いていったことである。馮徳麟は一九〇五年九月、哈拉沁屯から従来の勢力地である劉二堡一帯に復帰を許され、遼西麟字軍馬歩五営統領となった。部下の張海鵬、汲金純は管帯となっている[71]。同年奉天馬隊・歩隊の再編によって張作霖は右路統領となり、湯玉麟は第一営、張景恵は第二営、張作相は第三営管帯に就任した。兵力は当初は五営、一九〇七年に二営増加され、約三五〇〇名となった[72]。一方、馮徳麟は新安軍統帯となり、錦州北方へ移駐した。馮徳麟は張作霖と同様に匪賊討伐作戦に起用されており、任務を老獪にこなしつつ自身の地位を固めていったと考えられる[73]。同年杜立山は馮徳麟ではなく張作霖により捕縛された[74]。杜立山の部下であった于芷山は幸運にも捕縛を逃れ、張作霖麾下の闞朝璽の部下となった[75]。

　一九〇八年東三省総督徐世昌は、奉天の旧来の兵力をそれまでの四六営から四五営に削減し、奉天巡防隊として再編した。五路（中・前・左・右・後）に分けられ、兵力は中・左・右路は各二二五四名、前路は二一三四名、後路は一八九四名、計一万七九四名となった。張作霖は前路統領、馮徳麟は左路統領となっている(76)。後路統領は後に奉天派に属する呉俊陞であり、馬占山は一九〇七年馬賊討伐の功績を挙げて官軍に編入され、呉俊陞の配下となっていた(77)。

一方、馬連瑞が参加した満洲義軍は一九〇五年一一月、興京において満洲東辺新建軍新勝営として再編されたが、同営五〇〇名のうち二二四名以外は給料の引き下げにより、満洲義軍期の兵とは入れ替わることとなった(78)。

第二に、日本と馬連瑞との関係は途切れ、馮徳麟との関係は継続していったことである。満洲東辺新建軍新勝営では馬連瑞が管帯となり、歩兵大尉堀米代三郎、歩兵少尉神吉常吉、騎兵特務曹長新田徳兵衛、歩兵曹長黒木甚一郎が顧問として残留した。同営はのち遊撃歩隊新勝営と改称され、日本式訓練を続けたが、一九〇六年二月には新田、五月には神吉が本国帰還となり、一〇月には同営は左路巡防隊所属となって寛甸県へと移駐となる。やがて馬連瑞は官職を離れた(79)。黒木は移駐とともに帰還し、堀米は奉天営務処顧問に転じて一九〇九年には本国に帰還し、結局、満洲義軍関係者と日本軍人との関係は途切れている(80)。

一方、馮徳麟の顧問であった辺見勇彦は一九〇八年四月に辞職しているが、同じく任務班にいた楢崎一良が馮徳麟の食客であり続け、一二年巡防隊が機関銃を購入すると、馮徳麟の機関銃隊の教官となっている(81)。

第三に、日本側の強い要請で官軍に編入させ、顧問を派遣していても、日本側が情報を完全に取得できたり、自由に操縦できるわけではなかったことである。一九〇五年一〇月の講和条約発効から撤兵期限までは一八か月の猶予があり(82)、日本軍は日露戦争後も軍政を継続し、特に奉天軍政官の小山秋作は奉天将軍に直接的に影響力を行使し得た(83)。それは日本陸軍が後に奉天将軍の下に軍事顧問を派遣する先駆け的な経験であった。しかし福島安正が述べているように、日露戦争中、清は日本に対して「満腔ノ同情ヲ表シ」、「多大ノ便宜ヲ与ヘ」たが、日本がロシアから利権を継承すると、関係は変化し、「直接利害ノ衝突頻繁」となっていった(84)。一九〇六年九月より関東総督府は平時機関の関東都督府に移行し、各地の軍政署に替わって領事館が設置され、軍政から民政への転換を余儀なくされている(85)。同年五月には前述のように馮徳麟の新安軍は錦州北方へ宿営地を移しているが、その際、辺見が「馮部隊ノ移動ニ関シテ趙将軍及ビ張錫鑾ノ営務処ヨリ小官ニ対シ何等ノ通報ナカリシ(86)」と述べているように、日本側には全く知らされなかった。清は馮徳麟を満鉄沿線にあり、関東総督府が置かれていた遼陽付近から遠く離し、日本の明確な勢力圏内にあるとは言い難い錦州北方へ移すことにより、馮徳麟への日本の影響力を抑えようとしたものと考えられる。

それでいて前述のように馮徳麟の部隊が機関銃を購入した際には楢崎を教官とするなど関係を維持している。すなわち顧問派遣は大きな影響力を持ち得たが、万能ではなく、清および馮徳麟は状況によっては顧問を利用するなど巧妙に距離感を保っていくのである。

三　辛亥革命と張作霖・馮徳麟・陸軍士官学校留学生

清が日本から軍事顧問を招聘した一方で、日本においても軍学校へ清国留学生を受け入れていった。一八九五年三国干渉後、清ではロシアと連合して日本に対抗しようとする機運が高まったが、一八九七年ロシアが旅順大連を領有すると、両江総督劉坤一、湖広総督張之洞ら重臣も日本への対抗意識を改めるようになった。その機を捉えて日本はイギリスとともに清との提携を進め、日本への留学生送り出しを説いた(87)。日本側の意図は、駐清公使矢野文雄が、「我国ノ感化ヲ受ケタル新人材ヲ老帝国内ニ散布スルハ後来我勢力ヲ東亜大陸ニ樹植スルノ長計ナルベシ」、「日本ノ兵制ヲ模倣スルノミナラズ軍用器械等ヲモ我ニ仰グニ至ルベク士官其他ノ人物ヲ聘用スルニモ日本ニ求ムルベク清国

湖北	江西	湖南	安徽	山東	河南	山西	福建	計
11		6	3					40
19							2	25
2	1	4	17	10	6		1	95
36		8	3		1	2	4	83
20		10	1				2	50
14	5	13	5	6	2	7	3	143
1		7	6	1	1	1	3	55
2		7	2	2	1			53
1	6	4	2	2	4			37
106	12	59	39	21	15	10	15	581

軍事ノ多分ハ日本化セラル、コト疑ヲ容レズ」と述べているところに明らかである。留学生受け入れは、清への顧問派遣と連動する日本の影響力強化策の一環であった(88)。

陸軍では任務班に関与する福島、青木らが陸士清国留学生受け入れを推進していった。川上操六参謀本部次長（のち参謀総長）によって、一八九七年一二月神岡光臣、宇都宮太郎が劉坤一や張之洞のもとに派遣された。一八九八年一月には成城学校に留学生部（のち振武学校(89)へ改編）が設置され、福島が清国学生管理委員長となった(90)。福島は一八九九年四月ロシアの南下に対する危機意識が高まるなかで、再び劉坤一、張之洞のもとに派遣されている。福島は劉坤一に対して「近頃貴総督より派せられたる学生は、已に皆日英の語言に通じ、科学の素養あるを以て、其進歩は更に快速ならんと確信す。是皆貴我同文同種に因るものにして、弊国三十年の文明は、貴国之を十五年にして成就するに難からず」と称賛している。一方、劉坤一も「独り遊歴者留学生のみならず、軍事の教官は勿論、機器鉱山其他諸般の事業に要する教師技師等は、必ず貴国より招聘せんと欲す」と応答しており、清側でも留学生派遣と顧問受け入れを結びつけて認識していたことがわかる。また劉坤一の腹心陶森甲から「満洲に強兵を練成する方法如何」と問われた際、福島はその方法の一つとして「遊歴者、学生を派して人材を作」ることを挙げてい

表1　出身地別陸士清国留学生数（1900-10）

	直隷	江蘇	浙江	奉天	満洲	京旗	広東	陝西	甘粛	四川	雲南	貴州
1期	9	4	4				2					1
2期	1	1					2					
3期	15	15	16	1			2			5		
4期	3	8	13				4			1		
5期	2	3	6		1		1			3	1	
6期	22	9	6	2		1	21	3		9	15	
7期	10	9	3	1		2		3		4		2
8期	3	2		25		1		2	1	4	2	
9期	14			1				2		1		
計	79	51	48	30	1	4	32	10	1	27	18	3

典拠：郭栄生校補『日本陸軍士官学校中華民国留学生名簿』文海出版社，1975年．
註1：重複の可能性を考慮し，153頁以降の表記載者は含めていない．
註2：8期生于国翰の出身は「鉄嶺」とあるが，奉天に含めた．
註3：修業期間は1期1900.12〜1901.11，2期1901.12〜1902.11，3期1903.12〜1904.11，4期1906.12〜1908.5，5期1907.7〜1908.11，6期1907.12〜1908.11，7期1908.11〜1910.5，8期1909.12〜1911.5，9期1910.12〜1911.11．

る。五月福島は成都の井戸川大尉より報告を受け、四川総督が日本に派遣した文武官に同行し帰国した。福島は一九〇六年参謀本部次長就任以降も引き続き、宇都宮とともに清国留学生事業に力を入れた(91)。

　陸士清国留学生数については、表1の通りである。遺漏はあるものの、おおよその傾向は掴める。一九〇〇年入学の一期生から一九一〇年入学の九期生（辛亥革命のため中退）まで全九期に亘っている。出身別に見ると、湖北が最も多く、直隷、湖南、江蘇と続いている。一九〇七年清は留学生約二〇〇名の陸士受け入れを打診した。それに対し、日本陸軍は定員は五〇名であるとして断ろうとしたが、寺内正毅陸軍大臣が渡満した際、北京公使館附武官の青木が「本件ノ為特ニ来満シ懇請」したこともあり、必要な設備を整え、清側の要求を受け入れることとなった(92)。結局同年には五、六期を合わせて一九三名の留学生を受け入れている。

　一九〇七年、清は西洋にならった新式陸軍（新軍）三六鎮を全国に設置することを決定した。各省に督練公所、武備学堂などを設置し、新軍の建設を進めた(93)。留学生は帰国すると、

表２　陸士清国留学主要１～７期生

期	姓名	出身	辛亥革命時
1	**蔣雁行**	**直隷**	**江北都督**
	王廷楨	直隷	禁衛軍統領
	張紹曾	**直隷**	**第20鎮統制**
	鉄　良	湖北	江寧将軍
	呉禄貞	**湖北**	**第６鎮統制**
2	良　弼	直隷	軍咨府軍咨使
	藍天蔚	**湖北**	**第２混成協統・関外革命軍大都督**
3	盧金山	直隷	拱衛軍（馮国璋）中路統領
	潘矩楹	山東	第20鎮統制
	張樹元	山東	第10協統
	王汝勤	直隷	河南督軍公署参謀長
	蔣百里	**浙江**	**奉天督練公所軍事参議官・北伐軍総参謀長**
	許崇智	**広東**	**第20協統・閩軍総司令**
	蔡　鍔	**湖南**	**第39鎮第37協統・雲南軍都督**
	呉光新	江蘇	第２軍参議官
	姚鴻法	江蘇	山西督練公所総参議
4	**蔣作賓**	**浙江**	**陸軍部軍衛司司長・九江都督府参謀長**
	李書城	**湖北**	**軍咨府課員・戦時総司令部参謀長**
5	**姜登選**	**直隷**	**四川陸軍小学堂総弁**
6	**張鳳翽**	**陝西**	**秦隴復漢大都督**
	韓麟春	奉天	陸軍講武堂教務長？
	孫伝芳	山東	北洋陸軍近畿第２鎮歩隊第５標教官
	尹昌衡	**四川**	**四川陸軍小学堂総弁・同都督府軍政部部長**
	閻錫山	**山西**	**第43混成協第86標統・山西都督**
	程　潜	**湖南**	**四川第47鎮参謀官・湘軍都督府参謀長**
	李烈鈞	**江西**	**九江都督府参謀長**
	李根源	**雲南**	**雲南軍都督府参議院長兼軍政部総長**
	唐継堯	**雲南**	**雲南軍都督府軍政部次長兼参謀部次長**
7	徐樹錚	江蘇	段祺瑞第１軍総参謀
	朱　煕	湖南	江蘇新軍第23協統
	陳複初	**湖南**	**湘軍第49標統**
	楊藎誠	**貴州**	**貴州陸軍小学総弁代理・貴州都督**

典拠：前掲『日本陸軍士官学校中華民国留学生名簿』，徐友春主編『民国人物大辞典』増補版，河北人民出版社，2007年，陶菊隠『蔣百里伝』中華書局，1985年，姜克夫『民国軍事史』第１巻，重慶出版集団・重慶出版社，2009年，劉国銘主編『中国国民党百年人物全書』団結出版社，2005年，中国社会科学院近代史研究所『民国人物伝』第10巻，中華書局，2000年，外務省記録『清国革命叛乱ニ関スル海外雑報／関東都督府報告ノ部』第１巻，JACAR：B03050655300，同第４巻，JACAR：B03050659900.
註：太字は革命呼応者・同調者.

各地で新軍の指揮・教育に携った（以下表２参照）(94)。奉天周辺に駐屯していた新軍には第三鎮第五協（昌図）、第二〇鎮（奉天・新民府など・兵力一万八四二二）、陸軍第二混成協（奉天・兵力五一〇九）があった(95)。一期生張紹曾は第二〇鎮統制、二期生藍天蔚は陸軍第二混成協統領となり、三期生蔣百里は奉天で督練公所総参議に任じられ、新軍の訓練に当たった。

一九一一年一〇月武昌蜂起が起こると、特に南方出身者は革命に呼応していった。(96)ほとんどの省が独立を宣言するなか、奉天でも藍天蔚、張紹曾が第六鎮（駐北京）統制呉禄貞と結び、独立を画策した。しかし危機を察知した東三省総督趙爾巽が張作霖に奉天省城の警備に当たらせ、独立の動きを封じていった。奉天には前節にみたような馬賊出身の張作霖や馮徳麟などの旧軍があり、張作霖らは新軍を自身の勢力拡大の障害と見做し、敵視していたのである。(97)張作霖は中路統領の職を兼任し一五営の部隊を率いることになって、兵力は倍増し、五〇〇〇余名となった。(98)張作霖は任務班で活動後、官軍での活路を見つけられず、藍や日本の浪人と結んで革命の潮流に乗ろうとしていた金寿山を籠絡している。張作霖の推薦により、金寿山は中路第一営管帯となり、さらに中路幇統に昇進した。(99)

同年一一月張紹曾は長江一帯の宣撫大臣への転任を命じられて兵権を失い、呉禄貞は内閣総理大臣袁世凱の手によって暗殺された。藍天蔚は関外討虜大都督、張榕は奉天省都督に推挙されたものの、藍天蔚は逃走を余儀なくされ、張榕は一二年一月二三日に趙爾巽および張作霖の謀略によって暗殺され、大勢は決していった。(100)馮徳麟は二月北伐軍として遼東半島に再上陸して来た藍天蔚の部隊を迎え撃ったが、日本軍の介入もあり、両軍は撤退した。後に馮徳麟は芝罘に残っていた藍天蔚部隊接収の任に当たっている。(101)

日本陸軍は辛亥革命前、政変が起こって日本が軍事行動を行うような場合には、日本留学を経験した清国将校を利用するという対清策を策定していた。(102)しかしここまで述べてきたように奉天ではむしろ旧軍が優勢となった。それでも前述のように日本は旧軍ともパイプがあり、対応は可能であった。袁世凱が清帝の退位容認へと動き、清朝崩壊が濃厚となると、張作霖は日本への接近を試みた。落合謙太郎奉天総領事下の深澤書記生と会談した張作霖は、「北人トシテ南人ノ共和ニ従ヒ彼等ノ制ヲ受ケンカ如キハ死ストモ肯スル能ハス寧ロ日本ニ従フノ優レルニ如カス特別大ナル利権ヲ有スル日本トシテモ斯ク主ナキニ至ル東三省ノ人民ヲ其儘ニ差措ク如キハ当然ノ事ニアラス」、ロシアが外モンゴルを独立させており、「日本カ南満洲ノ利権ヲ持スルハ当然」であり、「主ナキニ至リ思フ所ニ就クヘキ自分及馮其他カ心ヲ決シテ起ツ以上他ノ者ニ於テ如何トモスル能ハサルヘキニ付我意ノ在ル所ヲ総領事ヨリ日本ニ伝達セラレタシ」と、日本の出兵を促し、自身は傀儡となることを容認するような発言をしている。また張作霖はその意を「福島中将ヘ通スル」ため、于冲漢を落合の下へ派遣したとも述べている。日露戦争以来の福島参謀次長との関係を利用しようとしたのである。

しかし福島は内田康哉外相に対して「何等ノ措置ヲモ採リ兼ヌル」と述べ、張作霖らを積極的に利用しようとはしなかった。内田外相も二月初旬落合に対して、張作霖や趙爾巽とは「何等我ヲ『コムミット』セサル方法ニ依リ消息ヲ通スル（二）止メ余リ深入スルコトナキ様」指示した。日本は列強と協同して北清・中清地方へは出兵を実施したが、南満洲出兵はロシアの承認を得たものの、列強の警戒や議会での予算審議の困難さなどから実現できなかったのである。一方、福島は宇都宮参謀本部第二部長が川島浪速と協力して進める粛親王擁立・挙兵計画には了承を与えていた。張作霖は川島と呼応する姿勢もみせており、任務班で活動した河崎武が粛親王と張作霖、町野武馬大尉（のち奉天督軍顧問）が川島と張作霖の間を繋いでいた。しかしこの計画は二月二〇日閣議で中止が命じられ、結局、張作霖は袁世凱の説得を受け、共和制を受け入れていった(103)。

一九一二年三月袁世凱が臨時大総統に就任し、九月全国軍制が統一された。趙爾巽は奉天都督に移行し、勢力拡大が追認されるかたちで前路および中路巡防隊は第二七師（駐奉天）に、左路巡防隊は第二八師（駐北鎮）に改編され、それぞれ張作霖、馮徳麟が師長に就任した。兵力はそれぞれ約七〇〇〇名であった(104)。張作霖および馮徳麟はともに奉天省における枢要な軍事力の一角を占めることとなったのである。

同年八月には、バボージャブが外モンゴルに成立したボグド・ハーン政権による内モンゴルへの合流呼びかけに呼応し、彰武県から逃走し挙兵した。奉天省から馮徳麟の第二八師が鎮圧に出動し、やがてバボージャブ軍は内外モンゴルの境界に留まるようになり、以後も火種は残っていく。任務班関係者同士の戦闘であり、日本は両陣営に人員を送り込んでいくことが注目される。川島浪速は再起を期すバボージャブ軍を支援し、再挙兵する際には若林龍雄、河崎武、松本菊熊、津久居平吉など任務班関係者が多く参加していった[105]。一方、第二八師では楢崎一良の紹介によって、満鉄大連埠頭事務所に勤務していた「満洲的壮士肌」の渡瀬二郎（元陸軍砲兵中尉）が教習となっており、顧問派遣が維持された[106]。そして次章で述べるように渡瀬の契約満期前解雇事件をきっかけに、日本は奉天将軍[107]の下への軍事顧問派遣を認めさせる。

なお奉天においては藍天蔚ら陸士留学生が旧軍の張作霖らによって敗走させられたが、留学生人脈が断絶したわけではなかった。注目されるのは表1にみられる二五名もの奉天出身の八期生の存在である[108]。これは日露戦争で駐屯した満洲軍が「清国官憲ニ向ヒ清国文武学生ノ我カ邦ニ留学スルハ清国教育上最モ有利ナルコトヲ当初ヨリ勧告誘引」した成果であった[109]。満洲軍参謀であった福島や任務班を率いた青木、奉天軍政官の小山らが勧誘を主導したと考えられる。振武学校舎監の大川浅二郎[110]は、一九〇五年六月一四日付小山宛書簡で、不調な同校の現状について相談しつつ、留学生は清国「政府が熱誠を以テ我国ニ派遣せられ居る事なれは仮令戦時と雖今一入彼国之学生之為め出来得る丈の設備を為し幾分の満足を与へたきものニ御座候」と述べている[111]。一九〇三年九月振武学校設立以来の学生監で、日露戦争から帰還後も同職を務める木村宣明[112]もまた駐屯中に留学の勧誘に関与したものと推測される。

村長の息子で監生（国子監の学生）であった張煥相は、撫順県営盤村新屯に駐屯した鮫島重雄第一一師団長によって見いだされ、陸士留学を斡旋されている。張煥相らは一九〇五年末に日本語の講習を終え、一九〇六年より二年間振武学校で学び[113]、その後連隊で教育を受けた。一九〇九年一二月には陸士へ入学（八期生となる）が許されて一年半学び、

一九一一年五月に卒業した。(114)

帰国した八期生にも革命参加者はいたが、奉天出身者が奉天で革命に従事し弾圧された事実は確認できない。情勢を慎重に見守ったり、任官を見合わせたりした者も多かったとみられる。張榕の従兄であった張煥相は、趙爾巽や張作霖を警戒し、親族とともに再渡日しており、一九一二年一一月奉天都督が張錫鑾に替わると帰国し、同都督府参謀に任官していった。(115) 次章でみていくように、奉天出身の八期生は次第に奉天軍に集まり、やがて張作霖のもとで重用されることとなる。

おわりに

本章では日露戦争期から辛亥革命期の張作霖や馮徳麟ら任務班関係者、陸士留学生の動向について考察した。日露戦争では清が中立を宣言するなか、張作霖や馬賊ら奉天在地勢力は諜報などのために日露両軍の争奪の対象となった。ロシアの馬賊利用策の失敗、清政府の裏面からの協力もあり、日本軍は福島安正や青木宣純らを中心に特別任務班を組織し、在地勢力を巧みに利用することに成功した。清は遼河以西を中立地域としたが、両軍の侵入を受けることとなった。遼河西岸すぐの位置にあった新民府に巡防遊撃馬隊営帯として駐屯していたのが張作霖であった。日本軍は新民府に諜報活動の拠点を築こうとし、張作霖との接点が生じたが、張作霖を利用しようとしたのはロシア軍も同様であった。張作霖は駐屯地が戦場とされるなかで日露両軍に協力したが、自身の身を守るために最善の行動を採ったといえよう。

日露戦後、日露間ではハルビンと吉林のほぼ中間で分界線を引いてそれぞれの勢力範囲を定め、協調関係を形成した。日本の勢力圏に入った南満洲では様々な分野で多くの日本人顧問・教習が招聘された。日本は満洲独立のような有事に日本の影響力が残る部隊を利用することを見越して任務班で利用した馬賊の清国官軍編入、また馬賊操縦に当たった日本人監督官も合わせて顧問として招聘することを清側に認めさせた。結果的に馮徳麟、馬連瑞、バボージャブが官職を得ている。馮徳麟は張作霖とともに清国軍内の昇進競争を勝ち抜いていった。馮徳麟のもとへは顧問派遣が継続され、日本が完全に統制し得たわけではなかったが、日本の影響力は維持されていった。また于芷山、馬占山も別の形で官軍に編入されており、のち奉天軍の軍官として昇進していくこととなる。

清が日本から顧問を招聘した一方で、日本においても清からの留学生を受け入れていった。留学生受け入れはロシアに対抗するため日本と清の提携を強化する一策であり、日本陸軍では任務班に関係した福島や青木らが、日本の影響力強化策の一環として推進した。陸士留学生は一九〇〇年入学の一期生から一九一〇年入学の九期生まで全九期に亘り、清全土から派遣されている。陸士留学一～七期生は帰国すると、各地で新軍の指揮・教育に携り、奉天でも一期生張紹曾や二期生藍天蔚の部隊などが駐屯した。一方、馬賊出身で旧軍に属する張作霖や馮徳麟らは陸士留学生を自身の勢力拡大の障害とみなした。日本側からすれば、新旧双方にパイプを有しており、勢力争いでどちらが勝利しようとも、どちらにも対応できる備えがあった。

辛亥革命が起こると、各地の多くの陸士留学生は革命に呼応した。奉天でも張紹曾や藍天蔚が革命派と結び、独立を画策したが、張作霖や馮徳麟らによって弾圧された。臨時大総統となる袁世凱が清帝の退位容認へと動き、清朝崩壊が濃厚となると、共和制を認めない張作霖は日本、特に福島への接近を試み、自ら傀儡となるような発言をして日本軍の南満洲出兵を促そうとした。日本とロシアの協調関係は継続しており、南満洲出兵はロシアの承認を得たものの、他の列強の警戒や議会での予算審議の困難さなどから実現できず、福島らは張作霖を利用するには至らなかった。

福島らは川島浪速と協力して粛親王挙兵計画を進めたが、結局中止となり、張作霖は袁世凱の説得で共和制を受け入れた。革命弾圧の働きが認められる形で、張作霖は第二七師長、馮徳麟は第二八師長に就任し奉天における主要な軍事力を占めるようになった。第二八師への顧問派遣が維持されるとともに、モンゴル独立運動に従事し内外モンゴルの境界に留まったバボージャブ軍へも川島の支援のもと、任務班で馬賊操縦に当たった者が多く参加し、関係は継続した。張作霖が袁世凱と日本との間にあって立ち回り、日本が張作霖の利用と川島が進める謀略工作という選択肢の使用を見定めつつ袁世凱に対処しようとするという構図は、その後も継続することとなる。

日露戦争で駐屯した日本軍が留学を斡旋した奉天出身の陸士留学八期生は、一九一一年五月に卒業となり、帰国するが、奉天で革命に従事して弾圧されることはなかった。やがて張作霖が主導する奉天軍には八期生が集結することとなる。日本側からすると、任務班関係者、バボージャブ軍関係者、陸士留学生とのちに満洲国軍に関係していく三つの人脈が維持されたのである。

註

（1）　以下は特に断らない限り、「満洲内馬賊及団練ト露人トノ関係」『明治三十七年　満洲内馬賊関係綴　小山史料』JACAR：C13110445200、白雲荘主人『張作霖』（中央公論社、一九九〇年〈原著は一九二八年刊〉）による。

（2）　澁谷由里『馬賊の「満洲」　張作霖と近代中国』講談社、二〇一七年、二九～三〇頁。

（3）　清軍は一八九四年一二月に海城を占領した日本軍を包囲し、反攻を強めた。日本軍は海城への包囲を分断するため、翌九五年三月に牛荘、営口などを占領している（大澤博明『陸軍参謀　川上操六　日清戦争の作戦指導者』吉川弘文館、二〇一九年、一三〇～一三八頁、孫克復・関捷編著『甲午中日陸戦史』黒龍江人民出版社、一九八四年、二四四～二七七、三二一～三三五頁）。

（4）　王国玉「偽満奸雄録」『長春文史資料』一九九二年第二輯、一八五頁、寧武「清末東三省緑林各帮之産生、分化及其結局」『文史

資料選輯合訂本』第二巻第六輯、二〇〇〇年、一三六頁。後者は、寧武が日清戦争以来の自らの見聞をまとめたものである。

(5) 新民屯は府に昇格し新民府となったが、日本ではしばらく新民屯の名称を使い続けた。

(6) 前掲『馬賊の「満洲」 張作霖と近代中国』八三〜八六頁。

(7) 前掲「偽満奸雄録」三〜四頁、遼寧省地方志編纂委員會弁公室主編『遼寧省志・軍事志』遼寧科学技術出版社、一九九九年、二〇頁。

(8) 以下、特に断らない限り、任務班の活動については、島貫重節『戦略・日露戦争』(原書房、一九八〇年)第一四章、対支功労者伝記編纂会編『対支回顧録』上巻(対支功労者伝記編纂会、一九三六年)四〇七〜四一三頁による。陸軍は征韓論や征台論の高まりを受けて清国に将校を派遣し、一八七四年に参謀局を設置、組織的な中国情報収集を開始した(戸部良一『日本陸軍と中国「支那通」にみる夢と蹉跌』筑摩書房、二〇一六年、一一八頁)。福島ら情報将校の活用に参謀次長などを務めた川上操六が果たした主導的な役割については、佐藤守男『情報戦争と参謀本部—日露戦争と辛亥革命—』(芙蓉書房、二〇一一年)第一章参照。

(9) 福島安正「清国」(一九〇九年頃作成と推定)、国立国会図書館憲政資料室所蔵「福島安正関係文書」五二。しかし日本軍においても略奪や虐殺などがないわけではなかった(小林一美『増補 義和団戦争と明治国家』汲古書院、二〇〇八年、第三章第四節参照)。ただし特に残虐さが宣伝されたロシア軍に比べると、相対的にそれらの行為が少なかったことは、日本軍への印象の良さを維持することにつながった。

(10) 尚友倶楽部児玉源太郎関係文書編集委員会編『児玉源太郎関係文書』同成社、二〇一五年、三六八頁。本史料はすでに長南政義『新史料による日露戦争陸戦史』(並木書房、二〇一五年)六八五〜六八六頁で言及されている。

(11) 前掲『陸軍参謀 川上操六 日清戦争の作戦指導者』一三〇頁。

(12) 参謀本部『明治卅七八年日露戦史』第一巻、偕行社、一九一二年、六六頁。

(13) 以下では、特に重要な役割を果たした、遼西および遼東方面に展開した任務班を中心に述べるが、任務班としては他に、土井市之進による参謀本部特派諜報班、芝罘駐在武官守田利遠による芝罘特別任務班もあった。

(14) 参謀本部は一九〇三年一二月二一日青木に対して、日露開戦に伴う東清鉄道および電線の破壊を訓令した(「満州内地ニ於ケル鉄道電信破壊ニ関シ清国公使館附武官ニ与フル訓令案」同日、参謀本部『明治三十六年十二月起 臨号ニ関スル訓令綴』JACAR：C09123087100)。同訓令の策定を含め、当時参謀本部総務部長であった井口省吾の動向については、井口省吾文書研究会編『日露戦争と井口省吾』(原書房、一九九四年)解題を参照。

(15) 前掲『日露戦争と井口省吾』五一六頁、陸軍省軍務局砲兵課『明治三十七八年戦役 陸軍省軍務局砲兵科業務詳報』JACAR：C06040172700、C06040172800。井口の備忘録には、「兵器弾薬ヲ清国へ輸送ノ為メ英船便問合陸軍省へ通報ノ事」という記述があり（前掲『日露戦争と井口省吾』四六七頁）、イギリス船で輸送された可能性もある。ただしスナイドル銃は西南戦争時の官軍が装備していた前世代の銃で、日露戦争の頃には「既に骨董品」となっていた銃であった。そのため、馬賊も使用を望まず、半数は袁世凱の好意で保定に運搬されて保管され、もう半数は後述する満州義軍に送られ、ロシア軍から鹵獲した銃と交換するまで使用された（山名正二『満洲義軍』月刊満洲社東京出版部、一九四二年〈大空社一九九七年復刻版を使用〉、一一九～一二一頁、青木宣純より石本新六陸軍次官宛、一九〇五年六月八日、陸軍省『明治三十八年五六月 満密大日記』JACAR：C03020332700、福島安正より第一軍兵站監宛、一九〇四年五月二二日、大本営陸軍副官『明治三十七年自四月廿三日至六月十二日 第四号 副臨号書類綴』JACAR：C06040635000）。

(16) 前掲『対支回顧録』上巻、四〇七～四〇八頁、松岡勝彦『満蒙血の先駆者』熊本海外協会、一九三七年、附録、木村平太郎臨時測図部長より奥保鞏参謀総長宛、一九〇七年八月三〇日、参謀本部『自明治三十九年九月至四十三年十二月 大日記』JACAR：C07082511700、「日本学生の支那遊学」「蒙古旅行」「横川省三氏の葬儀」「無限の憾」『東京朝日新聞』一九〇二年五月二九日、一二月一五日、一九〇四年五月一〇日、七月三日付、陸軍省『明治三十七年二月 満密大日記』JACAR：C03020045700、同『明治三十五年四月 清国事件書類編冊』JACAR：C08010260500、同『明治三十五年五月 清国事件書類編冊』JACAR：C08010263800、天邊光「青木宣純と松本菊熊」『日本及日本人』二三八、一九三一年一二月。

(17) 前掲『増補 義和団戦争と明治国家』五五四頁。

(18) 小峰和夫『満洲紳士録の研究』吉川弘文館、二〇一〇年、二六三～二六五頁。渡満した「中堅層や準エリート層」については同書参照。善隣書院は宮島大八を中心とする当時日本唯一の私立中国語・中国文学教授所で、日露戦争では五十余名の清語通訳を出した。同院で講師を務めた于沖漢も日本に協力し特別任務に従事した（「（広告）善隣書院 支那語学校」「私立善隣書院」『東京朝日新聞』一九〇〇年一一月一一日、一九〇八年三月三〇日附、外務省政務局『現代支那人名鑑』一九一二年、JACAR：B02130264500）。

(19) 前掲『満蒙血の先駆者』八三頁。井戸川は「新民屯の西北パラタオ街」に根拠地を置いたと回想しており（「花大人を囲む満洲義軍勇士座談会」『話』五―九、一九三七年九月、二六四頁）、厳密には彰武県北西の哈爾套であったとみられる。バボージャブについては、烏蘭塔娜「ボグド・ハーン政権成立時の東部内モンゴル人の動向：バボージャヴを例として」『東北アジア研究』一二、二〇〇八年一月、中見立夫『「満蒙問題」の歴史的構図』（東京大学出版会、二〇一三年）第六章を参照。

(20) 林義秀「建国当初に於ける黒龍江省の回顧 巻一 自昭和六年十月下旬至昭和七年四月上旬」、小林龍夫ほか編『現代史資料11 続・満洲事変』みすず書房、一九六五年、六四五頁、黒竜会編『東亜先覚志士記伝』上巻、黒竜会出版部、一九三五年、八〇八～八〇九頁。

(21) 青木は一九〇四年七月二六日付の長岡外史大本営陸軍部参謀次長宛書簡で、「特別任務班は当春二月より任務に従事し、今月迄種々なる困難故障の為め未だ何たる事を成効し得ざるも、彼等が困難辛苦を嘗めつ、ある事丈は察するに余あり」と述べている（長岡外史文書研究会編『長岡外史関係文書 書簡・書類篇』吉川弘文館、一九八九年、四頁）。

(22) 前掲『満洲義軍』は、陸軍通訳鶴岡永太郎の献策によることを指摘している（四～七頁）。鶴岡は満洲視察から帰国し、一九〇四年二月一〇日参謀本部に出頭し、児玉や福島などに満洲視察について報告した（青木宣純より大山巌宛、一九〇四年四月四日、大本営陸軍副官『明治三十七年自二月至五月 大日記』JACAR：C09122001300）。

(23) 花田は、人種戦争の観点から対露戦争に備えて日本は中国を利用できるようにしておくべきであると主張していた。人種戦争論と日清提携策の関連については、前掲『陸軍参謀 川上操六 日清戦争の作戦指導者』二四九～二五四頁参照。

(24) 前掲『東亜先覚志士記伝』上巻、八一七～八二二頁、前掲『対支回顧録』上巻、四二〇～四二一頁、中村久四郎『現代日本に於ける支那学研究の実状』外務省文化事業部、一九二九年、一〇七～一〇八頁、『官報』一九〇二年一月二〇日、前掲『明治三十七年自二月至五月 大日記』JACAR：C09122008000。日清貿易研究所については、前掲『日本陸軍と中国「支那通」にみる夢と蹉跌』三七～三八頁、前掲『情報戦争と参謀本部―日露戦争と辛亥革命―』第七章参照。川上操六は同研究所を資金面で支え、設立業務支援のために小山秋作少尉を派遣した。小山は日清戦争、義和団戦争に従軍し、日露戦争が起こると、大本営陸軍幕僚附となり、一九〇四年六月には満洲軍総司令部附となった。一九〇五年三月奉天占領後には軍政委員となり、同年九月中佐に進級した（「小山秋作君」対支功労者伝記編纂会編『対支回顧録』下巻、対支功労者伝記編纂会、一九三六年、「大本営陸副臨人第二十九号第一」一九〇四年六月二六日、大本営陸軍副官『明治三十七年自六月至八月 大日記』JACAR：C09122017600）。

(25) 毛利季次より小山秋作宛、一九〇四年六月二六日、北海道大学スラブ・ユーラシア研究所（以下、スラブ研）図書室所蔵。毛利は伊地知幸介第三軍参謀長の弟で、満洲義軍副総統を務めた（前掲『満洲義軍』二六二頁）。同書簡によれば、一行は六月一九日に調査が完了した「兵器一千挺弾薬五拾万発一銃ニ付五百発宛」を携行したとみられる。
(26) 大川愛次郎より小山秋作宛、一九〇四年七月一六日、スラブ研図書室所蔵。大川も日清貿易研究所出身であった（前掲『満洲義軍』一七九頁）。
(27) 大川愛次郎より小山秋作宛、一九〇四年八月六日、スラブ研図書室所蔵。大川は前掲七月一六日付書簡においても、兵に対して「一ケ月一人ニ付銀十五円ヲ支給」しているところ、「飽迠モ義兵」であるとして給料を引き下げ、「十三円ニテ雇入ル方針」を採ろうとする花田少佐を批判し、「義ヲ以テ兵ヲ集ルヿハ千万望ムヘカラズ」と述べている。ただし一三元にしても、清国軍兵士の月給六元（前掲『満洲義軍』五九九頁）に比べて高額であり、志願者には魅力的に映っていたものとみられる。
(28) 「明治卅八年上半期満州義軍行動大要及松花江上流遠征隊行動詳報」大本営陸軍参謀『明治三十八年一月起十二月ニ至ル　謀臨書類綴』JACAR：C06040398400。兵力は一九〇四年一〇月で七〇〇名、〇五年三月で一二〇〇名となっている（前掲『満洲義軍』二〇八、三二一頁）。
(29) 花田仲之助より小山秋作宛、一九〇四年九月一七日、スラブ研図書室所蔵。同書簡で花田は「永凌副都統霊熙新兵堡遊撃隊長王徳興及海龍府総管依立峯等は暗に気脈を我に通し日本軍来らは共に興らんとするもの、如く候」と述べている。堀米代三郎大尉は「已ニ老城の図ハ土人の手ニ依リ到来仕候殊ニ其配備の概略も明細ニ承知致居候」として、一日も早い攻撃を主張していた（堀米代三郎より小山秋作宛、一九〇四年八月二三日、スラブ研図書室所蔵）。満洲義軍は〇五年三月一八日に老城、同月二〇日に興京（新兵堡）、永陵を占領した（前掲『満洲義軍』三六五〜三六六頁）。
(30) 札幌農学校出身の宮地利雄と早稲田大学留学生の戢翼翚らが革命派支援のために上海に設立した出版社（辺見勇彦『辺見勇彦馬賊奮闘史』先進社、一九三一年、三四〜三五頁）。戢翼翚の従弟は陸士留学八期生の戢翼翘である（郭廷以ほか『戢翼翘先生訪問記録』中央研究院近代史研究所、一九八五年、三頁）。
(31) 以下、辺見の行動については、前掲『辺見勇彦馬賊奮闘史』一一五〜四二五頁による。
(32) また石丸忠實、宮内英熊、田実優も六月に馬賊を率いて「開原の東北停車場双廟」（四平街南方）で「爆薬を用ひ鉄道電柱を切断」する作戦を実行するも、馬賊は田実らが「先鋒に立つにあらざれは躊躇前進せず」、与えた損害も「さして効能なし」とされている（田実優より小山少佐宛、一九〇四年七月四日、スラブ研図書室所蔵）。
(33) 橋口勇馬より青木宣純宛、一九〇四年八月一日、前掲『満洲内馬賊関係綴』JACAR：C13110445100。

（34）「奉天督轅営務処給増祺呈」光緒三〇年九月七日（一九〇四年一〇月一五日）遼寧省檔案館編『日俄戦争檔案史料』遼寧古籍出版社、一九九五年、六八〜六九頁、「俄駐奉武廓米薩爾為請剷除馮麟閣杜立山等給増祺的照会」（一九〇四年六月七日〜二八日）遼寧省檔案館編『奉系軍閥檔案史料彙編』一、古籍出版社・地平綫出版社、一九九〇年、二三六〜二三七頁、前掲『辺見勇彦馬賊奮闘史』二〇八〜二〇九頁。

（35）前掲「清末東三省緑林各帮之産生、分化及其結局」一三六〜一三八頁。

（36）スラブ研図書室所蔵。

（37）「増韞致増祺、廷傑電」光緒三〇年一〇月二日（一九〇四年一一月八日）、「金義成給増祺稟」同一〇月一〇日（一九〇四年一一月一六日）前掲『日俄戦争檔案史料』六九〜七一頁。

（38）清は一九〇四年二月一二日局外中立を宣言し、遼河以西、各省および内外モンゴルへの両軍の侵入を禁じた（「使日楊樞致日外部日俄開戦中国当厳守中立照会」一九〇四年二月一三日、王彦威纂輯・王亮編『清季外交史料』第三冊、書目文献出版社、一九八七年、二八五二頁、同訳文は内田康哉駐清公使より慶親王宛、一九〇四年二月一七日、外務省『日本外交文書』第三七巻第三八巻別冊日露戦争Ｉ、日本国際連合協会、一九五八年、七六五〜七六六頁参照）。清の中立政策については、楊国棟「日露戦争における清国の中立政策の成立過程」（『人文学報』四九〇、二〇一四年三月）を参照。

（39）陸軍省『明治三十七八年戦役 満洲軍政史』第一巻、一九一六年、四四五〜四四六頁、前掲『満蒙血の先駆者』八三〜八四頁。

（40）新民府は水運により営口との商業関係が密接であり、また北京からの鉄道が開通していた。日露戦争で日本軍はロシア軍が奉天・新民間に敷設した軍用軽便鉄道を接収して改築し、一九〇七年に清国に売却したことにより、京奉鉄道の運行に至った（塚瀬進『中国近代東北経済史研究―鉄道敷設と中国東北経済の変化』東方書店、一九九三年、第四章、『清国鉄道要覧（未定稿）』大蔵省理財局国庫課、一九〇八年三月調査、一九〜二〇頁）。

（41）井戸川によると、パラタオで「パインタライン（引用者注―白音大賚）と云ふ蒙古の馬賊」を味方につけて馬賊を集めていると、張作霖が討伐に来たために談判して新民府に引き返させたことがあったという（前掲「花大人を囲む満洲義軍勇士座談会」二六四〜二六五頁）。

（42）松井慶四郎駐清臨時代理公使より小村寿太郎外務大臣宛、一九〇五年一月三一日、外務省記録『日露戦役ノ際帝国軍隊ノ行動ニ対スル誣妄雑件』JACAR：B07090617000。同事件自体については、すでに大山梓『日露戦争の軍政史録』（芙蓉書房、一九七三年）一七六頁で指摘されている。なお張作霖自身は関与を否定している（「張作霖為日人誣称其部俄向導請開去管帯之職以慎中立事給増祺稟」光緒三〇年一二月二八日〈一九〇五年二月二日〉、前掲『日俄戦争檔案史料』二〇六～二〇七頁）。

(43) 前掲『対支回顧録』上巻、四〇三頁、隈元常矩『興亜記』春光堂、一九四二年、二八五頁。

(44) 張作霖は前年一二月、営口を目指すロシア軍によって部下を襲撃され、銃器を破壊されるという脅迫を受けていた（前掲『興亜記』二八〇頁）。McCormackも張作霖の助命エピソードに言及しているが、張作霖が日本側に心服したとまでは述べていない（Gavan McCormack, *Chang Tso-lin in Northeast China 1911-1928:China, Japan, and the Manchurian idea*, Stanford, Calif, Stanford University Press, 1977, pp.17-18　加文・麦柯馬克著、華万聞訳『張作霖在東北』吉林文史出版社、一九八八年、四～五頁）。

(45) 内田公使より小村外相宛、一九〇四年四月二三日、同五月二〇日、同七月五日、同七月九日、同七月一八日、前掲『日本外交文書』第三七巻第三八巻別冊日露戦争Ⅰ、八〇三、八一五～八一六、八二六～八二七、八二九～八三二頁。一九〇五年一月においても「日本将校カ馬賊ヲ指揮シテ露軍ヲ攻撃セリ」などといったロシアによる清国中立違反非難に対して、日清間で反駁案のすり合わせが行われている（小村外相より松井代理公使宛、一九〇五年一月二〇日、松井代理公使より小村外相宛、同日、同、一月二一日、前掲『日本外交文書』第三七巻第三八巻別冊日露戦争Ⅰ、八九一～八九五頁）。川島真「日露戦争における中国外交」（東アジア近代史学会編『日露戦争と東アジア世界』ゆまに書房、二〇〇八年）では、日本の馬賊招募に関する綏中県知県の報告などに言及するが、日清の「共犯関係」的側面には着目していない。

(46) 一九〇四年五月の安東を嚆矢とし、日本軍占領地二〇か所に「軍政署」が設置されたが、新民府のみは清側への配慮から占領の際に用いる「軍政署」の名称は避けられた。新民府軍務署長となった井戸川は、日本人を教官とする警務学堂や日本留学を奨励するための普通学堂の設立を計画したが、結局、計画はとん挫している（加藤聖文「日露戦争と帝国の成立」前掲『日露戦争と東アジア世界』一七五、一八七頁、前掲『日露戦争の軍政史録』一六九、一七五～一七七頁）。

(47) 例えば、松井代理公使より小村外相宛、一九〇五年二月三日、内田公使より小村外相宛、三月四日、同三月一七日、同四月一一日、前掲『日本外交文書』第三七巻第三八巻別冊日露戦争Ⅰ、九一三～九一四、九二三～九二四、九三四～九三五、九四一～九四二頁。前掲『日露戦争の軍政史録』第七章でも、同様の清国の抗議および日本の反論に言及しているが、新民府占領前後における日清関係の微妙な変化には着目していない。

(48) 一九〇四年一〇月遼陽における楢崎一良の報告では、「土人ハ異口同音ニ杜立山ノ戦捷ヲ嬉コビ露兵ヲ恨メリ」としていた（「報

告 楢崎通訳」一九〇四年一〇月二九日、『明治三十七・十～十一 日露戦役情報資料（人員調）小山史料』JACAR：C13110445600）。

(49) 花田仲之助より小山秋作宛、一九〇四年一一月九日、一七日、スラブ研図書室所蔵。また同軍では、馬車徴発の際に「中間に在りて暴利を貪」ろうとする「日本御用商人」を排斥し、民心を失わないように配慮していたこともわかる（松田大尉より小山少佐宛、一九〇五年三月二九日、『明治三十八～三十九年 特種任務関係文書 小山史料』JACAR：C15120230000）。

(50) 日本の帝国海事協会は一九〇四年九月、帝国義勇艦隊建設の趣旨書および要綱を議決し、戦時補助船舶建設のために一五〇〇万円を目標に義金の拠出を呼びかけていた（「帝国義勇艦隊建設の趣旨」『東京朝日新聞』一九〇四年九月一一日付）。

(51) 神吉常吉より小山秋作宛、一九〇五年九月一日、スラブ研図書室所蔵、古藤誠藏安東警務署長より白須直関東都督秘書課長宛、一九一九年三月九日、陸軍省『大正八年乙輯第四類 永存書類』JACAR：C03011253700、中央研究院近代史研究所編『清季中日韓関係史料』第一〇巻、中央研究院近代史研究所、一九七二年、六六〇五頁。安東軍政署附の陸軍通訳青木喬は、「軍事中ニ著々万般之施設」をなすことが「肝要」であり、「将来望ある地区を設定して日本人をして土地を買収せしめ官ハ之ニ道路橋梁之布設を全して交通を便ならしめ他日日本人市街の基礎を定め」ることを主張している（青木喬より小山秋作宛、一九〇四年一〇月一四日、スラブ研図書館所蔵）。安東における日本軍の土地買収と満鉄附属地への組み入れ、市街形成については、前掲『日露戦争の軍政史録』第四章、白木沢旭児「植民都市・安東の地域経済史」（同編著『北東アジアにおける帝国と地域社会』北海道大学出版会、二〇一七年、第三章）を参照。なお日本軍が奉天を占領すると、奉天交渉局総弁以下は「露探ノ疑」により処罰されそうになっており（児玉満洲軍総参謀長より長岡参謀次長宛、一九〇五年三月三〇日、陸軍省『明治三十八年四月上 満大日記』JACAR：C03027941300）、その点では王化成には「先見の明」があったといえよう。

(52) 藤永壮「日露戦争と日本による『満州』への公娼制度移植」大阪産業大学産業研究所編『快楽と規制 近代における娯楽の行方』大阪産業大学産業研究所、一九九八年。日露戦争での日本軍の異民族を含む「買売春」管理の経験は、「慰安婦」制度へと継承されていった。

(53) 王化成は「安東県一、二、三、四番通一丁目ヨリ八丁目ニ至ル間ニ於テ約壱萬三千余坪ノ土地ヲ得」ており、三番通八丁目には劇場「麗華茶園」を所有していたことがわかる（前掲古藤安東警務署長より白須関東都督秘書課長宛、「安東居留民団管内主要営業者」外務省記録『自明治三十九年 日露戦役ニ依ル占領地施政一件 安東県、大道溝ノ部』JACAR：B07090731600）。「安東ニ於ケル多数ノ飲食店ハ三番通二番通辺ニ集合シテ殆ント一廓ヲ構ヘ傍ラ売春ヲ業」としており、安東警務署より貸席営業許可も受けるようになった（関東都督府「自明治四十一年四月至同六月 諸般政務施行成績」、外務省記録『関東都督府政況報告雑報』第一巻、JACAR：B03041524600）。

(54) 任務班には、威海衛駐屯英国守備隊で日本語および柔術教授の勤務経験がある大津吉之助が参加しており（前掲木村平太郎臨時測図部長より奥保鞏参謀総長宛）、橋口の認識に影響を与えた可能性がある。

(55) 前掲田実優より小山秋作宛。

(56) 宮内英熊より小山秋作宛、一九〇四年八月一六日、スラブ研図書室所蔵。宮内は任務班で活動後、同月騎兵第八連隊附、一二月同連隊副官となり、一九〇五年一月永沼隊に参加した（「宮内英熊君」前掲『対支回顧録』下巻）。

(57) 日本の奉天占領後、奉天将軍は日本の意向に沿う形でロシアと関係の深い増祺から趙爾巽へと変わった（川島真「日露戦争と中国の中立問題」『軍事史学』四〇―二・三、二〇〇四年一二月、八八頁）。

(58) 「趙爾巽致軍機処函稿」光緒三一年五月二日（一九〇五年六月四日）、中国第一歴史檔案館編『清代檔案史料叢編』第一三輯、中華書局、一九九〇年、三九五～三九六頁。

(59) 前掲『明治三十七八年戦役 満洲軍政史』第一巻、五四一～五四七頁。

(60) 花田自身も満洲国軍に編入される靖安遊撃隊に関わっていく（井竿富雄「花田仲之助の報徳会運動―山口県を中心に―」『山口県立大学学術情報』第六号、二〇一三年三月、二五頁）。

(61) 前掲「趙爾巽致軍機処函稿」、「趙爾巽致那桐及外務部軍機処電稿」光緒三一年五月七日（一九〇五年六月九日）、前掲『清代檔案史料叢編』第一三輯、三九六～三九七頁。

(62) 小山秋作より落合豊三郎関東総督府参謀長宛、一九〇六年一月二三日、奉天軍政署『明治三八、十一、報告綴 小山史料』JACAR：C13010131100。

(63) 「趙爾巽致軍機処及外務部函稿」光緒三一年五月九日（一九〇五年六月一一日）、前掲『清代檔案史料叢編』第一三輯、三九八頁。

(64) 一九〇五年八月八日付の福島安正より花田仲之助宛書簡では、馮徳麟の兵力について「一千余」としている（前掲『満洲義軍』四九〇頁）。

(65) 「馬連瑞馮麟閣ノ部隊ニ関スル報告」小山秋作より落合関東総督府参謀長宛、一九〇六年三月二日、前掲『明治三八、十一 報告綴 小山史料』JACAR：C13010133100、「堀米歩兵大尉清国応聘ノ件」陸軍省『明治三十九年一月 肆大日記』JACAR：

C07072071200）。小山は趙爾巽に対して「馮馬ノ諸人久シク我将校ノ馴養ヲ受ケ我将校ノ訓戒ニ服シ改過自新ノ念ヲ萌セルヲ以テ其馴致熟シテ良兵ト為ルマテ其親愛畏敬セル日本人ヲシテ監督慰撫ノ任ニ当ラシムルハ得策ナラズヤ」と述べている。趙爾巽は「両部隊ニ在ル日本人ハ之ヲ教習トシテ延聘シ部隊ノ指揮若クハ経理ニ任セサル事」とすると応答し、結局、小山の意見に従うこととなった（「馬連瑞馮麟閣ノ部隊ニ関スル報告」）。辺見は「将軍庁ノ通訳官」の身分で傭聘されている（萩原守一奉天総領事より林董外務大臣宛、一九〇六年七月六日、外務省記録『在満洲領事ト軍政官トノ職権取極一件』JACAR：B15100869400）。

（66）橋口勇馬より小山秋作宛、一九〇六年二月二二日、スラブ研図書室所蔵。

（67）花田仲之助より小山秋作宛、一九〇五年一〇月二〇日、スラブ研図書室所蔵。また同書簡からは、花田が義軍の活動で関係したとみられる曲明元なる人物を義軍に参加させるか通化知県にしようと働きかけていたことや、通訳たちが金鉱事業に乗り出そうと模索していたことがわかる。

（68）外務省編『日本外交年表竝主要文書』上巻、原書房、一九六五年、二八一、三六九頁、「中国政府傭聘日本人人名表（一九〇三～一九一二）」南里知樹編『近代日中関係史料 第Ⅱ集』龍渓書舎、一九七六年。田中義一は、日本軍が撤退する代わりに、「満洲駐屯ノ清国軍ノ各高等司令部ノ幕僚ニハ日本将校ヲ顧問トシテ万事ニ参画セシムルコト」を構想していた（田中義一より寺内正毅宛、一九〇五年八月二九日、国立国会図書館憲政資料室所蔵「寺内正毅関係文書」三一五―八）。満洲義軍に参加した予備役騎兵中尉で東京外国語学校・善隣書院出身の関菊磨は、帰国後も清国の「中学以下の学校か軍隊か武備学堂等」に傭聘されることを希望したが、願いは叶わず、善隣書院や早稲田大学で中国語教育や留学生事業に携わった（前掲『満洲義軍』二三二～二三三頁、関菊磨より関東総督府幕僚附牧野正臣宛、一九〇六年一月二六日、スラブ研図書室所蔵）。

（69）前掲『満蒙血の先駆者』九二～九三頁、盧明輝「巴布扎布伝記」中国蒙古史学会『中国蒙古史学会成立大会紀念集刊』一九七九年、五七六頁。バボージャブは部下一五〇名とともに巡警となったとされている（宮内英熊より長谷川好道参謀総長宛、一九一二年一一月二三日、外務省記録『蒙古情報』第二巻、JACAR：B03050664800）。宮内は一九一二年一月参謀本部附として清国出張を命じられ、守田利遠大佐を首班とする「東蒙古潜行工作班」としてモンゴル王公との連絡に当たった（前掲「宮内英熊君」）。その一環で日露戦争以来の関係があるバボージャブとも連絡を取り、動向を注視していたものとみられる。

（70）福島安正は一九〇五年一〇月一七日付の長岡外史宛書簡で、「支那に対する事業も貴意の如く益々急務ならん。幸にして多年内外各地に培養せられたる樹木も追々美果を結ばんとし、邦家の為め将来有望の事も不少」と大陸政策の進展に一定の満足感を表明している（前掲『長岡外史関係文書 書簡・書類篇』二七二頁）。

(71)「馮徳麟呈麟字軍員弁什兵及馬色槍械清冊」光緒三一年、前掲『清代檔案史料叢編』第一三輯、四一一頁。

(72)前掲『遼寧省志・軍事志』二〇頁。

(73)「徐世昌唐紹儀為已然飛札張作霖馮徳麟等部進山捜剿洵克洵給洮南府札」光緒三四年三月二〇日（一九〇八年四月二〇日）前掲『奉系軍閥檔案史料彙編』一、三八九〜三九〇頁。

(74)「東三省総督徐世昌等奏遼西杜立山田玉本各股相継剿除折」光緒三三年七月二日（一九〇七年八月一〇日）中国第一歴史檔案館・北京師範大学歴史系『辛亥革命前十年間民変檔案史料』上冊、中華書局、一九八五年、一〇五〜一〇六頁。杜立山と合わせて「田玉本」も討伐されたとされているが、田義本、田玉達のどちらか、あるいは両者を指すのかは不明。

(75)前掲「偽満奸雄録」一八五頁。

(76)前掲『遼寧省志・軍事志』二〇〜二三頁。張作霖は一九〇九年春、前路巡防隊管帯の孫烈臣と協力し、白音大賚を討伐した（前掲『馬賊の「満洲」張作霖と近代中国』九九頁）。

(77)在チチハル領事清水八百一より幣原喜重郎外務大臣宛、一九二七年三月二六日、外務省記録『各国ニ於ケル有力者ノ経歴調査関係一件 中華民国ノ部』JACAR：B02031640800。

(78)前掲『満洲義軍』五九六〜五九九頁、「新勝営謹将本営光緒三十一年十二月暨本年正月分収発薪餉製辧軍衣一功花銷剰存数目開単呈」、「七　三月二十日」『明治三十八〜三十九年 特種任務関係文書 小山史料』JACAR：C15120230100。一九〇五年一二月より兵の給料および手当は月八元となった。ただし満洲義軍より継続して勤務する者を維持しようとする日本側の要請により、再び一三元が支給されるようになったとみられる。

(79)馬連瑞は就官の際より「自分ハ好テセヌトモ宜シ」、「金ヲ以テ官ヲ買フヘキ注意サレテモ自分ハ決シテ従ハス」と消極的かつ潔癖な態度をみせていた（花田仲之助より小山秋作宛、一九〇五年一一月九日、スラブ研図書館所蔵）。前掲『満洲義軍』では、馬連瑞は故郷の山東省即墨県に戻り、一九〇九年夏には日本に旅行し、その後郷里で病没したとされている（三四五〜三四七頁）。一方、一九一一年一一月頃の奉天警務署の調査では、革命党員王国柱が連絡を採っている馬賊の中に馬連瑞の名がみられる（星野金吾関東都督府参謀長より石井菊次郎外務次官宛、一九一一年一一月九日、外務省記録『清国革命叛乱ニ関スル海外雑報／関東都督府報告ノ部』第一巻、JACAR：B03050654900）。

（80）前掲『満洲義軍』五九六～六〇六頁。
（81）前掲『辺見勇彦馬賊奮闘史』四六五頁、守房太郎少佐より大島健一参謀次長宛、一九一二年五月九日、外務省記録『清国革命動乱後ノ状況ニ関スル各省及府県庁報告雑纂／陸軍省及参謀本部ノ部』第三巻、JACAR：B03050686000、佐藤安之助中佐より長谷川好道参謀総長宛、一九一二年七月二日、同、JACAR：B03050686500。
（82）前掲『日本外交年表竝主要文書』上巻、二四八頁。
（83）例えば、小山は日清共同経営の金融機関に関して交渉し、「奉天将軍趙爾巽ハ自ラ一小銀行ヲ起」すこととなったことや「奉天武備学堂」設立の要を説示して同意を得、設計の指導依頼を受けたことを報告している（小山秋作より落合豊三郎宛、一九〇六年三月五日、四月一九日、前掲『明治三八、十一、報告綴 小山史料』JACAR：C13010133300、C13010185400）。一九〇五年三、四月には奉天陸軍小学堂、一九〇七年九月には東三省陸軍講武堂が設立された（王鉄軍『東北講武堂』社会科学文献出版社、二〇一三年、三二～四〇頁）。また関東総督府附の牧野正臣は小山に対して、「復洲警務学堂ノ件ハ将軍ヨリ未タ何等認可ヲ与ヘサル者ト相見ヘ」るとして、「将軍ニ命令ヲ出ス様御尽力」を依頼している（牧野正臣より小山秋作宛、一九〇六年二月五日、スラブ研図書室所蔵）。
（84）前掲「清国」。日本軍に協力した王化成も、次第に清国官憲の風当たりが強くなり、「売国奴」と言われるようになって、一九一〇年末には事業を畳み、旅順に移住せざるを得なくなった（前掲古藤安東警務署長より白須関東都督秘書課長宛）。
（85）栗原健「日露戦後における満州前後措置問題と萩原初代奉天総領事」（同編著『対満蒙政策史の一面』原書房、一九六六年、第一章）、井上勇一「在奉天総領事 萩原守一―在奉天総領事のみた満州問題―」（『法学研究』八三―五、二〇一〇年五月）参照。
（86）江崙波（辺見勇彦）より小山軍政官宛、一九〇六年五月一五日、『明治三九 奉天軍政署、奉政報告等綴 小山史料』JACAR：C13010185900。
（87）容應萸「清末留日学生派遣政策の成立」衞藤瀋吉編『共生から敵対へ』東方書店、二〇〇〇年。
（88）矢野文雄より西徳二郎外相宛、一八九八年五月一四日、外務省記録『在本邦清国留学生関係雑纂／陸軍学生之部』第一巻、JACAR：B12081617000。留学生受け入れの提案は日本の福建省鉄道施設権要求に対する清側の感情を和らげる方便でもあった。矢野の提案の顛末については、李廷江「一九世紀末中国における日本人顧問」（前掲『共生から敵対へ』）、川崎真美「駐清公使矢野文雄の提案とそのゆくえ―清末における留日学生派遣の契機」（大里浩秋・孫安石編著『留学生派遣から見た近代日中関係史』

御茶の水書房、二〇〇九年）参照。

(89)　一九〇八年七月時点で、振武学校卒業後連隊で教育を受けた者四九九名、連隊から陸士に入学し卒業した者二二九名、退学した者二百余名とされている（中国社会科学院近代史研究所中華民国史組編『清末新軍編練沿革』中華書局、一九七八年、三四二頁）。蔣介石は一九〇八年振武学校に入学し、その後連隊で教育を受けたが、武昌蜂起が勃発し陸士に進まずに帰国している。

(90)　前掲『情報戦争と参謀本部―日露戦争と辛亥革命―』二一一頁、前掲『陸軍参謀 川上操六 日清戦争の作戦指導者』二四四～二四九頁。一八九九年一月小山秋作は、劉坤一および張之洞が派遣した留学生を出迎える任務に当たり、翌年一一月には福島らとともに学生委員に任じられた（「清国留学生来る」『東京朝日新聞』一八九九年一月二一日付、中村雄次郎総務長官より大久保春野教育総監部参謀長宛、一九〇〇年一一月二七日、陸軍省『明治三十三年十一月 弐大日記』JACAR：C06083317100）。

(91)　福島安正著・太田阿山編『福島将軍遺績』東亜協会、一九四一年、二五八～二六六頁、清国学生管理委員長「観兵式拝観の件」陸軍省『明治三十六年十二月 弐大日記』JACAR：C06083895900、宇都宮太郎関係資料研究会編『日本陸軍とアジア政策 陸軍大将宇都宮太郎日記1』岩波書店、二〇〇七年、一九〇九年九月二八日、一九一一年一一月二七日条（二七四、五〇二頁）。

(92)　寺内正毅陸軍大臣より林董外務大臣宛、一九〇七年八月一日、外務省記録『在本邦清国留学生関係雑纂（陸軍学生之部）』第三巻、JACAR：B12081618300。

(93)　姜克夫『民国軍事史』第一巻、重慶出版集団・重慶出版社、二〇〇九年、一三～二〇頁。

(94)　新軍の指揮系統の序列は上から、鎮―協―標となっている。長官の名称は順に「統制」「統領」「統帯」である。おおよそ師―旅―団に相当する。

(95)　前掲『遼寧省志・軍事志』二五～二七頁。

(96)　蔡鍔らの雲南における蜂起については、石島紀之『雲南と近代中国―〝周辺〟の視点から』（青木書店、二〇〇四年）第一章参照。

(97)　黎光・孫継武「張作霖」中国社会科学院近代史研究所『民国人物伝』第一巻、中華書局、一七八頁。

(98)　前掲『遼寧省志・軍事志』三八頁。

(99)　劉徳権「辛亥革命発動時張作霖進入奉天」『吉林文史資料選輯』第四輯、一九八三年一〇月、四三～四四頁（劉は陸士留学八期生）、落合謙太郎奉天総領事より内田外相宛、一九一二年一月一一日、外務省記録『各国内政関係雑纂 支那ノ部・満州』第二巻、JACAR：B03050176000。

(100) 王益知「辛亥革命与張作霖」前掲『吉林文史資料選輯』第四輯、五八頁。王益知は張学良政権下に『瀋陽新民晩報』を創刊した人物。蒋百里も奉天独立を画策したが、形勢不利のために奉天を離れた（陶菊隠『蒋百里伝』中華書局、一九八五年、二二頁）。

(101) 大島義昌関東都督より石本新六陸軍大臣宛、一九一二年二月一七日、陸軍省『明治四四年 清国革命乱関係書類』JACAR：C08010378300、在奉天佐藤中佐より長谷川好道参謀総長宛、同年五月八日、外務省記録『清国革命動乱後ノ状況ニ関スル各省及府県庁報告雑纂／陸軍省及参謀本部ノ部』第三巻、JACAR：B03050686000。辛亥革命については、前掲『馬賊の「満洲」 張作霖と近代中国』一〇四〜一一六頁も参照。馮徳麟が張作霖とともに弾圧側に回ったことについては、すでに江夏由樹「旧奉天省撫順の有力者張家について」（『一橋論叢』一〇二―六、一九八九年一二月）で言及されている。呉俊陞も弾圧側に回った（孫徳昌「呉俊陞」中国社会科学院近代史研究所『民国人物伝』第一〇巻、中華書局、二〇〇〇年、二五三〜二五四頁）。

(102) 「対清策案」一九一〇年一二月、山本四郎編『寺内正毅関係文書 首相以前』京都女子大学、一九八四年、六〇一頁。

(103) 外務省『日本外交文書』第四四巻第四五巻別冊清国事変（辛亥革命）、日本国際連合協会、一九六一年、三〇五〜三〇六、三一三、三二〇〜三二一、三二五〜三二六、三三三〜三三四、三五一頁、櫻井良樹『辛亥革命と日本政治の変動』岩波書店、二〇〇九年、六五〜七五、一〇〇〜一〇三頁。

(104) 前掲『遼寧省志・軍事志』三八頁、張侠ほか編『北洋陸軍史料：一九一二―一九一六』天津人民出版社、一九八七年、一二六〜一二八頁。

(105) 前掲「ボグド・ハーン政権成立時の東部内モンゴル人の動向：バボージャヴを例として」、前掲『満蒙血の先駆者』九二〜九七頁、藤原超然『信濃健児』高日本社、一九三九年、四〇四〜四一一頁。第一次大戦が起こると、ドイツもロシアへの軍需物資輸送妨害の点からバボージャブの存在に注目し使者を送るが、バボージャブは使者を殺害し、ロシア支持の姿勢を示した（Nakami Tatuo, "On Babujab and His Troops:Innor Mongolia and the Politics of Imperial Collapse, 1911-21", in *Russia's Great War and Revolution in the Far East: re-imagining the northeast Asian theater, 1914-22*, ed. David Wolff, Yokote Shinji, Willard Sunderland, Bloomington, 2018, p.357）。

(106) 井原眞澄奉天総領事代理領事より牧野伸顕外務大臣宛、一九一三年八月四日、外務省記録『外国官庁ニ於テ本邦人雇入関係雑件（清国之部）ノ七』3.8.4.16-2、外務省外交史料館所蔵、外務省政務局『支那傭聘本邦人名表』一九一三年一二月現在、JACAR：B02130228200。渡瀬には、北洋陸軍講武堂教習を務めた経験があった（南里知樹編『近代日中関係資料Ⅱ』龍溪書舎、一九七六年、資料一、一四頁）。

(107) 各省の軍政長官は、一九一二年三月より一九一四年六月までは「都督」、同月から一九一六年七月までは「将軍」、同月から一九二四年一二月までは「督軍」、同月以降は「督辦」と呼ばれた。

(108) 奉天将軍から官費を受けて留学した者を指しており、厳密には出身が奉天以外の者も含まれる。同時期の東三省の日本留学生全般については、胡穎「清末の中国人留学生に関する研究―主に留学経費の視点から」（『神奈川大学大学院 言語と文化論集』特別号、二〇一七年三月）参照。一九〇五年には科挙が廃止され、多くの知識人が立身の道として日本留学を選んだ（同一一八頁）。

(109) 陸軍省『明治三十七八年戦役 満洲軍政史』第七巻、一九一五年、二一三～二一四頁。

(110) 福島安正より寺内正毅宛、一九〇四年一一月六日、陸軍省『明治三十七年十一月自一日至十五日 満大日記』JACAR：C03027750200。振武学校には、学生監一名、舎監若干名、教頭一名、教員若干名などの職員が置かれた（『振武学校沿革誌』一九〇六年、東洋文庫所蔵）。

(111) スラブ研図書室所蔵。楊枢清国公使は、清国政府が振武学校校舎一棟新築の費用一万千余円を支出することを認めていた（木野村政徳より小山秋作宛、一九〇五年二月一三日、スラブ研図書室所蔵）。

(112) 前掲『振武学校沿革誌』、高級副官より木村宣明ほか宛、一九〇七年三月六日、陸軍省『明治四十年三月 壹大日記』JACAR：C04014215000。木村は日露戦時、第一軍司令部附軍政委員や鉄嶺軍政委員などに就いており、小山とは日本軍の協力者とする清国人の起用に関して協議するなどしている（「大本営陸副臨人第一六〇号第一」前掲『明治三十七年自二月至五月 大日記』JACAR：C09122005500、木村宣明より藤井包総宛、一九〇五年四月二三日、参謀本部『明治三十八年一月ヨリ四月 大日記 一』JACAR：C07082416900、木村宣明より小山秋作宛、年月日不明、スラブ研図書室所蔵）。

(113) 前掲『振武学校沿革誌』は、一九〇六年二月二日「奉天学生四拾名入校ス」と記している。一方、清側の『学部官報』第三七期（一九〇七年一〇月二七日、国立故宮博物院一九八〇年復刻版を使用）掲載の「奉天省留学日本陸軍官費学生調査表」からは、「光緒三十二年正月」（一九〇六年一～二月に該当）に振武学校に派遣されたのは、四三名であることがわかる。

(114) 前掲「偽満奸雄録」七三～七五頁、軍事課「清国、韓国陸軍学生士官学校へ入校ノ件」一九〇九年一一月二九日、陸軍省『明治四十二年十一月 弐大日記』JACAR：C06084800500、前掲『学部官報』第三七期。

(115) 前掲「偽満奸雄録」七五～七六頁。

第二章　東三省支配期の奉天軍と陸軍士官学校留学生

はじめに

前章で述べたように張作霖と馮徳麟は清国官軍内の昇進競争を勝ち抜き、辛亥革命以降、奉天省において有力な勢力の一角となった。やがて張作霖が奉天省の実権を握り、その主導下に奉天軍が形成されていった。そして帰国した奉天出身の陸士留学八期生は奉天軍に集結していった。

そこで本章においては、第一節では帰国した陸士留学八期生が任官していく前提として、奉天軍内はどのように構成されていたか、第二節では陸士留学八期生はその最初の顕著な動きである奉天軍の南征にいかに関与していったのか、第三節では陸士留学八期生は奉天派の勢力が拡大するなか、黒龍江省や吉林省でいかに地位を確立していったのかについて論じ、満洲国軍前史としての奉天軍および陸士留学生八期生の動向について明らかにする。

一　張作霖による東三省掌握と奉天軍

辛亥革命後の奉天省の軍事情勢はいかなる状況にあったのだろうか。

表３　奉天省兵力（1913-17）

	1913.11	1915		1917.6			
	人員（a）	人員		人員（c）	銃砲（c）		
		（a）	（b）		小銃	機関銃	火砲
第27師（張作霖）	8,142	約8,600	7,500	9,869	9,914	28	54
第28師（馮徳麟）	8,512	約7,500	7,000	9,863	7,890	25	27
騎兵第２旅（呉俊陞）	？	約1,400	1,500	1,434	1,500	5	—
後路巡防隊（　〃　）	3,615	約5,500	4,000	6,353	4,804	13	24
右路巡防隊（馬龍潭）	5,035	約3,300	3,500	3,879	3,948	5	8
後路遊撃隊（金寿山）	645	—	—	—	—	—	—
第20師（潘矩楹→呉光新→范国璋）	？	約12,000	5,000	1,478	1,500	—	—

典拠：a）張侠ほか編『北洋陸軍史料：1912-1916』天津人民出版社，1987年，b）『第二回支那年鑑』東亜同文会調査編纂部，1917年，c）関東都督府陸軍部「東三省支那軍隊ノ調査」1917年６月，『自大正三年至大正九年戦時書類』巻168，JACAR：C10128397000.

註：1917年６月の第27師には他に投降した馬賊天下好の馬隊約500があった．また同時期の第20師で奉天省に駐屯していたのは歩兵第39旅第78団のみ．

表３は一九一三年から一七年の奉天省の兵力を示すものである。実員は定員を満たしていないとみられるが(1)、在地勢力のなかでは張作霖率いる第二七師および馮徳麟率いる第二八師が抜きん出ていたことがわかる。呉俊陞は在地勢力であったが、率いる騎兵第二旅は中央直轄部隊であった。北京政府は呉俊陞に張作霖を牽制させることを狙っており(2)、呉俊陞と張作霖の間にはしばらく緊張感がある関係が続いた。

第二〇師は北京政府系勢力に属し、当初、第二七師や第二八師にとっても軽視し得ない兵力があった。また、表には表れていない第二混成旅も北京政府系勢力であった(3)。張作霖ら在地勢力にとって勢力を拡大させるには、まずは北京政府系勢力を奉天省から排除することが必要であった。

その点で一九一三年夏の第二革命、一九一五年末から一六年にかけての袁世凱の帝制失敗と第三革命は張作霖らにとって有利に働いた。第二革命において、北京政府は奉天省から第二混成旅および第二〇師を南方に出動させている。張作霖は馮徳麟とともに傍観の立場を採っており、「奉天省内ヨリ異分子ヲ除キ且ツ軍事費ノ負担ヲ軽カラシムルモノナリトテ大ニ喜」んだ。

第二〇師は、経費は陸軍部直轄となったものの、奉天省に戻って引き続き駐屯した。一方、第二混成旅は湖北都督の隷下に入り、漢口に駐屯することとなった。(4) 北京政府系勢力の一角が奉天省を去ったのである。

さらに一六年二月には、歩兵第三九旅（歩兵第七七団・第七八団）および同第四〇旅（歩兵第七九団・第八〇団など）からなっていた第二〇師が騎兵一営のみを残して湖南省などに出動したため、(5) 奉天省における張作霖ら在地勢力の軍事的優位性が確立した。それゆえ日本の参謀本部においても張作霖の蹶起支援が考慮されるようになっていったのである。(6)

袁世凱の帝制が失敗に終わり（三月二二日帝制取消）、帝制を推進していた奉天将軍段芝貴の政治的権威が失墜すると、張作霖は四月段芝貴に圧力をかけて奉天将軍兼巡按使（のち奉天督軍兼省長）に就任することに成功した。五月には馮徳麟が幇辦奉天軍務（将軍補佐）となった。(7) 同月二二日には四川省、二九日には湖南省が独立を宣言し、討袁軍に対する北京政府軍の防衛線が破られたことに袁世凱は大きな衝撃を受けて健康を急激に悪化させ、六月六日に死去する。(8) 袁世凱が「退場」していくなか、奉天省では五月二九日政務庁長に金梁、財政庁長に王樹翰が正式に就任している。(9) 張作霖ら在地勢力は督軍、省長、庁長、警察長官など省内の枢要な地位を占めていった。(10)

この間、討袁工作のため参謀本部より派遣された土井市之進大佐らは、宗社党（清朝復興をめざす勢力）(11) による挙兵工作を進めていた。当初の計画では、第一期には「満蒙独立軍」を起こして各地で挙兵し、満洲の軍民長官や張作霖、馮徳麟らを加担させ、またバボージャブ軍にも策応させて満洲方面に進出させる、第二期には長城以北に「堅実なる一新国を建設」するというものであった。しかし袁世凱の死去により、結局、計画は中止となった。(12) 確固たる軍事力を有する張作霖らを威圧し得る可能性は低く、そもそも敵対関係にあるバボージャブと張作霖らを合流させるという無理のある計画であった。(13) 前述のようにバボージャブ軍には任務班関係者が多く参加していた。バボージャブは撤退を余儀なくされ、一九一六年一〇月内モンゴルの林西で中国軍との戦闘で死亡した。(14)

バボージャブの死により、日本の支援の選択肢は、ほぼ張作霖に絞られるようになっていく。前章で述べたように、日本は日露戦争以来継続して、馮徳麟の下へ顧問・教習を送っていたが、一九一四年七月には馮徳麟が第二八師教習渡瀬二郎を契約満期前に解雇し、替わってドイツ武官を傭聘するという事件が起こった。同事件をきっかけに日本側は「満洲ニ於ケル日本特殊ノ関係上日本ハ独逸武官ノ傭聘セラルヽ事ヲ欲セサル次第」として外交問題化させて強硬に交渉を進め、奉天将軍の下へ二名しかも現役陸軍軍人の軍事顧問を派遣することを中国側に認めさせた(15)。一九〇九年に陸軍歩兵少佐貴志彌次郎、陸軍砲兵大尉三木善太郎が東三省陸軍講武堂教官となったが、両者はやがて本国に帰還しており(16)、日本陸軍は再び奉天に応聘武官を駐在させることが可能となったのである。同軍事顧問は奉天督軍となった張作霖の下でも派遣が継続され、張作霖を支援することによって権益の拡大を図るという日本の方針が次第に明確になっていった(17)。

張作霖と馮徳麟の関係は次第に悪化していき、一九一七年二月から三月にかけて、王永江（全省警務処長兼省会警察庁長）と湯玉麟（第二七師第五三旅長兼省城密偵帯司令）の権限をめぐる紛争なども絡んで、一触即発の危機を迎えた。張作霖は王永江を支持したため、湯玉麟は馮徳麟の庇護下に入った(18)。

張作霖および馮徳麟はそれぞれ日本の支援を得ようとした。張作霖は同年二月一九日奉天督軍軍事顧問の菊池武夫および領事館の阪東書記生を招き、馮徳麟に対して「最後ノ手段」に出る場合に日本の「好意的中立及精神的援助」を要請し、「如何ナル代償ヲモ提供」することを申し出た。これを受けて赤塚正助奉天総領事は、「南満洲ニ於テ各般ノ仕事ヲ進ムル上ニ於テ張作霖ヲ当方ニ握リ置クコト最必要ニシテ今日ハ得難キ好機会」と本国に報告し、本野一郎外相も、張作霖の立場に同情し妨害することがないよう指示した。陸軍も同方針に賛同した(19)。

一方、馮徳麟も赤塚に対して、「我等ニ対シテモ亦タ、平等ニ貴国ノ援助ヲアランコトヲ」請うとし、「貴国ノ勢力ハ僅カニ遼東ノ東ニ止マリ、遼西ヨリ山海関ニ亘レル一大目貫キノ地域ハ、何等貴ノ自由ニ成リ居ラザルニアラズヤ」、「遼西ノ地タル我等ノ勢力範囲ナリ」、「貴国ノ為メニ思フ存分ニ行動ヲ惜マザルベシ」と申し出た。(20) 遼西を日本の勢力圏外であるとする認識が興味深い。前章でみたように日露戦争において遼西は中立地域に該当し、日本が表立って行動し難いため、馮徳麟らを利用したという経緯があった。官軍に編入された馮徳麟の駐屯地は遼陽近郊から遼西へと移転し、渡瀬解雇事件により馮徳麟と日本の関係は薄まっていたが、再び馮徳麟は日本へ歩み寄りをみせたのである。

しかし日本側が馮徳麟の申し出に応えることはなかった。軍事顧問菊池武夫は「張馮対立抵制」(21) ではなく、「張ヲシテ東省ニ覇ヲ遂ケシムルノ覚悟ヲ以テ暗ニ明ニ彼ヲ支持援助スルコト形影相伴フカ如クナランコト帝国将来ノ為得策ナリ」とし、「彼ノ勢力ヲ拡大シ彼ヲシテ依然奉天省長ヲ兼シメ又中央政府ヲシテ遼西ニ張ヲ牽制スルカ如キ軍隊ヲ設置シ得サラシメン」ことを主張している。(22) 日本政府としても馮徳麟を利用して新たに勢力圏を広げるというリスクを冒すのではなく、張作霖を支援して奉天政局を安定させ、北京政府の干渉を受けないようにするほうが適切と判断したのであろう。

結局、馮徳麟は同年七月に一〇日ほどで鎮圧された張勲復辟（溥儀を擁立し清朝再興を図った事件）に参加して逮捕、官位を剥奪され、失脚していった。(23)

表4は奉天軍の主要部隊長の推移を示したものである。馬賊・巡防隊時代から張作霖を支える重臣が張景恵、湯玉麟、孫烈臣、張作相であり、当初第二七師では彼らが主要な地位を占めた。一九一三年三月の時点で、歩兵第五三旅長に湯玉麟、同第五四旅長に孫烈臣、騎兵第二七団長に張作相、同第二八団長に張景恵が就いている。于芷山は、第五三旅歩兵第一〇五団第二営第六連排長となっている。(24) 第二七師軍官は一九一七年の時点でも「馬賊或ハ行伍出身

者」が多いとされている。(25)

一九一九年以降、張作相が第二七師長となるとともに、重臣は各省長官を任せられていった。孫烈臣は黒龍江督軍兼省長となり、張景恵は二〇年七月の安直戦争（安徽派と直隷派の争い。奉天派は後者を支持）後にチャハル都統に就任した。(26)二〇年時点の歩兵第五三旅長趙明徳はもともと第二七師第二七工兵営長、第五四旅長張榮は騎兵第二七団第三営長、同旅第一〇七団長牛永福は同団第一営長、第二七砲兵団長李振聲は同団第一営長であり、内部からの昇進であったことがわかる。(27)

第二八師でも当初第五五旅長に張海鵬、第五六旅長に汲金純が就任するなど馮徳麟の馬賊時代からの配下が中核を占めた。(28)しかし馮徳麟および張海鵬が張勲復辟に関与したため、第二八師の処遇が問題となった。日本側が掴んだ情

	1921
吉林陸軍混成第１旅長	張九卿
同　混成第２旅長	陳玉昆
同　混成第３旅長	徐世楊
同　混成第４旅長	楊遇春
同　混成第５旅長	蔡永鎮
同　混成第６旅長	郭瀛洲
陸軍混成第19旅長（ハルビン）	張煥相
黒龍江陸軍混成第１旅長	李慶禄
同　混成第２旅長	張明九
同　混成第３旅長	巴英額
同　混成第４旅長	張海鵬
同　騎兵第１旅長	袁慶恩
同　騎兵第２旅長	張奎武

表４　奉天軍主要部隊長（1913-21）

	1913.3	1917.5	1920.5
第27師長	張作霖	張作霖	張作相
歩兵第53旅長	湯玉麟	張景恵	趙明徳
第105団長	張埕賀	梁朝棟	閻玉成
第106団長	芬車賀	鄒　芬	齊大有
歩兵第54旅長	孫烈臣	孫烈臣	張　榮
第107団長	蔡永鎮	蔡平本	牛永福
第108団長	馬　凱	劉香九	崔鳳岐
騎兵第27団長	張作相	鄭殿陞	楊春芳
騎兵第28団長	張景恵	—	—
砲兵第27団長	—	張作相	李振聲
第28師長	馮徳麟	馮徳麟	汲金純
歩兵第55旅長	張海鵬	張海鵬	呉寶貴？
第109団長	呉寶貴	呉寶貴	呉寶貴
第110団長	関文波	関文波	鐘萬福
歩兵第56旅長	汲金純	汲金純	郭瀛洲※
第111団長	郭仁州	郭瀛洲	崇　山
第112団長	邱振榮	李鴻文	李鴻文
騎兵第28団長	—	楊徳生	楊徳生
砲兵第28団長	—	史魁元	史魁元
騎兵第２旅	呉俊陞	呉俊陞	—
後路巡防隊	呉俊陞	呉俊陞	—
右路巡防隊	馬龍潭	馬龍潭	—

	1920.5
第29師長	呉俊陞
歩兵第57旅長	萬福麟
第113団長	蔡永鎮
第114団長	梁忠甲
歩兵第58旅長	石得山
第115団長	李冠英
第116団長	陳輔陞
騎兵第29団長	彭金山
砲兵第29団長	李有白
暫編奉天陸軍第１師長	張景恵
歩兵第１旅長	鄒　芬
歩兵第２旅長	梁朝棟
騎兵第１団長	石萬魁
砲兵第１団長	王文華
同混成第２旅長	鄭殿陞
同混成第４旅長	張海鵬
同混成第５旅長	斉恩銘
東三省巡閲使署衛隊旅長	張学良
奉天陸軍第１支隊長	許蘭洲

典拠：奉天総領事館警察署「奉天省文武官及各議員調査表」，落合謙太郎奉天総領事より牧野伸顕外務大臣宛，大正２年３月26日，『各支満』3，JACAR：B03050177300，関東都督府陸軍参謀部「東三省竝熱河管内支那軍隊重要職員表」大正６年５月，海軍省『大正六年公文備考　巻百十三雑件四』JACAR：C08021067600，奉天満鉄公所「奉天省官員録 軍界之部」大正９年５月，『各支満』11，JACAR：B03050186600，黒龍江省地方志編纂委員会『黒龍江省志 第六十六巻 軍事志』黒龍江人民出版社，1994年，徐友春主編『民国人物大辞典』増補版，河北人民出版社，2007年，外務省情報部編『現代支那人名鑑』1924年，1928年．

註：※印は1919年12月末時点（『第四回支那年鑑』東亜同文会調査編纂部，1920年）．

報によると、拘束中の馮徳麟も師長が中央から派遣されることは望んでおらず、第二七師第五四旅長孫烈臣が第二八師長に内定した。孫烈臣は第五四旅と第二八師第五六旅の配置転換を合わせて実行しようとしたが、第五六旅長汲金純は孫烈臣の就任に強く反対し、結局、八月二日張作霖が第二八師長を兼ねることとなった（孫烈臣は第二七師長に就任）(29)。一一月一九日には汲金純が第二八師長となるが(30)、張作霖が同師を掌握した上で汲金純に師長職を任せたものと考えられる。

こうして第二八師は張作霖の統制下に入った。団長となった鐘萬福は元第一〇九団第二営長、崇山は元第一一二団第三営長であり、引き続き内部からの昇進によって人員を構成したと考えられる(31)。第二八師長汲金純は二一年九月には熱河都統に就任しており、重臣の扱いを受けた。

第二九師は呉俊陞率いる後路巡防隊、騎兵第二旅を改編したものである。呉俊陞は張作霖と馮徳麟の対立において張作霖を支援し、関係を深めていった(32)。一九一七年八月には正式に第二九師長に任じられている(33)。第二九師の軍官は後路巡防隊の人員の昇進によって編成されたと考えられる(34)。呉俊陞は一九二一年三月には黒龍江督軍兼省長に就任しており、同じく重臣待遇となっていった。

なお張海鵬が黒龍江陸軍混成第四旅長となっていることが注目される。これは孫烈臣の取り成しによるものであった。馮徳麟および湯玉麟も一九一八年一二月には奉天に戻ることが許され、東三省巡閲使顧問に就任している(35)。馮徳麟はその後も第一線に復帰することなく、名誉職である盛京副都統兼金州副都統に就任し、二五年八月に死去するが、湯玉麟は熱河都統、張海鵬は洮遼鎮守使となるなど復権を果たしていった(36)。

以上のように第二七、二八、二九師は馬賊・巡防隊時代からの配下軍人で占められており、帰国した陸士留学八期生がそこに割って入っていくのは困難であったと考えられる。よって新興の八期生としては、関内に進出していくか、

表4において張煥相が陸軍混成第一九旅長となっていることが確認できるように、奉天派の勢力が黒龍江省、吉林省へ進展していくなかで昇進の機会をみつけていくのである。

二　奉天軍の南征と陸士留学八期生

張作霖による東三省支配が進展するなか、陸士留学八期生は奉天以外で任官した者も含めて次第に奉天軍に集結していく。表5は奉天軍に関係する八期生の経歴を示すものである。その内訳は、帰国後奉天省で任官したとみられる者七名、黒龍江省で任官したとみられる者四名、北京周辺で任官したとみられる者四名、その他二名である。

奉天省任官者のなかで張作霖の腹心となり、その側で支え続けたのが楊宇霆であった。楊宇霆は秀才（科挙の受験資格を有する）となった後、奉天中学堂に進学し、陸士に留学している。帰国後、第二七師砲兵隊長などを務めるなかで張作霖の信任を得ていった(37)。楊宇霆は袁世凱が倒れ、張作霖が奉天省で権力を確立させていくなか、一九一六年六月四日それまで空席であった奉天将軍署参謀長に抜擢された(38)。

ただし楊宇霆は例外的な存在であった。楊宇霆以外の奉天省任官者は、黒龍江省など他に転じていった。前述のように張煥相は留学生の弾圧側に回った張作霖を警戒していたが、奉天都督が張錫鑾に替わると同都督府参謀として任官している。奉天将軍となった張作霖は張煥相の留任を望まなかったというが、鮑貴卿の推挙によって張煥相は留任・昇進し、鮑貴卿が黒龍江督軍となると同参謀長に転じた(39)。

黒龍江省で任官した者にも張作霖に対する警戒心がみられる。劉徳権は一九一二年黒龍江省軍の随員として全国南北軍界統一会議に参加した帰途、奉天で楊宇霆ら同期生と会った際、張作霖が来ると聞き、皆すぐに隠れたと回想しいる。(40)また童生（秀才の身分を得ていない読書人）出身で陸士に留学した邢士廉も張作霖を警戒し、一九一六年楊宇霆の推薦によって黒龍江省軍官養成所教練官として任官した。(41)

しかし黒龍江省が張作霖の支配下に入ることによって、同省任官者も奉天軍のなかに取り込まれることとなる。黒龍江省の従来の兵力は、第一師（歩兵第一旅・第二旅などからなる）および騎兵第四旅であったが、一九一七年一一月には奉天派の進出に抵抗した歩兵第二旅長巴英額、騎兵第四旅長英順が更迭された。同省兵力は混成第一旅から第四旅に再編され、同第二旅長には劉徳権が就いている。(42)

一九一九年四月張作霖は東三省巡閲使として黒龍江省の兵力配置・防備に関して協議した際、黒龍江督軍参謀長張煥相を龍江道尹王樹翰とともに奉天に呼び寄せており、(43)両者は黒龍江省に進出した奉天派の要のような存在となっていたことがわかる。(44)張作霖の勢力がさらに吉林省に拡大していくと、張煥相と王樹翰は次に吉林省に転じていった。

さて張作霖は一九一八年には南北武力統一政策を推進した国務総理段祺瑞ら安徽派と結んで関内に進出し、以降北京政府との関係を深めていった。その際に奉天派の交渉担当として活躍したのが、楊宇霆であった。楊宇霆はたびたび北京に出張しており、北京任官者とも接触し、奉天派参加につながる影響を与えたと考えられる。例えば童生出身で陸士で学んだ臧式毅は、革命軍の南京戦に参加後、再び日本に留学し、帰国して保定軍官学校で任官した。その後参謀本部参謀となっていたが、(45)一九一八年には孫烈臣部隊の連長となっている。また應振復は参謀本部課員、第八師参謀長などを務めた後、一九一八年には東三省講武堂教官となった。一九二二年には張作霖の支援によって成立した梁士詒内閣で陸軍部次長を務めた六期生韓麟春が楊宇霆の推薦で東三省兵工廠督辦に就任している。(46)

八期生は奉天軍の南征に関与していったことが注目される。一九一八年一月二八日段祺瑞の腹心である徐樹錚(47)は張作霖に、北京政府が日本に注文した武器弾薬が二月三日頃直隷省秦皇島に到着するという情報を伝え、打ち合わせの

表5　陸士留学8期生（奉天軍）

姓名	生年	主な経歴（先頭の数字は年）
戢翼翹	1885	1911革命参加，15護国軍第2旅長，16雲南軍旅長，22東三省陸軍整理処科長
丁　超	1883	1911東三省軍械廠課員，18奉軍総司令部兵站処長，19北京歩軍統領衙門総参議・黒龍江督軍署参謀長，20満海警備総司令・護路軍哈満総司令，21吉林督軍署参謀長，22混成第13旅長
吉　興	1879	1911第20鎮見習士官，16鴨渾両江水上警察庁庁長，19奉軍総司令部参謀処処長，21吉林督軍署参謀長，24東北陸軍第13旅長
楊宇霆	1886	1911第3鎮見習排長，13第27師砲兵隊長 奉天都督府軍械科長，16奉天督軍署参謀長，18奉軍総司令部参謀長，20東三省巡閲使総参議，23東三省陸軍整理処代総監
張煥相	1882	1912奉天都督府参謀，17黒龍江督軍署参謀長，18陸軍混成第19旅長・中東鉄路一帯臨時警備総司令部司令，24中東鉄路護路軍総司令
熙　洽	1884	1912黒龍江都督府参謀，16広東督軍咨議，19東三省巡閲使参謀処長，24吉林督辦署参謀長
王樹常	1886	1912北京政府参謀本部課員，19参謀本部科長 第27師参謀長，21黒龍江督軍署参謀長，27陸軍部次長
張厚琬	1886	1912北京陸大教務長，22東三省巡閲使参謀処長，25陸軍部次長
劉徳権	1887	1913？黒龍江都督府参謀長，17黒龍江第2混成旅長，22？東省鉄路路警処長，25黒龍江全省警務処長
于　珍	1888	1914奉天陸軍補習学堂監督，18黒龍江督軍署参謀長・補充第2旅長，北京参戦事務処副官，22奉天省警備隊統領，25東北陸軍第10師長
于国翰	1886	1914奉天第27師参謀，19黒龍江督軍署副官，21吉林督軍署軍務課長，27参謀次長
李盛唐	？	1915？黒龍江将軍副官，19黒龍江督軍署参謀処参謀・チチハル満洲里間兵站司令官，24？第21旅騎兵第7団長，26？洮遼鎮守使署参謀長
邢士廉	1885	1916黒龍江軍官養成所教練官，19黒龍江督軍参謀，21中東鉄路警備司令部参謀長，26東北陸軍第20師長
應振復	1884	？北京政府参謀本部課員，15第8師（北京）参謀長，18東三省講武堂教官，27東北陸軍第16旅長
王静修	1879	1920第18師（湖北）参謀長，？東北講武堂黒龍江分校教育長
臧式毅	1884	1911革命参加（南京戦），14保定陸軍軍官学校教官，？参謀本部参謀，18孫烈臣部隊連長，19黒龍江督軍署参謀，21吉林督軍署参謀，23吉林督軍署参謀長，24東三省陸軍整理処参謀長
王兹棟	1882	？奉天軍械廠副官，17第28師参謀長，20察哈爾都統軍務処長，22東三省陸軍整理処総務処長

典拠：郭栄生校補『日本陸軍士官学校中華民国留学生名簿』文海出版社，1975年，陳予歓編著『中国留学日本陸軍士官学校将帥録』広州出版社，2013年，前掲『民国人物大辞典 増訂版』，『東北人物大辞典』第2巻上下，遼寧古籍出版社，1996年，外務省情報部編『現代支那人名鑑』1924年，1928年，同編『現代中華民国満洲帝国人名鑑 昭和12年版』東亜同文会業務部，1937年，王国玉「偽満奸雄録」『長春文史資料』1992年第2輯，外務省記録『各国内政関係雑纂 支那ノ部 満州』第3巻，JACAR：B03050177300，同第5巻，JACAR：B03050179700，同第8巻，JACAR：B03050183300，同第9巻，JACAR：B03050184100，同『各国ニ於ケル有力者ノ経歴調査関係一件／中華民国ノ部』第1巻，B02031640800，張克江主編『鉄嶺市志，人物志』科学普及出版社，1999年，中央檔案館編『偽満洲国的統治与内幕』中華書局，2000年，潘喜廷「楊宇霆」『遼寧文史資料』第15輯，1986年6月，園田一亀『東三省の現勢』遠東事情研究会，1924年，張志強「臧式毅」「邢士廉」中国社会科学院近代史研究所編『民国人物伝』第10巻，中華書局，2000年，前掲「奉天省文武官及各議員調査表」，寺内正毅陸軍大臣より小村寿太郎外務大臣宛，明治42年12月22日，外務省記録『在本邦清国留学生関係雑纂／陸軍学生之部』第4巻，JACAR：B12081619100，洮南公所長より庶務部長宛，大正15年3月19日，外務省記録『満蒙政況関係雑纂／官吏任免関係』JACAR：B02031769200.

註：戢翼翹，張厚琬は湖北出身.

ために楊宇霆の上京を促した。日本からの武器弾薬が荷揚げされると、張景恵および丁超率いる部隊が北京政府派遣員の制止を振り切って強奪し、奉天へ回送した(48)。張作霖は同武器弾薬をもとにまず三個混成旅を編成し、関内に派遣することとした(49)。

徐樹錚は奉天軍を豊台や北京天津間、山東省に分遣して、政府や李純、王占元らを威圧し(50)、南征を任じられた曹錕（直隷督軍）や張敬尭（進攻岳州前敵総司令）に異心を生じさせないようにする計画を立てた(51)。三月一二日には天津近郊の軍糧城に奉天軍総司令部が設置され、張作霖は総司令となり、副司令に徐樹錚、参謀長に楊宇霆を任命した(52)。奉天軍は一七、一八日には馮国璋と李純・陳光遠の連絡を絶つため部隊を山東省韓荘（棗荘）・江蘇省徐州に派遣している(53)。

奉天軍の支援もあり、二三日段祺瑞は国務総理に復帰し、引き続き南方攻勢を強め、曹錕、呉佩孚を籠絡して直隷派の分裂を図った(54)。すでに同月一〇日には曹錕、張敬尭らによって湖南省岳州への攻撃が開始されていた。北軍は一八日には岳州、二六日にはさらに南進して長沙を占領し(55)、二七日には張敬尭が湖南督軍に任命された。

段祺瑞は南進を止めることはなく、さらに広西・広東省への進攻を命じたが、第三師および三箇混成旅を率いていた呉佩孚は、湖南督軍に任命されなかったことに不満を抱え、四月湖南省衡陽占領後は動かず、南方と停戦してしまう。六月曹錕は四省経略史に任じられ、主戦の構えをみせるが、密かに呉佩孚を支持していた。八月には呉佩孚が「停戦主和」の通電を発して南北講和を主張したことにより、段祺瑞による南北武力統一策は再び行き詰まった(56)。

表6は奉天軍南征部隊の状況を示すものである。一八年六月の時点で主力で湖南省に入っていたのは、暫編混成第二旅（郭瀛洲）と同第三旅（許蘭洲）(57)の二箇旅のみであった。その後、新編混成第三旅（梁朝棟）も湖南省株洲に入った。湖北省漢口に駐屯した新編混成第一旅（鄒芬）、同第二旅（闞朝璽）は前敵湘西司令張景恵の下、第一支隊を編成した。また孫烈臣も湘東司令として長沙に赴き、暫編混成第一旅（張作相）は北京付近に駐屯している。合わせて「段派主

表6　奉天軍南征部隊（1918.12）

	隊号	旅　長	駐　屯　地	備　考
暫編混成旅	第1旅	張作相→蔡平本	静海・長興店・廊坊	
	第2旅	郭瀛洲	湖南→帰還	
	第3旅	許蘭洲	湖南→陝西	
新編混成旅	第1旅	鄒　芬	漢口（湖北）	張景恵の下第1師（支）を編成
	第2旅	闞朝璽	漢口（湖北）	同　上
	第3旅	梁朝棟	株洲（湖南）	第1旅に改称
	第4旅	鄭殿陞	南進せず	第2旅に改称
	第5旅	蔡平本→張作相	南進せず	第3旅に改称
	第6旅	王良臣	湖北	第4旅に改称
	第7旅	劉香九	南進せず	第5旅に改称
補充旅	第1旅	王永泉	信陽（河南）	
	第2旅	于　珍→陳錫武	？	
	第3旅	李寧珍→鮑徳山	洛陽（河南）	
	第4旅	宋邦翰	？	
輸送隊	第1隊	裴長慶	醴陵（湖南）→長沙	一部を残し解散実施中
	第2隊	劉文静	株洲（湖南）→漢口附近	同　上
	第3隊	單玉龍	信陽（河南）	大部を解散し一営を残置
	第4隊	李蔭培	彰徳府（河南）	同　上
	第5隊	宋維賢	河南→北京天津附近	同　上

典拠：関東都督府陸軍参謀部「関都陸部参謀第五五一号」大正7年12月28日，『各支満』9，JACAR：B03050184100，海軍軍令部「支那特報第一二〇号」同年6月5日，『各支』17，JACAR：B03050033500.

戦論者ノ後援トナリ一ハ長江筋督軍等主和派ヲ監視」した(58)。

主要な部隊長が張作霖の馬賊・巡防隊時代からの配下が占めるなか、八期生では前述のように臧式毅が孫烈臣部隊の連長となっているほか、吉興、王茲棟は総司令部参謀、丁超は兵站処長、于珍は補充第二旅長に就いている(59)。

補充旅は一八年七月徐樹錚および楊宇霆によって直隷、安徽、河南各省で募兵し編成された。しかし同募兵は張作霖に断ることなく行われ、奉天より無断で小銃（日本製三八式歩兵銃とみられる）を流用していた。張景恵による密告もあって、張作霖は警戒心を抱き、徐樹錚、楊宇霆、于珍、丁超を更迭するに至った(60)。徐樹錚に代わって孫烈臣が副司令（総司令代理）となった。孫烈臣が黒龍江督軍兼省長に転じると、張景恵が副司令を引き継ぎ、北京に常駐している(61)。同事件からは楊宇霆らが独断的に南征で功を立てようと目論んだが、旧派によって牽制されることとなったという構図が窺える。張作霖としても主眼は東三省掌握のための実力、政治力強化にあり、南征自体に力を入れることは避けたいところであった(62)。

ただし同じ八期生でも吉興や王茲棟、臧式毅は更迭されていないことが注目される。すなわち八期生は楊宇霆を中心とするグループ(63)とそれ以外の間で分化が進んでいくのである。

三　奉天派の吉林・黒龍江省進出と陸士留学八期生

1　非直系たちの昇進

中東鉄道のロシア単独管理体制は一九一七年一〇月を画期に終焉を迎え、日米中ソが角逐を繰り広げていった。北京政府は同年一二月以降、一七年間空位のままであった中東鉄路督辦（理事長）に中国人を据えたほか、鉄道沿線の警備を担当する護路軍総司令、鉄道収容地には省長とほぼ同格の地位となる東省特別区行政長官を置いて、利権を回収していく。同三職は奉天派が掌握するようになった(64)。

そのような状況下、陸士留学八期生は黒龍江省や吉林省での起用に活路を見出していった。八期生のなかでも楊宇霆とは距離を置く者たちが護路軍など黒龍江省や吉林省で地位を確立していった。図2は斉錫生が作成した図を基に八期生および張海鵬、于芷山らを加えて再編したものである(65)。八期生で張作霖直系と言い得るのは楊宇霆のみであった。非直系であった者たちの受け皿となったのは、黒龍江省や吉林省で勢力を築いた鮑貴卿、孫烈臣、呉俊陞、張作相であったことがわかる。また于冲漢や袁金鎧らの助力もあったと考えられる(66)。

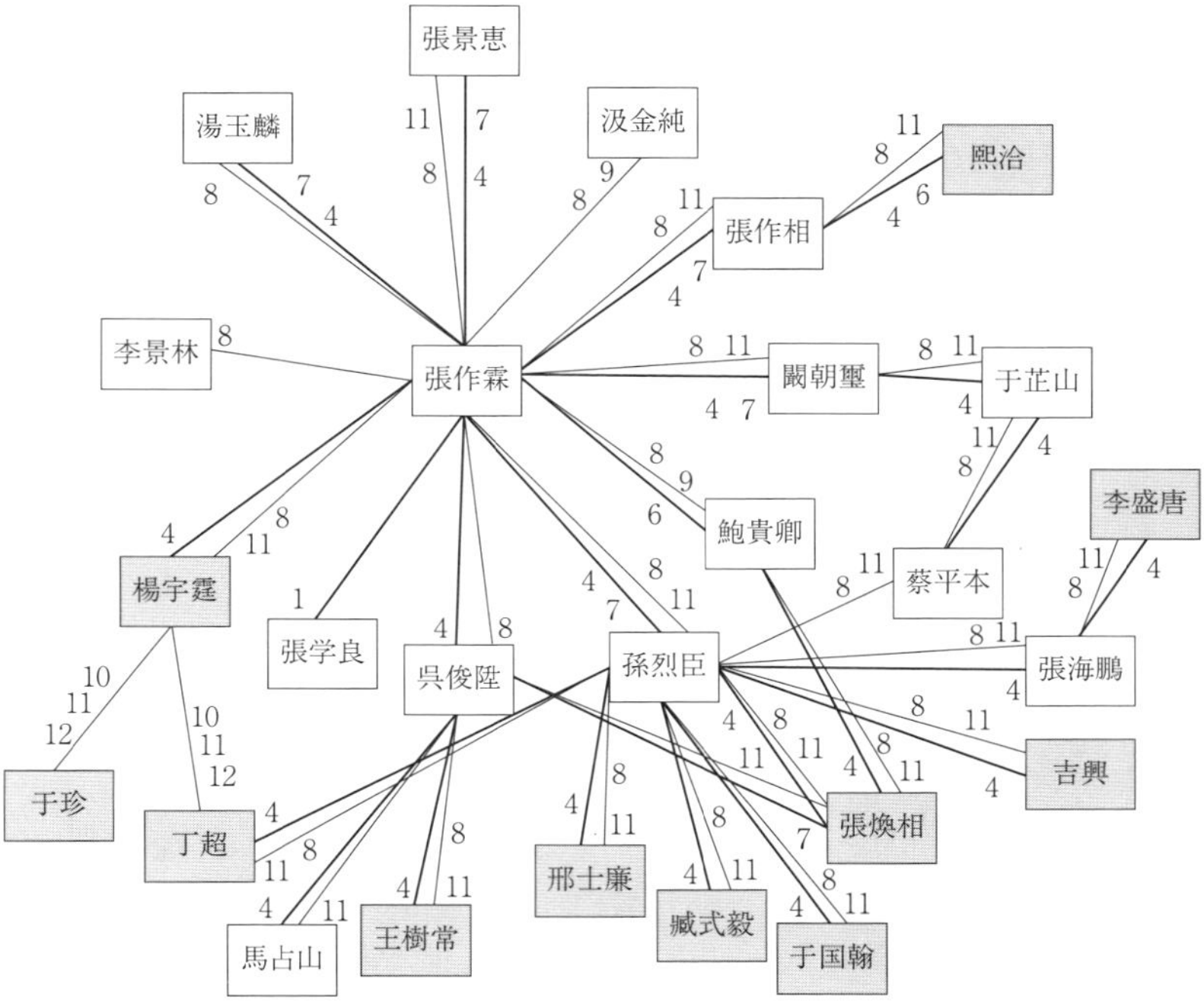

図２　奉天派関係図

典拠：Hsi-sheng Ch'i, *Warlord politics in China, 1916-1928*, Fig.4を加筆修正．網掛けは陸士留学八期生．
註１：1.親子 2.兄弟 3.師弟 4.恩人—被保護 5.家族親戚 6.姻戚 7.義兄弟 8.職務上下関係 9.同郷・同県 10.同僚 11.同省 12.同窓
註２：線の太さは関係の強さを示す．

一九一七年一二月ハルビン―綏芬河間、ハルビン―長春間の警備を担当する吉林中東鉄路一帯警備司令部総司令に陶祥貴（吉林混成第三旅長）が任じられた。一方、ハルビン―満洲里間の警備を担当する黒龍江省中東鉄路一帯臨時警備総司令部司令には一九一八年二月黒龍江督軍署参謀長張煥相が任じられている。一九一九年八月鮑貴卿が吉林督軍に就任すると、吉黒両省に亘る路線をすべて統括する中東鉄路護路軍が設置され、鮑貴卿が総司令となった。以降、総司令職は一九二〇年六月張景恵、同年八月闞朝璽、一九二一年四月孫烈臣、一九二二年九月朱慶瀾、一九二五年二月張作相へと引き継がれていった(67)。

張煥相は鮑貴卿の下、護路軍総参謀長となり、一九二〇年四月には黒哈総司令に任命されて鉄道沿線部隊を所管した(68)。第一次奉直戦争（奉天派と直隷派の争い）においては混成第一九旅長としてハルビンに駐屯し路線の守備に当たった。また張煥相は孫烈臣からも重んじられ、呉俊陞とは義兄弟の関係を結んだ(69)。一九二四年九月第二次奉直戦争で朱慶瀾が後援軍総司令に転じた間には、護路軍総司令となり、一九二五年には中東鉄道督辦代理、東省特別区地畝管理局長を兼任した。

また一九一九年張煥相に替って黒龍江督軍署参謀長となった丁超は、対露問題、護路軍問題などに関して上京して献策し、一九二〇年四月には満海警備総司令兼護路軍哈満総司令に任じられており(70)、楊宇霆とは距離を取っていったことがわかる。一九二一年には孫烈臣の下、吉林督軍署参謀長となっている。

邢士廉は孫烈臣の下で黒龍江督軍署参謀、同参謀科長、中東鉄路警備司令部咨議などを務めた。一九二一年には混成第一九旅参謀長となり、護路軍哈長司令部参謀長、長春、綏芬河鉄路警備副司令職を歴任し、一九二二年第一次奉直戦争時には綏芬河地区における高士儐の動乱鎮圧で功績を挙げた(71)。李盛唐も孫烈臣の下で黒龍江督軍署参謀処参謀となり、チチハル―満洲里間の兵站司令官に任じられた(72)。また劉徳権は東省鉄路路警処長となっている(73)。

吉興は孫烈臣の下で第二七師参謀長を務め、孫烈臣が黒龍江督軍となると、同砲兵団長、一九二一年孫烈臣が吉林督軍兼省長となると、同督軍署参謀長兼省長公署参議となった。その後も吉興は延吉鎮守使として、吉林省に駐屯した。于国翰も一九一九年黒龍江督軍署副官、一九二一年吉林督軍署軍務課長を歴任しており(74)、孫烈臣の庇護下にあったとみられる。

臧式毅は孫烈臣が黒龍江督軍となると、一九二〇年同督軍署参謀となった。そして一九二一年孫烈臣が吉林督軍に転じると、同督軍署参謀兼衛団長、一九二三年には同督軍署参謀長となっている(75)。

王樹常は一九二一年呉俊陞の下で黒龍江督軍署参謀長兼第二二旅長となり、一九二五年には呉俊陞の代表として善後会議出席、一九二六年国民軍との戦争では呉俊陞部隊の参謀長として熱河方面に出動している(76)。

熙洽は一九一八年東三省巡閲使署総参謀長であった張作相の招きに応じて、同署参謀処長となり、一九一九年張作相が東北講武堂長を兼任すると、同教育長となった。一九二四年張作相が吉林督軍となって以降は、参謀長として補佐し続けた。熙洽の妹は張作相夫人となっている(77)。

2　奉天軍の軍事改革と八期生

前述のように、一九二〇年頃の奉天軍においては、張作霖の馬賊・巡防隊時代からの部下が枢要な地位を占めていた。しかし張作霖は一九二二年第一次奉直戦争に敗れると、東三省陸軍整理処を設置し、楊宇霆ら正式な軍事教育を受けた者をして軍事改革に着手させた。時期は前後するが、楊宇霆は同処統監代理、姜登選および韓麟春は同副統監、北京陸大出身の郭松齢は同参謀長代理、張学良は同参謀長に就任している。張作霖は同処員を前に、先の戦争では「奉軍ノ悪質殊ニ将校ノ無能ナルヲ遺憾ナク暴露シタ」として、「爾後東三省ノ軍事ハ全然貴官等ノ新智識ニ依テ改善

表7　奉天軍主要部隊長（軍長・師長・旅長等）学歴

	1920.5	1922.7	1924.9	1925.夏	1927.9	1929.1	1931.4
湖南陸軍学堂	1	0	0	0	0	0	0
保定陸軍軍官学校	0	1	3	3	2	5	5
天津講武堂	0	1	0	1	1	0	0
北京陸軍大学	0	1	1	2	1	0	0
東三省陸軍講武堂	6	8	10	10	13	13	16
1914年以前入学	5	7	9	9	11	9	12
1919年以降入学	1	1	1	1	2	4	4
日本陸軍士官学校	0	1	4	5	8	7	5
8期生	0	1	4	4	3	4	2
その他	0	0	0	1	5	3	3
学歴なし・不明	25	17	16	13	22	6	12
計	32	29	34	34	47	31	38

典拠：奉天満鉄公所「奉天省官員録 軍界之部」1920年5月末調，JACAR：B03050186600，姜克夫編著『民国軍事史』第1巻，重慶出版集団重慶出版社，2009年，徐友春主編『民国人物大辞典』増訂版，河北人民出版社，2007年，「東三省支那軍隊配置報告ノ件」赤塚奉天総領事より内田外相宛，1922年7月25日，『各支満』13，JACAR：B03050188300，『昭和二年版新篇支那年鑑』東亜同文会調査編纂部，1927年，「支那重要人物一覧表」1927年9月30日現在，関東軍参謀部『関東軍情報関係綴』1928年，JACAR：C13010200100，関東軍参謀部「東三省支那軍事調査」1929年，JACAR：C01003888600，張徳良・周毅主編『東北軍史』遼寧大学出版社，1987年，「白鳳翔的悲劇人生」『内蒙古日報』2015年5月21日付，外務省情報部編『現代中華民国満洲帝国人名鑑 昭和12年版』東亜同文会業務部，1937年，唐精武「湯玉麟放棄熱河的実況」『文史資料選輯合訂本』第4巻第14輯，2000年.

註1：保定陸軍軍官学校には前身の北洋陸軍速成学堂出身者を含む.

註2：東三省陸軍講武堂は，時期により「奉天講武堂」「東北陸軍講武堂」「東北講武堂」とも呼ばれた.

註3：日本陸軍士官学校を含む複数校の出身者は，日本陸軍士官学校に，保定陸軍軍官学校と北京陸大の両校の出身者は，北京陸大に含めた.

センコトヲ希望」すると訓示した。馬賊出身者のみが信用されていた状況が改められ、「殊ニ日本留学生等ハ我等ノ時代来レリト喜悦」していると奉天特務機関は報告している。(78)

同改革に関しては、すでに旧派の反発などから当初の目的を貫徹できなかったものの、奉天軍の統合・近代化を進め、一九二四年第二次奉直戦争勝利の一因となったと評価されている。(79) 実際、主要部隊長の学歴の変遷をみると、同改革が転機となったことがわかる（以下、表7参照）。馬賊出身者が該当すると考えられる「学歴なし・不明」の割合が次第に減少し、東三省陸軍講武堂や陸士などの軍学校で学んだ者の割合が増加している。

第二次奉直戦争では、楊宇霆は参謀長、姜登選は第一軍長、韓麟春は同副軍長、張学良は第三軍長、郭松齢は同副軍長を務めるなど、奉天軍の勝利に貢献し、楊宇霆らの権威は高まった。戦後の論功行賞において、楊宇霆は江蘇督辧、姜登選は安徽督辧に就任した。郭松齢は安徽督辧に内定していたが、張作霖が方針を変えたために就任には至らず、郭松齢は不満を募らせていったとみられる。(80)

同戦争では、丁超は第八混成旅長、吉興は第一三混成旅長、張煥相は第一八混成旅長、邢士廉は第二四混成旅長となるなど、(81) 楊宇霆グループ以外の八期生も部隊長に就任するなど地位を高めていった。

臧式毅および邢士廉は庇護を受けていた孫烈臣の死もあり、楊宇霆に接近していく。臧式毅は一九二四年陸軍整理処参謀長となり、一九二五年には楊宇霆のもとで江蘇督辧参謀長となった。また邢士廉も同年楊宇霆のもと、上海で淞滬戒厳司令、第二〇師長に就任している。(82)

3　日本の大陸進出と八期生

前章で述べたように、日本が中国からの陸士留学生を受け入れた理由としては、日本の感化を受けた人材を中国各地に「散布」し、日本の影響力を高めることにあった。チチハル領事代理山崎誠一郎が「丁超ハ我カ士官学校卒業生ニシテ当地各旅長中ニテ比較的新智識ヲ有シ且ツ親日ノ傾向ヲ有シ人物亦確実ニシテ職権上古参ノ各旅長ヨリモ遥ニ勢力有之候ニ付小官等常ニ隔意ナキ往来ヲ致シ居候」と述べているように、日本側はその人材を注視し、接触を続けた。(83)しかし八期生の立場は、単純に「親日」とみなすことはできないものであった。

日中間では特に満蒙鉄道問題、商租権問題が懸案事項となった。(84)前者に関して、日本は日露戦争によりロシアより鉄道権益を継承して満鉄を設立し、さらに中国へ借款を供与し満鉄以外の鉄道建設へも関与を広げていった。(85)一九一〇年代に開通した日本の借款鉄道は吉長（吉林—長春）、四鄭（四平街—鄭家屯）、渓城（太子河—牛心台）の三鉄道であり、吉長、四鄭線についてはさらにどう延長するかが問題となった。(86)一九二二年以降になると、満洲全域で鉄道建設が活発化し、日本の借款で鄭通（鄭家屯—通遼）、鄭洮（鄭家屯—洮南）、洮昂（洮南—三間房）、吉敦（吉林—敦化）線などが開通した。一方、張作霖政権による中国自弁の鉄道建設も目覚ましく、特に打通（打虎山—通遼）、奉海（奉天—海龍）、吉海線（吉林—海龍）は日本の借款鉄道とも連絡して次第に満鉄既存鉄道に対して、並行線や迂回路を形成していった。(87)

後者に関しては、一八九六年締結「日清通商航海条約」によって日本人の土地貸借権が認められていた。同規定は商埠地に限定したものであったが、多くの日本人が中国人の名義を使用し、商埠地に限らず、売買に等しい長期契約で権利を取得していた。(88)一九一五年「南満洲及東部内蒙古に関する条約」第二条の土地商租権条項は、日本人の土地権利取得を拡大・強化しようとするものであった。この土地商租権の内容、適用地域の範囲をめぐって日中間で対立し、中国政府、張作霖政権は商租権を妨害する法令を発布していった。そこで日本側は中国人の名義や中国に帰化した朝鮮人の名義を利用したり、中国人と合弁事業を行うという名目で権利を取得しようとした。(89)

吉林、黒龍江省において八期生の庇護者の立場にあった孫烈臣、呉俊陞、張作相にしても日本の進出に対抗する姿勢を採っていた。(90) 一九二二年日本軍がシベリアとともに北満から撤兵したことは、彼らの対抗姿勢を強める方向に作用したであろう。日本は、一九一八年四月ドイツ勢力のシベリア進出による「地方攪乱」に対処するためとして、吉林督軍への軍事顧問派遣を認めさせ、また同年五月には出兵のために「日支陸軍共同防敵軍事協定」を締結し、(91) 合わせて黒龍江督軍への軍事顧問派遣を実施した。しかし同協定は一九二一年に廃止され、翌二二年に撤兵がなされるなかで、黒龍江督軍軍事顧問の派遣も中止されており、(92) 日本の影響力は減退していた。次章で述べるように東三省兵工廠には日本が協力し、陸士留学生が関わっていたが、奉天軍は兵器に関して日本にのみ依存していたわけではなかった。(93)

八期生で特に日本に対抗する立場が顕著であったのが張煥相であった。一九二五年九～一〇月頃日本側はソ連への対抗の観点から、「赤化防止」を推進する東省特別区行政長官于冲漢―地畝管理局長張煥相の体制を日本にとって有利なものとみていた。松岡洋右満鉄理事は「于冲漢ノ如キ露西亜人扱ノ骨ヲ呑ミ込メル辣腕家ヲ他ニ転ゼシムル」動きを警戒し、鎌田彌助奉天公所長に軍事顧問と協力して于冲漢の転出を阻止するよう指示している。(94)

結局同年一一月于冲漢は辞任し、張煥相が長官職を引き継ぐこととなったが、張煥相は決して日本に都合のいいような人物ではなかった。張煥相は中東鉄道の利権回収を精力的に進め、(95) その矛先をソ連に対してと同様、日本へも向けた。すでに一九二三年には張煥相が地畝管理局長として、中東鉄道管理局土地課の業務を回収しようと図ったために、ソ連の援助要請により日米英仏の四カ国領事が介入するという事件が起こっていた。(96)

張煥相は一九二六年一二月銀行の外国紙幣買い入れ停止や銭商の投機厳禁、穀物売買における哈大洋使用などを命ずる哈大洋価格維持策を遂行したため、日本側は裏に日貨排斥の意図があるとして強く抗議している。(97) 一九二七年一月日本側が銀行や銭荘に巡警を派遣した中国に対抗して警察官を配備すると、張作霖が張煥相に極端な行動を抑えるよう指示したこともあり、一時的に同価格維持策は緩和された(98)。しかし同年九月二日付張煥相より潘復国務総理・王蔭泰外交部総長宛の書簡からは、張煥相は日本が東三省に対する「侵略主義」に基づいて北満経営に全力を挙げていることを批判的にみており、市政問題や土地問題と合わせて、「哈洋本位」の実行、金票制限への決意は揺らいでいなかったことがわかる(99)。

二八年一月には地畝管理局が外国人の旧借地権を認めないと主張するなか、中国官憲がハルビン郊外にある日本人借用の競馬場事務所に掲げられていた日章旗を引き下ろして、民国旗を掲げ、日本人の立ち退きを要求するという事件が起こった(100)。同年一一月には日本の借款による吉会線建設に反対してハルビンで学生デモが起こり(101)、張煥相は学生の愛国心に同情を示し、学生代表を招いて満蒙五鉄道（後述）の利害を一般民衆に示すよう要請した。

楊宇霆もまた張煥相に書簡を送り、主権回復闘争を奨励していた(102)。楊宇霆は一九二七年一〇月山本条太郎満鉄社長と張作霖の間で結ばれた五鉄道敷設請負に関する密約（山本協定）の成立に立ち会っていたが(103)、一一月満鉄が米国で敷設資金を借り入れようとしていることが明るみに出ると、楊宇霆は外国新聞記者に「今や何等日本の援助を必要としない、日本人は満洲の進歩を助けるよりもむしろ妨害し、支那側の鉄道建設計画に対しても反対の立場に立つものである」などと発言し、日本側から抗議を受けている(104)。一九二八年一二月床次竹二郎とともに奉天を訪れた田川大吉郎も、楊宇霆が「私は支那人です、日本人ではありません、日本人の奴隷でもありません」と彼に語ったとして、楊宇霆が「賛日本党」であったという説を否定している(105)。

張作霖ら奉天派がなぜ近い関係にある日本に抵抗したかについては、政権が地主階級に基礎を置いており、土地商租権問題に関して地主の利益を保護する必要があったこと、民族的反逆者の烙印を押されては、自己の政治権力が保持できないほどナショナリズムが燃え上がっていたこと、張作霖の実力が伸展していたことがすでに挙げられている(106)。

奉天軍の兵力は、一九二一年五箇師（一〇箇旅）・二六箇旅、一九二五年二〇箇師（四三箇旅）・一一箇旅と拡大し、一九二七年安国軍の兵力は四〇箇軍・三箇師・七箇旅となっていた。(107) 一九二二年九か国条約が成立し、日本の満蒙における特殊利益を承認した石井・ランシング協定が翌二三年に廃止されると、東北には英米資本が流入するようになった。張作霖は「以夷制夷」の戦略を採り、日本の傀儡とみられないように鉄道や発電所などの建設に英米資本を引き入れようと図った。(108)

奉天派有力者自身も大地主で、各地に土地を有するとともに鉄道や銀行などの事業に投資している大株主であり、(109) 八期生も同様であった。(110) たとえば一九二八年三月時点で張作霖は、奉天省北鎮県に一千百余晌、黒山県に五百余晌、その他一五万晌の土地を有するとともに、東北銀行や奉海鉄道などの大株主であり、総資産は五千万元とみられていた。また張煥相は吉林省樺甸に二百余晌（五万元）、奉天省撫順県に一千二百余晌（四〇万元）の土地を有し、銀荘や洋貨荘、旅館など四一万元に及ぶ投資を行っていた。楊宇霆は奉天省法庫県に三百五十余晌（約二万元）、大連市に五百余坪（九千円）、その他中東鉄路沿線一面坡に莫大な土地を有し、東北銀行や奉海鉄道など六五万元以上に及ぶ投資を行っていた。

このように八期生は政治権力を保持するために民族的利益や政権基盤の擁護者であることを示す必要があったとともに、鉄道問題や土地商租権問題の直接の利害関係者であったのである。

その他、日本留学中の経験は八期生に必ずしも日本に対して良い印象を与えず、日本への反感、対抗意識を生んでいたことが考えられる。一九〇六年七月一三日付『読売新聞』社説は、外字新聞が伝える日本に留学した中国人教員の発言として、次のように紹介している。日本人の中国人に対する感情と態度は三つに区分できる。第一は政治家その他高等教育を受けた者で、中国の改革に最も熱心で「最も親密なる待遇を為せり」。第二のものは表面上親切であるが、「内実に於て吾等を以て劣等の国民と認め居れり」。第三は日本人中最大多数を占めるもので、「支那人を目して、戦ひ能はざる国民となし、日本人との戦争により散々に破られたる劣等の人種となして嘲りつゝあり」。同教員は「我が支那人が日本人より充分なる尊敬を受くる事は彼等と干戈を交へて戦勝の名誉を得たるの後に期すべし」と述べたという。(111)

福島安正も、清国からの留学生によって「我文物ヲ彼ノ二十二省中ニ扶殖セシコト甚大ナリシト雖モ亦タ我カ起居動作人情風俗等ノ欠点ヲ挙テ之ヲ四百余洲ニ流布シ我人民ニ対シテ軽蔑ノ念ヲ起サシメタルコト尠少ナラス」と述べている。また中国駐在が長い日本の某陸軍中将も、留学生が中国に戻って成功しているにも拘らず、日中国交への便益や効果には疑義が生じ、さらには彼らの口から「排日思想の主張」がなされるような状況の一因には、「我国に於て彼等学生の教育に従事するもの、注意温情の周到ならざりしことの外、彼等が教育場外に在りて接する所の邦人、多くは社会の下層階級に属し、固より彼等学生に対する礼譲を識るべくもあらず。徒に軽侮の態度を持し、以て彼等の脳底に深き反感の印象を与へたるに拠るものあるを否むことは出来ないのである」としている。(112)中国人留学生を日本に招いて生じる効果は、日本が一方的に利益を享受し得るというものではなかったのである。

おわりに

以上、みてきたように辛亥革命後、第二七師長となった張作霖は、馮徳麟が率いた第二八師、呉俊陞の第二九師を支配下に入れつつ、東三省支配を確立させていった。帰国した奉天出身の陸士留学八期生は奉天派の勢力が拡張するなかで、次第に奉天軍に集結していくが、馬賊・巡防隊時代からの配下軍人で占められている第二七、二八、二九師に割って入り、昇進の道をみつけていくのは困難なことであった。そこで同八期生は関内あるいは黒龍江および吉林省へ進出し昇進の機会をみつけていったのである。

張作霖が南北武力統一策を推進する段祺瑞ら安徽派と結んで実行した南征への参加は、八期生の最初の顕著な動きである。関内に入った奉天軍の総司令部参謀長に楊宇霆が就任したほか、吉興、王茲棟は総司令部参謀、丁超は兵站処長、于珍は補充第二旅長となり、臧式毅は孫烈臣部隊の連長として出動した。

楊宇霆は副司令徐樹錚とともに大功を挙げようと南征に力を入れようとするが、奉天からの武器の流用が発覚し、政治力強化に主眼を置き、兵力の損失を望まない張作霖によってともに更迭されてしまう。ただし丁超、于珍は同じく更迭されたものの、そのほかはその地位に留まった。すなわち八期生は楊宇霆に近いグループとそれ以外の間で分化が生じていったことがわかる。

八期生のなかでも楊宇霆とは距離を置く者たちは、孫烈臣や呉俊陞、張作相ら旧派の庇護下で、中東鉄路護路軍など黒龍江省や吉林省で地位を確立していった。旧派が日本に対抗する姿勢をみせたように、八期生も単純に「親日」的といえるような存在ではなかった。中国の利権回収が進むなかで、その矛先はロシアへと同様、日本へも向けられていった。その点で日本が中国から陸士留学生を受け入れるに際して期待していた効果は、目論見通りとはいかなかったのである。

註

（1）一九一四年八月第二七師および二八師は定員不足であり、現数は合わせて一万四〇〇〇程度と報告されている（福島安正関東都督より加藤高明外務大臣宛、一九一四年八月一二日、外務省記録『欧州日独両戦争ニ関スル雑纂』第一巻、JACAR：

B08090051800)。

（2）劉徳権「辛亥革命発動時張作霖進入奉天」『吉林文史資料』第四輯、一九八三年一〇月、四五頁。

（3）徐世昌東三省総督時代に北洋軍から選抜された人員などで、第二〇鎮（第二〇師の前身）、第二混成協（第二混成旅の前身）が編成された（澁谷由里『馬賊の「満洲」張作霖と近代中国』講談社、二〇一七年、九六～九七頁）。一九一一年一一月二〇日時点で第二混成協の兵力は、三四四五名とされていた（星野金吾関東都督府陸軍参謀長より石井菊次郎外務次官宛、同年一一月二七日、外務省記録『清国革命叛乱ニ関スル海外雑報／関東都督府報告ノ部』第二巻、JACAR：B03050656700）。潘矩楹は陸士留学三期生で一九〇七年に第二〇鎮標統、一一年に同統制となった。呉光新も陸士留学三期生で、段祺瑞の腹心であり、帰国後奉天混成協標統などを歴任し、一四年四月に第二〇師長となった。范国璋は北洋武備学堂出身で一一年第二〇鎮第四〇協統、一四年八月第二〇師長、一七年には段祺瑞の下、援湘副総司令として南征している。

（4）佐藤安之助（関東都督府司令部附・満鉄奉天公所長）より長谷川好道参謀総長宛、一九一三年五月五日、福田雅太郎関東都督府陸軍参謀長より長谷川参謀総長宛、同年七月二八日、外務省記録『支那南北衝突関係一件　松本記録／各地状況／奉天、吉林、黒龍江省、雑』JACAR：B08090264900、張侠ほか編『北洋陸軍史料：一九一二―一九一六』天津人民出版社、一九八七年、一一八、一三九頁。

（5）「東三省文武重要職員一覧表」『満蒙研究彙報』一、一九一五年一一月、矢田奉天総領事代理より石井外相宛、一九一六年二月九日、外務省記録『袁世凱帝制計画一件（極秘）／反袁動乱及各地状況』第三巻（以下『反袁』三のように記す）、JACAR：B03050720800、前掲『北洋陸軍史料：一九一二―一九一六』一一八頁。

（6）「電報案原文四通」一九一六年三月（「浜面又助文書」『年報・近代日本研究』二、一九八〇年一一月）。それ以前は、張作霖は「混成協及第二十鎮ヲ恐レ居レハ容易ニ旗ヲ挙クル能ハサル…」（河崎武より川島浪速宛、一九一二年一〇月一一日、山口県文書館所蔵「田中義一関係文書」一七）、「奉天官界ニテモ張作霖ノ声望未タ都督タルニ足ラス」（佐藤安之助より大島健一参謀次長宛、一九一四年三月五日、外務省記録『各国内政関係雑纂／支那ノ部／満州』第四巻〈以下、『各支満』四のように記す〉、JACAR:B03050178300）というような状況判断がなされていた。

（7）「張作霖為奉策令任命馮徳麟幇辦奉天軍務通飭」一九一六年五月一七日、遼寧省檔案館編『奉系軍閥檔案史料彙編』二、江蘇古籍出版社・地平綫出版社、一九九〇年、四三五頁。

（8）林闊『袁世凱全伝』中国文史出版社、二〇〇一年、七四〇頁、日置駐華公使より石井外相宛、一九一六年六月一日、『反袁』一六、JACAR：B03050732300。五月三日には張作霖のやり方に学んだ黒龍江第一師長許蘭洲が黒龍江将軍朱慶瀾を離職させ、許は幇辦黒龍江軍務となり、将軍には前任の畢桂芳が就いた（日置益駐華公使より石井外相宛、一九一六年五月六日、『反袁』一三、JACAR：B03050729400、二瓶兵二チチハル領事より石井外相宛、同月九日、『反袁』一四、JACAR：B03050730500）。

（9）劉壽林ほか編『民国職官年表』中華書局、一九九五年、二〇〇頁。張作霖は段芝貴が任命した政務庁長・金世和（江蘇）、財政庁長・張厚琨（直隷）に替えて、「其ノ意中ノ人物ヨリ選」んで金梁（旗人）、王樹翰（奉天）を就任させようとしたが、袁世凱が健在のうちは正式承認を得られていなかった（「張作霖ノ豹変」『時報』一九一六年六月一二日翻訳記事、西川関東都督府陸軍参謀長より幣原喜重郎外務次官宛、同月二一日、『各支満』六、JACAR：B03050181000）。

（10）矢田七太郎奉天総領事代理は「予テ張作霖カ唱へ来タレル『奉天省ハ奉天省人ノ奉天省ナリ』ノ主義ヲ実現」したと述べている（矢田奉天総領事代理より石井外相宛、一九一六年九月五日、『各支満』六、JACAR：B03050181100）。

（11）日本とは日露戦争で協力して以来の関係があった王化成も「前清ヲ恢復シ宣統ヲ復位乃チ上策也」とし、「立国ノ後」日本が「支那各省軍隊」を訓練し、「支那沿海憲兵警察」に日本人を参加させることを主張していた（王化成「日支提携要策意見書訳文」一九一六年二月、外務省記録『自大正元年八月至大正五年五月 支那政見雑纂』第一巻、JACAR：B03030269500）。

（12）小磯国昭「満蒙挙事計画始末」一九一六年九月、山口県文書館所蔵「田中義一関係文書」二九。また同年五月には河崎武が関与した張作霖爆殺未遂事件も起こっている（兪辛焞『辛亥革命期の中日外交史研究』東方書店、二〇〇二年、七一三頁）。河崎は「張作霖ガ当初自分等ト共ニ清朝復興ヲ目論見ナガラ今日袁（引用者註—袁世凱）ノ下風ニ立チテ将軍ノ職ニ就クカ如キハ了解ニ苦ム」として張作霖を批判していた（矢田奉天総領事代理より石井外相宛、一九一六年五月六日、外務省記録『袁世凱帝制計画一件（極秘）／反袁動乱及各地状況』第一二巻、JACAR：B03050729000）。

（13）フルンボイルから南下したバボージャブ軍は、鄭家屯に駐屯した第二八師第五五旅長張海鵬の迎撃を受け、満鉄沿線の郭家屯に逃れた。日本はバボージャブを支援するために鄭家屯事件を起こしたという説（前掲「偽満奸雄録」六〜七頁）もあるように、同事件により第二八師はしばらく日本への対処を余儀なくされた。日本側は同事件にかこつけて軍事顧問を少なくとも第二〇、二三（吉林）、二七、二八師に入れようと画策した（寺内外相より林権助駐華公使宛、一九一六年一〇月一二日、外務省『日本外交文書』大正五年第二冊、外務省、一九六七年、六九六頁）。なお独立の動きが顕著であったフルンボイル副都統勝福（満洲国に参加する貴福の先代で叔父）は、バボージャブと連絡を取り、一時は支援を申し出ている（「黒龍江督軍咨」一九一七年二月二七日、盧明輝『巴布扎布史料選編』中国蒙古史学会、一九七九年、一五七～一五八頁）。

（14）Nakami Tatuo, "On Babujab and His Troops:Innor Mongolia and the Politics of Imperial Collapse, 1911-21", in *Russia's Great War and Revolution in the Far East: re-imagining the northeast Asian theater, 1914-22*, ed. David Wolff, Yokote Shinji, Willard Sunderland, Bloomington, 2018, p.365. バボージャブ軍の「残党」や同軍に参加した大陸浪人は、ロシア革命が起こると、反ボルシェビキを表明し汎モンゴル主義運動を推進したセミョーノフ軍に流れていった（Ibid., pp.365-367. 松島肇ハルビン総領事代理より内田康哉外務大臣宛、一九一九年一月一一日、外務省記録『本邦ニ於ケル各国兵器需品其他調達関係雑件／支那ノ部』第二巻、JACAR：B07090285800、村上義温長春領事より内田外相宛、一九二〇年六月二一日、外務省記録『露国革命一件 別冊 反過激派関係 八』JACAR：B03051274000、井上晴能手記「武器問題を惹起すまで（一）」『東京朝日新聞』一九二二年一〇月一四日付夕刊）。川島浪速の「門弟」中込富三郎は、バボージャブの死後、フルンボイル副都統公署に接近していった。リンション（貴福の子）が日本側へ武器購入を打診した際には、通訳として同行している（佐々木静吾満洲里副領事より内田外相宛、一九一九年一月一〇日、前掲『本邦ニ於ケル各国兵器需品其他調達関係雑件／支那ノ部』第二巻）。

（15）小幡酉吉在華臨時代理公使より加藤高明外務大臣宛、一九一四年七月二九日、外務省記録『帝国諸外国間外交関係雑纂（日支間）ノ二』JACAR：B03030211800、落合奉天総領事より加藤外相宛、同年八月一三日、二四日、加藤外相より落合奉天総領事宛、同年九月二日、外務省記録『外国官庁ニ於テ本邦人雇入関係雑件（清国之部）ノ七』3.8.4.16-2、外務省外交史料館所蔵。

（16）王鉄軍『東北講武堂』社会科学文献出版社、二〇一三年、一七一～一七三頁。貴志は一九一〇年四月に帰国し（同一七一頁）、三木は一九一二年七月時点で大阪砲兵工廠員であることが確認できる（陸軍省『明治四十五年七月一日調 陸軍現役将校同相当官実役停年名簿』川流堂、一九一二年、八七三頁）。

（17）一九一七年一月閣議決定に伴い外務省がまとめたとみられる「対支方針大綱決定ニ伴ヒ施設スヘキ細目参考ノ部」では、「南満洲ニ関シテハ張作霖ヲ利用シ事実ニ於テ我勢力ヲ扶植スルノ方法ヲ講スルコト」とされている（国立国会図書館憲政資料室所蔵「寺内正毅関係文書」四四三―一二）。

（18）武育文「馮徳麟」中国社会科学院近代史研究所編『民国人物伝』第一二巻、中華書局、二〇〇五年、四四八～四五一頁、前掲『馬賊の「満洲」張作霖と近代中国』一二九～一三〇頁、高山公通関東都督府陸軍参謀長より幣原喜重郎外務次官宛、一九一七年五月三日、『各支満』七、JACAR：B03050182000。

(19) 赤塚奉天総領事より本野外相宛、一九一七年二月一九日、本野外相より赤塚奉天総領事宛、同月二〇日、田中参謀次長より高山関東都督府陸軍参謀長宛、同月二一日、『各支満』七、JACAR：B03050181700。

(20) 国民外交同盟会「報告」一九一七年四月二日、内田良平文書研究会編『内田良平関係文書』第四巻、芙蓉書房出版、一九九四年、二七七〜二八〇頁。本史料は、「在奉天一会員」による三月二三日付報告などをまとめたものであり、同会員は「馮湯ヲ利用」すれば、遼西から内モンゴルへ「勢力ノ扶植ヲ図ルハ易々タルモノアリ」と主張した。

(21) 「抵制」は中国語で「阻止」を意味する。

(22) 高山関東都督府陸軍参謀長より田中参謀次長宛、一九一七年三月二二日、『各支満』七、JACAR：B03050181900。

(23) 張海鵬とみられる人物は青木宣純（黎元洪軍事顧問）に対して、馮徳麟は「此機ニ乗シ張作霖トノ対立的状態ヨリ免カレ何等カ良好ナル位置ヲ得ントスルノ希望ヨリ張勲ニ助力スルニ決シ」たと述べている（坂西利八郎より上原勇作参謀総長宛、一九一七年七月七日、外務省記録『国内政関係雑纂／支那ノ部／復辟問題』第三巻〈以下『復辟』三のように記す〉、JACAR：B03050227100）。張海鵬も馮徳麟に従って復辟に参加したが、逮捕されることなく帰還することに成功した（「富璇善関于張海鵬問題的筆供」一九五四年五月二四日、中央檔案館編『偽満洲国的統治与内幕―偽満官員供述』中華書局、二〇〇〇年、六八四頁、王国玉「偽満奸雄録」『長春文史資料』一九九二年第二輯、九〜一〇頁）。湯玉麟も復辟に関与しており、張勲の密命を受けて行動していたとみられる（前掲「馮徳麟」四五一頁、森岡守成青島守備軍参謀長より田中参謀次長宛、一九一七年七月五日、『復辟』二、JACAR：B03050226600）。また粛親王と会見したリンションは、ハイラル一帯の人民は皆、復辟の希望を有すると述べていた（「外交部公函」一九一七年三月一九日、前掲『巴布扎布史料選編』一五六頁）。

(24) 于芷山は闞朝璽の庇護下にあり、後に孫烈臣の配下であった蔡平本の庇護を受けたと考えられる。二八年于芷山は蔡平本も就任した東辺鎮守使となっている。于芷山については、前掲「偽満奸雄録」、蔡平本については、外務省情報部編『現代支那人名鑑』一九二四年、八八四頁参照。

(25) 関東都督府陸軍参謀部「東三省支那軍隊ノ調査」一九一七年六月、『自大正三年至大正九年戦時書類』巻一六八、JACAR：C10128397000。

(26) 一九一七年七月には張作霖と姻戚関係にある鮑貴卿が黒龍江督軍兼省長となり、張作霖の黒龍江省掌握は進展していく。吉林省では一九一九年八月には孟恩遠に代わり、鮑貴卿が吉林督軍に就任した。同省では一九二一年三月督軍兼省長に孫烈臣、五月全省警察処長兼省会警察庁長に鍾毓、七月政務庁長に王樹翰、一二月財政庁長に元奉天省遼瀋道尹の栄厚が就任し、奉天派が主要ポストを抑えている。よって人事的な観点からは、張作霖による東三省掌握は一九二一年頃と言い得よう。日本政府が張作霖支援を正式に閣議決定したのも一九二一年五月であった（外務省編『日本外交年表竝主要文書』上、原書房、一九六五年、五二四〜五二五頁）。一九二四年孫烈臣が病没すると、張作相が吉林督軍兼省長を引き継いだ。

(27) 関東都督府陸軍参謀部「東三省竝熱河管内支那軍隊重要職員表」一九一七年五月、海軍省『大正六年公文備考　巻百十三雑件四』、JACAR：C08021067600。

(28) 「第二十八師将校ノ大部分ハ馮ノ乾児ニシテ東亜義勇軍（馬賊団）以来ノ者少カラス」とされている（前掲「東三省支那軍隊ノ調査」）。

(29) 奉天満鉄公所報告、一九一七年七月一九日、二五日、二六日、『復辟』五、JACAR：B03050229100、『各支満』七、JACAR：B03050182200、『政府公報』第五五五号、同年八月二日。前掲「偽満奸雄録」は、張作霖が密かに汲金純と通じ、第二八師の内部分裂を誘い、漁夫の利を得たとしている（一〇頁）。

(30) 赤塚奉天総領事より本野外相宛、一九一七年一一月二〇日、『各支満』八、JACAR：B03050183200。

(31) 前掲「東三省竝熱河管内支那軍隊重要職員表」。

(32) 孫徳昌「呉俊陞」中国社会科学院近代史研究所編『民国人物伝』第一〇巻、中華書局、二〇〇〇年、二五四〜二五五頁。

(33) 赤塚奉天総領事より本野外相宛、一九一七年八月一六日、『各支満』七、JACAR：B03050182200。

(34) もともと萬福麟は後路巡防隊馬隊第四営管帯、李冠英は同第一営管帯、彭金山は同第二営管帯、李有田は同歩隊第六営管帯であった（前掲「東三省支那軍隊ノ調査」）。そのほか馬占山は一九一一年後路巡防隊第四営中哨長、一九一三年騎兵第二旅第三団第二連長、一九一七年第二九師騎兵第二九団第一営長、一九二一年同騎兵第五八旅第一一五団長となっている（徐友春主編『民国人物大辞典』増訂版、河北人民出版社、二〇〇七年、外務省情報部編『現代支那人名鑑』東亜同文会調査編纂部、一九二八年、二一頁）。

(35) 前掲「偽満奸雄録」一一頁、関東都督府陸軍参謀部「関都陸部参諜第五五一号」一九一八年一二月二八日、『各支満』九、JACAR：B03050184100。

(36) 張海鵬は、孫烈臣を継いで黒龍江督軍となった呉俊陞とも関係を深めている（前掲「偽満奸雄録」一二頁）。

(37) 潘喜廷「楊宇霆」『遼寧文史資料』一五、一九八六年六月。楊宇霆の子である楊茂元は、楊宇霆の統率力、部隊の軍紀の高さが張作霖の高い評価を得たと述べている（楊茂元「回憶先父楊宇霆将軍」『遼寧文史資料』二五、一九八八年一二月）。

(38) 「盛武将軍行署為派委楊宇霆兼代行署参謀長給奉天巡按使咨」一九一六年六月四日、前掲『奉系軍閥檔案史料彙編』二、四五八頁。

(39) 前掲「偽満奸雄録」七五～七六頁。

(40) 前掲「辛亥革命発動時張作霖進入奉天」四四頁。ただし劉徳権は、張作霖が奉天講武堂開設のために陸士留学生を採用し、教育に力を入れようと考えていると聞き、それまで出身の面で軽視していた張作霖への認識を改めるようになったという。

(41) 張志強「邢士廉」前掲『民国人物伝』第一〇巻、二〇〇頁、『学部官報』第三七期、一九〇七年一〇月二七日。

(42) 前掲「東三省支那軍隊ノ調査」、二瓶兵二チチハル領事より本野外相宛、一九一七年一二月一一日、『各支満』八、JACAR：B03050183300。

(43) 関東都督府陸軍参謀部「関都陸部参諜第一三九号」一九一九年四月一〇日、『各支満』九、JACAR：B03050184500。一九一九年一月時点で東三省の兵力は、奉天省約四万八〇〇〇、吉林省約三万三〇〇〇、黒龍江省約三万一〇〇〇とされている（『第四回支那年鑑』東亜同文会調査編纂部、一九二〇年一〇月、六九一頁）。

(44) 一九一九年七月に孫烈臣が黒龍江督軍兼省長に就任すると、奉天派の支配はより明確となった。同年九月財政庁長には劉尚清、一二月全省警務処長・省会警察庁長には宋文郁が奉天から派遣された。また二〇年一〇月には瀋陽県知事など長年奉天省に奉職した朱佩蘭が政務庁長となっている。

(45) 張志強「臧式毅」前掲『民国人物伝』第一〇巻、一八八～一八九頁、前掲『学部官報』第三七期。

(46) 鄭則民「梁士詒」李新・孫思白主編『民国人物伝』第一巻、中華書局、一九七八年。そのほか湖北農務学堂や天津北洋大学堂などで学んだ後、陸士に留学し、南方側に参加していた戢翼翹も楊宇霆の招聘により一九二二年陸軍整理処科長に就任している。楊宇霆は戢翼翹に対して、「留日の三十五人の学生は貴殿を除き、皆奉天に戻っている」と勧誘したという（郭廷以ほか『戢翼翹先生訪問記録』中央研究院近代史研究所、一九八五年、三～五、三五頁）。また同年北京総統府咨議であった五期生姜登選は一九二二年奉天軍総部参議となった（河北省南宮市地方志編纂委員会編『南宮市志』河北人民出版社、一九九五年、七六八頁）。

(47) 一九一七年一一月国務総理段祺瑞、陸軍部次長徐樹錚らは、和平統一を主張する大総統馮国璋ら直隷派の抵抗もあって武力統一政策が行き詰って辞任しており、和平策に近い後継の王士珍内閣の倒閣運動を繰り広げていた（李宗一「徐樹錚」中国社会科学院

近代史研究所編『民国人物伝』第一巻、一九七八年、二〇五頁、公孫訇「王士珍」同『民国人物伝』第七巻、中華書局、一九九三年、二二五〜二二六頁)。

(48) 致張作霖沁電、一九一八年一月二八日、中国科学院近代史研究所近代史資料編輯組編『徐樹錚電稿』中華書局、一九六二年(株式会社大安一九六七年復刻版を使用、以下『徐電』)八頁、臼井勝美「段汪両政権に就ての若干の資料」『歴史学研究』二二〇、一九五八年、二一頁、趙長碧・張欣「張景恵」前掲『民国人物伝』第一二巻、七〇五頁。臼井によると、供給兵器は三八式歩兵銃四万挺、三八式機関銃一七四挺、六式山砲一五六挺、三八式野砲一五六挺に及ぶ。張作霖は赤塚奉天総領事に対して、武器弾薬は七回に分けて奉天に輸送する予定で、一回分はすでに到着したと事後報告の形で伝えている(赤塚奉天総領事より本野外相宛、一九一八年二月一七日、外務省記録『各国内政関係雑纂／支那ノ部』第一六巻〈以下『各支』一六のように記す〉、JACAR：B03050030300)。

(49) 遼寧省地方志編纂委員会辦公室主編『遼寧省志・軍事志』遼寧科学技術出版社、一九九九年、三九頁。

(50) 直隷派の江蘇督軍李純、江西督軍陳光遠、湖北督軍王占元は、馮国璋の和平統一路線に賛同していた(張振鶴「李純」前掲『民国人物伝』第一巻、二〇〇頁、斎藤季治郎北京公使館附武官より上原参謀総長宛、一九一七年八月七日、『復辟』五、JACAR：B03050229700)。

(51) 致各省督軍先電、一九一八年二月一日、『徐電』一二頁、芳澤代理公使より本野外相宛、一九一八年二月一六日、『各支』一六、JACAR：B03050030300。

(52) 張作霖致閻錫山等電、一九一八年三月九日、何智霖編『閻錫山檔案 要電録存』第三冊、国史館、二〇〇三年(以下『閻電』三のように記す)、四四九〜四五〇頁、前掲『遼寧省志・軍事志』三九頁。徐樹錚が総司令の職務を代行した(致呉炳湘文電、同月一二日、『徐電』三六頁)。

(53) 山田友一郎済南領事代理より本野外相宛、一九一八年三月二二日、『各支』一七、JACAR：B03050032300。ただし徐州派遣部隊は李純の反対を受け、韓荘に止まっている(李慶芳致閻錫山電、一九一八年三月二二日、『閻電』三、四八四〜四八五頁)。

(54) 李宗一「段祺瑞」前掲『民国人物伝』第一巻、一六六頁。

(55) 海軍軍令部「支那特報第一一八号」一九一八年四月一日、『各支』一七、JACAR：B03050032300。

(56) 前掲「段祺瑞」一六六頁、張振鶴「曹錕」前掲『民国人物伝』第一巻、一七五頁、李宗一「呉佩孚」中国社会科学院近代史研究所編『民国人物伝』第二巻、中華書局、一九八〇年、二〇二頁。
(57) 許蘭洲は鮑貴卿が黒龍江督軍兼省長となると、部下とともに奉天に移駐し、張作霖配下となった（奉天満鉄公所報告、一九一七年九月一三日、『各支満』七、JACAR：B03050182300）。
(58) 王毅夫「張景恵」『瀋陽文史資料』一〇、一九八五年六月、汪恩郡・王鳳琴「孫烈臣」前掲『民国人物伝』第一〇巻、二六二頁、海軍軍令部「支那特報第一二〇号」一九一八年六月五日、『各支』一七、JACAR：B03050033500。
(59) 関東都督府陸軍参謀部「関都陸部参諜第五五一号」一九一八年一二月二八日、『各支満』九、JACAR：B03050184100、外務省情報部編『現代中華民国満洲帝国人名鑑 昭和一二年版』東亜同文会業務部、一九三七年。そのほか三期生の王永泉は補充第一旅長、七期生の宋邦翰は同第四旅長、日本陸軍経理学校卒の王大中は総司令部副官長となっている。
(60) 李宗一「徐樹錚」前掲『民国人物伝』第一巻、二〇五頁、楊宇霆の談、赤塚奉天総領事より後藤新平外務大臣宛、一九一八年七月二〇日、外務省記録『支那南北衝突事変関係一件』JACAR：B08090264900、前掲「張景恵」（趙長碧・張欣）七〇五頁、関東都督府陸軍参謀部「関都陸部参諜第四六四号」一九一八年七月一九日、『各支満』八、JACAR：B03050183600、前掲「関都陸部参諜第五五一号」、張徳良・周毅主編『東北軍史』遼寧大学出版社、一九八七年、一四頁。
(61) 前掲「張景恵」（趙長碧・張欣）七〇五頁。
(62) 黎光・孫継武「張作霖」前掲『民国人物伝』第一巻、一八二頁。前掲「支那特報第一二〇号」は、「張作霖ハ彼カ宿望タル東三省巡閲使ノ要職ヲ贏チ得ルハ此ノ時ニ在リトシ徐樹錚ト共ニ熱烈ナル主戦論ヲ唱ヘ」る一方、奉天軍は「努メテ自己軍隊ヲ傷ケサルノ手段ヲ採リツヽアリ」と観測している。また満鉄庶務部調査課『奉直関係論』（パンフレット第一二号、一九二五年一月）も、「張作霖の関内出兵なるものは、東三省の統一を目的とし、その為めに軍費、軍器の獲得及び北京政界に於ける自己の勢力を伸長せん為めのもので、南伐軍の第一線に立つて奮闘せん意志は毛頭もなかつた」（二五頁）と述べている。
(63) 八期生以外の陸士留学生では、姜登選、韓麟春が楊宇霆に近い存在であった。
(64) 麻田雅文『中東鉄道経営史』名古屋大学出版会、二〇一二年、第一、二、五章参照。
(65) 一九二四年一二月闞朝璽は熱河都統、李景林（もともと許蘭洲配下であった）は直隷督辦に任じられており、重臣扱いとなった。
(66) 于沖漢致楊宇霆信、一九一九年七月一一日、遼寧省檔案館編『奉系軍閥密信』中華書局、一九八五年、六頁。袁金鎧は一九一九年より黒龍江督軍署秘書長を務めており、一九二一年には中東鉄路董事に就任している。于沖漢は一九二五年東省特別区行政長官、一九二六年中東鉄路督辦に就いた。

(67) 薛衡天『中東鉄路護路軍与東北辺疆政局』社会科学文献出版、一九九三年、三二二～三二三頁、収鮑（貴卿）督辦電、一九一九年八月二四日、中央研究院近代史研究所編『中俄関係史料 中東鉄路（二）』中央研究院近代史研究所、一九八三年、六七九頁、前掲『民国人物大辞典』増訂版。

(68) 前掲山崎誠一郎チチハル領事代理より小幡酉吉駐華公使宛、一九二〇年四月九日、『各支満』一一、JACAR：B03050186300、「東三省支那軍隊配置表」一九二二年七月一〇日調、赤塚奉天総領事より内田外相宛、同月二五日、『各支満』一三、JACAR：B03050188300。

(69) 前掲「偽満奸雄録」九〇頁、前掲『中東鉄路護路軍与東北辺疆政局』三二三頁。

(70) 山崎誠一郎チチハル領事代理より小幡酉吉駐華公使宛、一九二〇年一月一八日、赤塚正助奉天総領事より内田康哉外務大臣宛、同年四月九日、『各支満』一一、JACAR：B03050186200、B03050186300。丁超の黒龍江督軍署参謀長就任は、孫烈臣の斡旋によるものであった（園田一亀『東三省の現勢』遠東事情研究会、一九二四年、一七七頁）。

(71) 前掲「邢士廉」。

(72) 李盛唐はその後、張海鵬の参謀長となる。

(73) 前掲『現代支那人名鑑』一九二八年、三四三頁。同書では劉徳権は「呉俊陞系」とされている。

(74) 前掲『現代支那人名鑑』一九二八年、五九三頁。

(75) 前掲「臧式毅」。

(76) 清水八百一チチハル領事より幣原外相宛、一九二七年三月二六日、外務省記録『各国ニ於ケル有力者ノ経歴調査関係一件／中華民国ノ部』第一巻、JACAR：B02031640800、前掲『民国人物大辞典』増訂版。

(77) 王国玉「熙治〝演義〟」『長春文史資料』一九八八年第三輯（八月）、五頁、関東軍参謀部「東北四省支那重要武官派別系統素質一覧表」一九三〇年九月（国立国会図書館憲政資料室所蔵「片倉衷関係文書」六四七。

(78) 「東三省軍事整理ニ関スル件」赤塚奉天総領事より内田外相宛、一九二二年八月二二日、『各支満』一三、JACAR：B03050188400。

(79) 松重充浩「『保境安民』期における張作霖地域権力の地域統合策」『史学研究』一八六、一九九〇年三月、二七～二九頁。

(80) 姜克夫編著『民国軍事史』第一巻、重慶出版集団重慶出版社、二〇〇九年、一六六～一六八頁、武育文・蘇燕「韓麟春」前掲『民国人物伝』第一〇巻、二六八頁、潘喜廷「楊宇霆」『遼寧文史資料』第一五輯、一九八六年、一一頁。また王之佑は、第二次奉直戦争で危機を招く行動をした郭松齢を軍法で処罰することを姜登選が要求したことを指摘している（王之佑「張作霖撃敗郭松齢的経過」『文史資料選輯合訂本』第一二巻第三五輯、二〇〇〇年）。姜登選は一九二五年反乱を起こした郭松齢によって捕えられて処刑された。また韓麟春は一九二七年病気のために退官し、一九三〇年に病没する。

(81) 前掲『民国軍事史』第一巻、一四八～一四九頁。

(82) 前掲「臧式毅」、前掲「邢士廉」。

(83) 山崎誠一郎チチハル領事代理より小幡酉吉駐華公使宛、一九二〇年一月一八日、『各支満』一一、JACAR：B03050186200。

(84) 一九二〇年代の満蒙鉄道、商租権問題における日本側の動向については、佐藤元英『近代日本の外交と軍事—権益擁護と侵略の構造—』（吉川弘文館、二〇〇〇年）第Ⅱ部参照。

(85) 以下は特に断らない限り、高成鳳『植民地の鉄道』（日本経済評論社、二〇〇六年）第三章による。

(86) 日本は一九一五年中国に二一か条要求を突きつけ、満鉄の経営期限を九九年間に延長するとともに、外資によって鉄道を敷設する場合はまず日本と借款を商議することを認めさせた（外務省編『日本外交年表竝主要文書』上、原書房、一九六五年、四〇六～四一一頁）。同年に締結された「南満洲及東部内蒙古に関する条約」、「山東省に関する条約」および関係公文を合わせて、中国では「民四条約」と呼んでいる。

(87) 前掲『近代日本の外交と軍事—権益擁護と侵略の構造—』二〇五～二〇六頁も参照。満鉄並行線問題において、日本側においても何をもって「付近」「並行線」とするか解釈が揺れていたことは、加藤陽子『戦争の日本近現代史』（講談社、二〇〇二年）二六三～二六八頁参照。

(88) 土地商租権問題に関しては、浅田喬二「満州における土地商租権問題」満洲史研究会編『日本帝国主義下の満州』（御茶の水書房、一九七二年）第四章による。

(89) 商租権の内容に関して日本側では所有権とし、中国側では賃貸借権と解釈していたが、日本側においても商租権の内容が曖昧不確実であることが理解されていた（前掲「満州における土地商租権問題」三二六～三三〇頁）。

(90) 例えば、孫烈臣は二一年一二月日本によるハルビン交易所の金融擾乱を阻止するため、中国人株主の逮捕を命じている（前掲

「孫烈臣」二六三頁）。呉俊陞は二四年黒河への日本人進出を抑制し、通遼および鄭家屯にある自己所有の家屋を日本人には貸与しないように命じたとみられる（関東庁警務局「臨時第二一七号」一九二四年四月二六日、関東庁警務局長より外務省亜細亜局長ほか宛、同年八月一日、外務省記録『土地家屋貸借関係雑件』自大正九年六月至一五年一一月、JACAR：B12083469900、B12083470000）。また張作相は、二九年には「裏面ニハ日本政府ノ侵略的野心ノ存スル」として朝鮮人の移住禁止、三一年には間島琿春における日本人警察官への対抗措置を指示したりしている（「朝鮮人移住防止方ニ関スル吉林省政府秘訓」外務省亜細亜局第二課『間島問題調書』一九三一年四月、JACAR：B02130104500、「間島、琿春方面の日本勢力を駆逐せよ」『東京朝日新聞』同年九月一日）。

(91)　一九一八年二月日本陸軍は田中義一参謀次長を委員長とする軍事共同委員会を組織し、三月にほぼ最終的なシベリア出兵案をまとめた。田中はシベリア出兵の利点の一つとして、中国を味方につけられることを挙げており、山県有朋も中国と軍事協定を結び、北満からシベリアへ出兵することを構想していた（麻田雅文『シベリア出兵』中央公論新社、二〇一六年、四〇～四二頁）。

(92)　深澤暹吉林領事より本野外相宛、一九一八年三月二日、山内四郎長春領事より本野外相宛、同年四月二日、外務省記録『外国官庁ニ於テ本邦人雇入関係雑件　清国ノ部』第四巻（二）、3.8.4.16-2、外務省外交史料館所蔵、山崎チチハル領事より内田外相宛、一九二三年四月一七日、「黒龍江省本邦人顧問傭聘ニ関スル成行」一九二四年一一月、同『外国雇傭本邦人関係雑件　諸官庁之部　別冊支那之部』第二巻、3.8.4.24-2-1、外務省外交史料館所蔵。

(93)　奉天軍は一九二三年一〇月から二五年五月にかけて、イタリア、アメリカ、フランス、ノルウェー、ドイツ、ロシア「白党」から兵器類を輸入している（『昭和二年版新篇支那年鑑』東亜同文会調査編纂部、一九二七年、四三〇～四三六頁）。

(94)　哈爾濱事務所長「哈調情第四二三号」一九二五年九月二日、松岡理事より鎌田奉天公所長宛、同年一〇月一五日、伊藤武雄ほか編『現代史資料33　満鉄3』みすず書房、一九六七年、一一八～一一九、一二二頁、資料解説も参照。

(95)　中国による中東鉄道関係利権の回収については、前掲『中東鉄道経営史』第五章参照。

(96)　「東支附属地回収問題　一先づ解決か」『大阪毎日新聞』一九二三年八月六日。最終的に中国は一九二九年七月軍事力によって同土地課を閉鎖させている（前掲『中東鉄道経営史』二七一頁）。

(97)　「大洋票の暴落防止の取締令」『大阪朝日新聞』一九二六年一二月二四日。哈大洋は一九一九年中国がハルビンおよび中東鉄路沿線における貨幣発行権を回収するなかで発行された貨幣であり、ハルビンでルーブルに替わって流通されたものであった。しかしロシアの衰退後には日本やアメリカが進出し、金票の流通を推進したため、中国側は圧力を受けていた（韓士明「張作霖父子与哈大洋票」『黒龍江史志』総第三三三期、二〇一四年一〇月）。当時北満投資における金票は五〇〇〇万円、流通日貨は五〇〇万円とみられていた（「大洋維持の訓令に厳重なる抗議」『読売新聞』一九二七年一月九日）。

(98)「日本貨幣排斥突如緩和さる」『東京朝日新聞』一九二七年一月一一日、天羽英二ハルビン総領事より幣原外相宛、同月一九日、外務省記録『満洲ニ於ケル金円排斥問題一件』JACAR：B08060885300。

(99)「張煥相信」一九二七年九月二日、前掲『奉系軍閥密信』二八一頁。

(100)「借地権回収の皮切に邦人の競馬場を横奪」『東京朝日新聞』一九二八年一月一三日。

(101)前掲「偽満奸雄録」九四〜九六頁、「警官隊に発砲され排日学生死傷夥し」『読売新聞』一九二八年一一月一二日。同デモにおいて濱江県の警官隊と学生が衝突して多くの死傷者が発生したため、張煥相は責任を取って特別区行政長官を辞職するに至った。そのほか、吉興は一九一七年五月には鴨渾両河水上警察局長として、「満洲ヲ第二ノ朝鮮タラシメン」とする日本に対抗するため、警察力を強化するよう主張しており、三一年八月頃においても延吉鎮守使として、「日本側ノ商埠地外行動及中国ノ埠内裁判権行使問題」に関して中国側の立場から強硬な主張をしていると、日本側によって観測されている（田村幸策安東領事代理より本野外相宛、一九一七年五月三〇日、外務省記録『帝国諸外国外交関係雑纂／日支間ノ部』第三巻、JACAR：B03030213200、田中作局子街副領事より幣原外相宛、一九三一年八月一八日、同『満蒙政況関係雑纂／吉林省ノ部』JACAR：B02031768100）。

(102)「楊宇霆信稿」一九二七年八月八日、前掲『奉系軍閥密信』二八〇頁。楊宇霆は一九二六年には安国軍（奉天軍に直魯聯軍および山西軍を加えて成立）参謀長、一九二七年には同軍第四方面軍団司令、一九二八年には東北保安司令部参議となっている。楊宇霆が利権回収を主張したために、在留邦人が楊宇霆の排斥を訴えていたことは、すでに前掲『近代日本の外交と軍事—権益擁護と侵略の構造—』一五二、一六一頁で指摘されている。

(103)前掲『近代日本の外交と軍事—権益擁護と侵略の構造—』二一九頁。五鉄道は、吉林会寧線（敦化図們江沿岸間）、長春大賚線、洮南索倫線、吉林五常線、延吉海林線。

(104)「揚《ママ》宇霆氏放言問題」『支那』一九—一、一九二八年一月。楊宇霆の発言に関しては、日本国際政治学会編『太平洋戦争への道　開戦外交史1』（朝日新聞社、一九八七年）二九六頁も参照。楊宇霆は山本協定を受けての細目協定交渉においても、張作相、常蔭槐らとともに反対の立場を採った。張作霖も日本側に対して自分は賛成であるが、主要な部下が反対しているとして抵抗するという戦術を採り得た。結局、満鉄の対米借款は中止され、張作霖爆殺により同協定は実現を見ずに終わった（前掲『近代日本の外交と軍事―権益擁護と侵略の構造―』二二一～二二四頁）。

(105) 田川大吉郎「揚宇《ママ》霆を憶うて」『文藝春秋』七―三、一九二九年三月。

(106) 前掲「満州における土地商租権問題」三四七～三四八頁、衛藤瀋吉「京奉線遮断問題の外交過程―田中外交とその背景―」篠原一・三谷太一郎編『近代日本の政治指導　政治家研究Ⅱ』東京大学出版会、一九六五年、三八九～三九〇頁。

(107) 章伯鋒・李宗一主編『北洋軍閥　一九一二―一九二八』第一巻、武漢出版社、一九九〇年、六六～六八頁、王鐵漢『東北軍事史略』伝記文学出版社、一九八二年、五二～五七、六七頁。

(108) 孔経緯・傅笑楓『奉系軍閥官僚資本』吉林大学出版社、一九八九年、四八頁。吉海線建設時（一九二七～二九年）、日本側は同線を協定違反であるとして満鉄線による建築材料輸送を認めなかったため、中国側は建築材料を米国から購入して葫盧島に荷揚げし、京奉線、奉海線を使って輸送している（同七九頁）。

(109) 西村成雄『中国近代東北地域史研究』法律文化社、一九八四年、一五〇～一五一頁。

(110) 南満洲鉄道株式会社庶務部調査課『東三省官憲の施政内情』南満洲鉄道株式会社、一九二八年、附録第一。本史料はすでに前掲『中国近代東北地域史研究』一五一頁表三―一一の出典として使用されているが、同表では奉天派有力者の土地所有についてのみまとめられている。

(111) また同紙は、「我邦の商人、下宿屋の如きは、従来封建時代に於て鎖国主義に養成せられたる一種の陋習ありて、外国人と見れば誰彼を問はず、暴利を貪り、不信義の挙動を為して顧みざる者多し」、「彼等留学生の大部分は人を見たら泥棒と思への諺を以て我日本人に擬するが如き傾向あり、此感情延いて彼等帰国の後に及びても消滅せずんば、将来彼我の関係上面白からざるものあらん」と留学生の待遇の劣悪さを批判的に報じている（「支那留学生の近状」一九〇六年七月一二日、一三日）。日露戦争期の清国留学生が受けた嘲笑や投石などの体験については、厳安生『日本留学精神史』（岩波書店、一九九一年）第四章参照。

(112) 福島安正「清国」一九〇九年頃作成と推定、国立国会図書館憲政資料室所蔵「福島安正関係文書」五二、某陸軍中将述「支那開発と軍事教育」『日本及日本人』七一〇、一九一七年八月一日、五九頁。同中将は中国駐在が長く、留学生教育に造詣が深い点から青木宣純の可能性がある。

第三章　満洲事変と満洲国軍の創設

はじめに

本章は張作霖期から張学良期に推移する奉天軍のなかで、のちに満洲国軍の満系軍官となる者（モンゴル系軍官を含む）および日本人軍事顧問はどのような状況に置かれていたか、そして満洲事変時、彼らはどのように行動していったのかを明らかにすることを目的とする。

第一節では張学良期の奉天軍、第二節では満洲事変と在地勢力の日本への帰順、第三節では満洲国軍事顧問の動向について論じ、満洲国軍に参加していく日中双方の勢力の出自・背景を総合的に考察し、満洲事変が有した歴史的意義の一端を考察する。

一　張学良期の奉天軍

東三省支配を確立した張作霖率いる奉天軍は、一九二二年四・五月の第一次奉直戦争には敗れたものの、一九二四年一一月の第二次奉直戦争では勝利し、東三省に加え熱河、直隷、山東、江蘇、安徽省に勢力を拡げ、最盛期を迎えた。しかし一九二五年には江蘇、安徽省を失い、郭松齢の反乱が起こるなど陰りを見せ始める。その後、国民革命軍の北伐によって関外への撤退を余儀なくされ、一九二八年六月張作霖は関東軍によって爆殺された。張作霖の跡を継いだ張学良は同年末には易幟を実行して国民政府に合流、翌年一月楊宇霆が暗殺されるなど、奉天軍内の政治力学は変動していった(1)。

1　旧派の温存と対立

張学良期においても張作霖の盟友で最古参の重臣が基本的に各省長官級のポストを占めた。奉天督辦の地位は張作霖が一九二八年に死亡するまで占め続け、その後、張学良が東三省保安総司令となって継承されたが、吉林督辦兼省長（のち駐吉副司令長官兼省政府主席）は一九二四年より張作相が、熱河都統（のち熱河駐軍司令兼省政府主席）は一九二六年より湯玉麟が、東省特別行政区長官は一九二八年より張景恵が就任していた。ただし黒龍江省においては一九二一年より督軍（督辦）を務めていた呉俊陞が、一九二八年に張作霖とともに殺害された。その後黒龍江省政府主席となった常蔭槐が一九二九年楊宇霆とともに暗殺されると、呉俊陞の配下であった萬福麟が跡を継いで駐江副司令長官兼省政府主席となり、世代交代が進んでいた(2)。

やがて張学良と最古参の部下との対立が観測されるようになった(3)。日本側にとっては、その対立は付け入るべき隙として、特に張景恵、湯玉麟の登用にこだわることとなる。

また特別任務班で活動した張海鵬・于芷山は、東三省陸軍講武堂で学ぶ機会を得ていたこと、重臣の庇護下にあったこともあり、第一次奉直戦争後の軍事改革においても淘汰されずに生き残った(4)。張海鵬は一九二四年洮遼鎮守使兼騎兵第一遊撃隊統領に就任している。遊撃隊統領は改革の中で残置された馬賊出身者に割り当てられた、地方治安維持のためのポストであった。(5)一九二七年一二月張海鵬は呉俊陞の推挙により第三二師長に就任し、部隊の拡充が認められたが、(6)同じく馮徳麟の部下であった汲金純が熱河都統、綏遠都統などを歴任していったのとは差がついていた。(7)

一方、于芷山は張作霖期には第五混成旅長、第八師長、第三〇軍長などを歴任したが、張学良期になると張海鵬と同格の東辺鎮守使となっている。

鎮守使は古参の軍人に与えられてきたポストで一定の格の高さは有したが、省長官級からは一段下がるポストであった。張海鵬の部下であった富璇善は、「張海鵬は、張作霖、張学良が最後まで彼を督軍、省主席に昇進させなかったため、心中非常に不満に思っていた」と述べている。(8)張海鵬は特に呉俊陞の部下であった萬福麟が自分を差し置いて黒龍江督軍に就任したのを苦々しく思っていた。(9)同様な境遇であった于芷山も張海鵬と同じ思いを抱いていただろう。(10)日本側は、湯玉麟が将来対立的な行動を起こす場合、湯玉麟と関係が深い張海鵬、于芷山もそれに策応するものと観察していた。(11)

2　陸士留学八期生の勢力衰退

陸士留学八期生は張学良期において、張学良ら東三省陸軍講武堂出身者に対して次第に劣勢になっていった。前章の表7においても張学良期に東三省陸軍講武堂・保定軍官学校出身者が増加する一方、陸士留学生は減少傾向にあった。東三省陸軍講武堂は一九一四年停止後、一九一九年に再建されて本格的な教育が開始されており、同年入学の張学良をはじめとする新世代の軍官が次第に増加していった。(12)張学良期に起用されている保定軍官学校出身者も張学良とほぼ同年代であり、張学良と強く結びついていた。

表8は、陸士留学八期生の動向を示したものである。張作霖期において部隊長など責任ある地位にあったが、張学

良期には参議や顧問など閑職に追いやられている者がいたことが注目される。[13] 楊宇霆に近かった者にとっては楊の死が、孫烈臣や呉俊陞の庇護を受けていた者にとっては孫と呉の死が立場を不安定なものとしていった。

張煥相は東省特別区行政長官辞任後は閑職にあり、一九三一年四月張学良に従って北平に移ったが、張学良への忠誠心が高いわけではなかった。[14]

于珍はもともと呉俊陞の配下であったが、楊宇霆に接近して以降、楊宇霆に近い立場を変えることはなかった。于珍は一九二七年安国軍第一〇軍長となったが、張学良期には兵権を与えられず、東北辺防長官公署高級参議へと遷された。[15]

王樹常は呉俊陞の死後、張学良との関係を深めていった。一九二九年には東北辺防司令長官公署軍令庁長、遼寧省政府委員、一九三〇年には河北省政府主席となり、満洲事変後も北平政務委員会委員、国民政府軍事参議院副院長などを務める。

前述のように臧式毅および邢士廉は孫烈臣の死後、楊宇霆に接近したが、完全な楊宇霆派とはみなされていない。臧式毅は江蘇省から撤退する際、敵軍に拘束され釈放されて奉天に戻ると、王永江の後を継いで奉天省財政庁長に就任した。張作霖が殺害された際には、奉軍留守総司令として情報の統制や対日交渉、張作霖の葬儀を切り盛りし、張学良の歓心を得、楊宇霆暗殺後も遼寧省政府主席、留守総司令となっている。[16] ただし臧式毅は張学良の信頼は厚かったものの、蔣介石の中国統一への協力には強い賛意は有していなかったとみられる。[17]

邢士廉は張学良期になると、奉天派と国民党との交渉役として活躍し、易幟後は遼寧省政府委員になっている。[18] しかし楊宇霆の暗殺は邢士廉に自身の先行きを憂慮させることとなった。[19]

張作相の庇護下にあった熙洽は引き続き、吉林軍参謀長の地位を確保している。[20] 吉興や丁超も吉林省で地位を継続

表８　陸士留学８期生主要経歴

	生年	出身	張作霖期	張学良期	帰順	満洲国期
張煥相	1882	遼寧省撫順県	東省特別区行政長官	東北辺防軍司令長官公署軍事参議官・空軍代理総司令	○	司法部大臣
劉徳権	1887	遼寧省	黒龍江省警務処長	黒龍江省政府参議	○	黒龍江省公署民政庁長
邢士廉	1885	遼寧省瀋陽県	鎮威第二方面軍団副軍団長	東北辺防軍司令長官公署顧問	○	軍事部大臣
于国翰	1886	遼寧省鉄嶺県	潘復内閣軍事部次長	東北辺防軍司令長官公署参議	○	鴨緑江採木公司理事長
應振復	？	遼寧省遼陽県	陸軍第27師長	東省特別区地畝局長・軍事参議院参議	○	第４，５軍管区司令官
李盛唐	？	遼寧省瀋陽県	洮遼鎮守使歩兵補充団長	蒙辺辦公署参謀長	○	軍政部次長
王静修	1879	熱河省承徳県	東北陸軍講武堂黒龍江分校教育長	黒龍江国防籌備処参謀長	○	軍政部次長 第１，５，６軍管区司令官
鄭遐済	？	？	？	？	○	天津特別市警察局長
王茲棟	1882	遼寧省北鎮県	察哈爾都統署参謀長 陸軍整理処総務処長	？	○	奉天省参事官・安東省長
臧式毅	1884	遼寧省遼陽県	陸軍整理処参謀長 江蘇軍務督辦参謀長	遼寧省政府主席	○	奉天省長・民生部総長
熙　洽	1884	正藍旗	東三省講武堂教育長 陸軍第10旅長	吉林軍参謀長	○	吉林省長・財政部総長
吉　興	1879	遼寧省瀋陽県	第27師参謀長 吉林軍参謀長	歩兵第27旅長 延吉鎮守使	○	吉林省警備司令官
丁　超	1883	遼寧省新賓県	吉林軍参謀長 陸軍第13旅長	歩兵第28旅長 濱江鎮守使	○	吉林省政府主席 →通化省長
張厚琬	？	河北省南皮県	北京政府陸軍部次長	東支鉄路路警処長	—	—
王樹常	1886	遼寧省遼中県	北京政府陸軍部次長	河北省主席 東北第２軍軍長	—	—
戢翼翹	1885	湖北省房県	第29軍長	陸海空軍副司令北平行営参謀長	—	—
于　珍	1887	遼寧省鉄嶺県	安国軍第10軍長	東北辺防司令長官公署高級参議	—	抗日運動

典拠：外務省情報部編『現代中華民国満洲帝国人名鑑』東亜同文会業務部，1937年，徐友春主編『民国人物大辞典』河北人民出版社，1991年，関東軍参謀「東三省駐屯支那軍隊調査」1928年４月，JACAR：C13010200100，外務省記録「支那事変関係一件／天津英仏租界ニ関スル諸問題（郵電務関係ヲ除ク）」第11巻，JACAR：B02030658200，張克江主編『鉄嶺市志・人物志』科学普及出版社，1999年より作成．

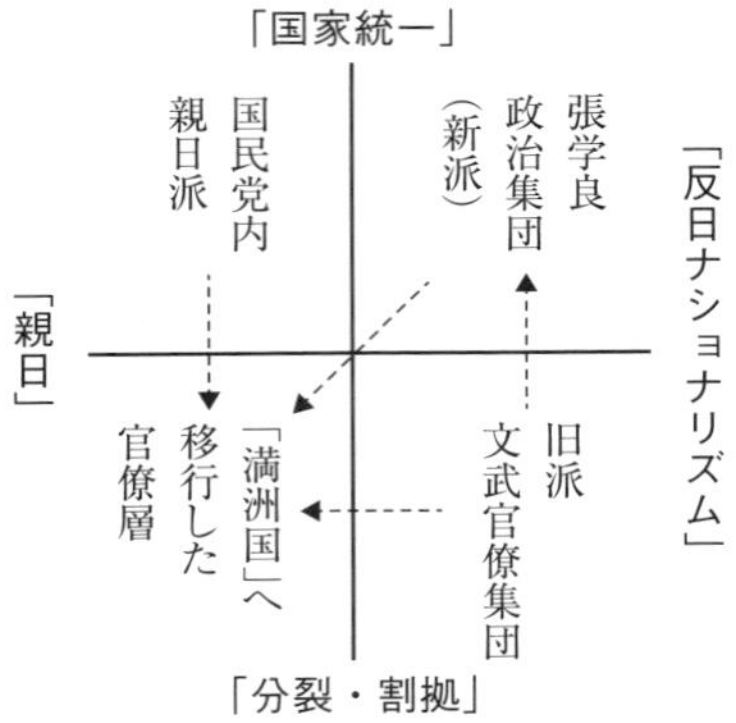

図３　張学良期東北勢力分布

典拠：西村成雄『張学良―日中の覇権と「満洲」』岩波書店，1996年，83頁．

していることから張作相の庇護を受けていたと考えられる。

以上のように八期生のすべてが凋落したわけではなく、張学良の下でも責任ある地位を占めていた者もおり、置かれた状況の違いは、満洲事変での日本への帰順に際し、少なからぬ影響を及ぼすこととなる。

図３は張学良期の東北勢力分布を示したものである。ここに八期生を位置づけてみよう。楊宇霆[21]、于珍、戢翼翹は張学良と同様の位置にあり、張煥相、熙洽、丁超、吉興、于国翰など黒龍江省や吉林省で地位を確立していったものは、旧派に連なる位置にあったと考えられる[22]。王樹常、臧式毅、邢士廉は、旧派の位置から張学良の位置へと移ったが、臧式毅および邢士廉は完全には移行できていなかったといえよう。満洲事変は多くの八期生を強権的に「親日」―「分裂・割拠」の位置へと移行させることとなる。

３　内モンゴル勢力と日本軍

すでに述べてきたように、日本軍は内モンゴル勢力とも日露戦時特別任務班以来の繋がりを有していた。日本側は満漢人と同様にモンゴル人へも陸士留学を働きかけていた。東京帝大への留学経験を有し、後に満洲国駐蒙弁事処長などを歴任する金永昌は、「日露戦後福島将軍ノ世話ニテ日本ニ留学シ士官学校ニ入ル予定ニテ振武学校ニ学ヒタル所蒙古人ニ軍人教育ヲ為スコトニ関シ前清政府ヨリ抗議アリタル為メ方面ヲ転シ」た述べている[23]。福島らの働きかけで留学したのが陸士留学八期生であったが、モンゴル人は清政府の警戒もあり、そこに加わることが許されなかったのである。

そのため、満漢人に比べるとモンゴル人と日本軍との繋がりは相対的に弱いものとなった。一九一六年にはバボージャブが戦死した。しかしその息子カンジュルジャブ、ジョンジュルジャブ兄弟は、川島浪速の支援で一九二五、二六年に陸士入学を果たしており、日本との関係性の面で大きな転機が訪れることとなった。彼らは東条英機や田代皖一郎らと親交を持つなど日本軍との直接的な結びつきを強めていった。そして陸士卒業後、日本で培った人脈を利用し秘密裏にモンゴル独立運動を進めた。(25)

二　満洲事変と在地勢力の日本への帰順

満洲事変は前節で述べた状況下に引き起こされていった。満洲国「建国」当初の軍事情勢は表9のとおりである。日本に帰順した兵力をもとに構成された満洲国軍と各地に残留した抗日勢力の兵力比はおよそ一対二の割合になっている。奉天軍で日本へ帰順した勢力の割合は、正確な数値を把握するのは困難であるが、概算で三分の一程度とみられる。また無抵抗命令によって張学良軍の兵力が退却し、事変前に入関していた部隊と合流し、熱河省に集中していたことがわかる。

1　各省有力者の日本への帰順と要職就任

関東軍は奉天軍が多くの兵力を入関させているなか、各省長官（張学良・張作相・萬福麟・張景恵）の不在(26)を見計って

事変後	日	清	関
軍事委員会北平分会委員長			
軍事委員会北平分会委員→汪政権軍事委員会委員			
奉天省長・民生部総長	○		
北平綏靖公署第1処長			
軍事委員会北平分会委員	○		
第112師長	○		
第119師長			
?	○		
モンゴル自治軍と交戦→汪政権湖北省保安司令部参謀長	○		
陸軍第107師長	○		
奉天省警備司令官	○		○
洮遼警備司令官（のち熱河省警備司令官兼熱河省長）	○	○	○
遼西地区義勇軍			
軍事委員会北平分会委員	○		○
吉林省長・財政部総長	○	○	
賓県政府樹立に参画			
賓県政府樹立に参画			
?			
長春執政府籌備弁事処会弁			
東省鉄路路警処長			○
綏寧警備司令			○
吉林自衛軍総司令部総司令			
吉林省警備司令官	○	○	○
吉林省政府主席→通化省長	○		○
吉林自衛軍副総司令			
賓県政府警察処長→吉林軍事特務部長			

表9　東北軍事情勢（1932. 4）　単位：人

奉天省	奉天省警備軍	15,312
	洮遼警備軍	17,332
	唐聚五	20,000
	鄧鐵梅	10,000
	老北風	10,000
吉林省	吉林省警備軍	38,700
	殿臣	5,000
	反吉林軍	20,000
黒龍江省	黒龍江省警備軍	35,052
	馬占山	20,000
熱河省	湯玉麟・反満軍	130,000
興安地区	興安警備軍	10,000
計	満洲国軍	116,396
	抗日勢力	215,000

典拠：関東軍参謀部「満洲国現有軍隊一覧表」昭和7年4月（国立国会図書館憲政資料室蔵「片倉衷関係文書」351），国務院総務庁情報処『軍政篇（康徳元年度版）』1935年.

註：網掛は満洲国軍．老北風，殿臣は匪賊出身である.

表10　東北軍要人事変前後の動向

		生年	出　身	学　歴	事　変　時	所在
遼寧省	張学良	1898	遼寧省海城県	講武堂	東北辺防軍司令長官	北　平
	栄　臻	1891	直隷省棗強県	保定	参謀長	瀋　陽
	臧式毅	1884	遼寧省遼陽県	陸士（9）	遼寧省政府主席	瀋　陽
	王以哲	1898	吉林省賓県	保定	陸軍独立第7旅長	瀋　陽
	何柱国	1895	広西省容県	陸士（12）	陸軍独立第9旅長	山海関
	張廷枢	1903	遼寧省錦県	講武堂	陸軍独立第12旅長	錦　州
	孫徳荃	1887	遼寧省海城県	講武堂	陸軍独立第19旅長	興　城
	常経武	1898	遼寧省	日本陸軍歩兵学校	陸軍独立第20旅長	鄭家屯
	張樹森	1896	遼寧省瀋陽市	陸士（?）	独立騎兵第3旅長	通　遼
	劉翰東	1894	遼寧省安東	保定	独立騎兵第8旅長	彰　武 阜　新
	于芷山	1882	遼寧省台安県	講武堂	東辺道鎮守使	山城鎮
	張海鵬	1867	遼寧省蓋平県	講武堂	洮遼鎮守使	洮　南
	黄顕声	1908	遼寧省鳳城県	講武堂	省公安管理処長	瀋　陽
吉林省	張作相	1881	遼寧省義県	講武堂	駐吉副司令長官 兼吉林省政府主席	錦　州
	熙　洽	1884	正藍旗	陸士（8）	参謀長	吉　林
	張作舟	?	遼寧省義県	講武堂	歩兵第25旅長	吉　林
	邢占清	?	?	?	歩兵第26旅長	哈爾濱
	蘇徳臣	?	?	?	歩兵第22旅長	双　城
	常尭臣	1888	遼寧省黒山県	?	騎兵第4旅長	農　安
	李桂林	1872	遼寧省海城県	講武堂	歩兵第23旅長 吉長鎮守使	長　春
	趙芷香	1878	遼寧省台安県	講武堂	歩兵第21旅長 綏寧鎮守使	寧　安
	李　杜	1880	遼寧省義県	講武堂	歩兵第9旅長 依蘭鎮守使	依　蘭
	吉　興	1879	遼寧省瀋陽県	陸士（8）	歩兵第27旅長 延吉鎮守使	延　吉
	丁　超	1883	遼寧省新賓県	陸士（8）	歩兵第28旅長 濱江鎮守使	哈爾濱
	馮占海	1899	遼寧省義県	講武堂	辺防軍公署衛隊団長	吉　林
	王之佑	1893	遼寧省興城県	講武堂	省政府委員 省公安管理処長	吉　林

満洲事変を起こし、それ自身あるいはそれに準じる者を帰順させて各省のトップに擁立している。なおその際、各省の行政長官と軍事長官には別の人物を配置し、事変前に見られた省行政長官と軍事長官の兼任体制を解消し、強大な権力基盤の解体を図っていった(27)。

各軍官が帰順するか否かの大前提となったのは、撤退し張学良軍主力と合流できたかどうかである。関東軍は瀋陽（奉天）、長春、吉林を迅速に占領したため、満鉄本線沿線より東に駐屯していた者などは撤退が困難となった。その場合、ゲリラ化して抗戦を続けるか、帰順するか、あるいは引退を選択しなければならず、その選択には浜口が指摘したような張学良との関係性、日本や清朝と関係の近さ、関内との関係の遠さ（関内の職歴がない等）という背景が大きく影響したと考えられる（以下、表10参照）。

黒龍江省長→東省特別区行政長官→軍政部総長→国務総理	○		
軍事委員会北平分会常務委員			○
馬占山に従い帰順→東北民衆救国軍総参謀長			
騎兵第２旅長→黒龍江省長兼黒龍江省警備司令官			
黒龍江省歩兵第３旅長→蘇炳文に呼応			
黒龍江省歩兵第１旅長→東北民衆抗日救国義勇軍副司令			○
呼倫貝爾市政籌備処長→東北民衆救国軍総司令			
黒龍江省警備司令官兼黒龍江省長→東北救国抗日連合軍総司令	○		○
騎兵第１旅長代理→再起した馬占山に従う			
混成第４旅長→馬占山再起に従わず戦死			
（東北行政委員会委員）→軍事委員会北平分会委員	○	○	
？			
承徳陥落後，辞職			
抗日意識強			
熱河撤退時，行方不明に			
熱河撤退時，宋哲元に投帰			
熱河撤退時，孫殿英に投帰			
熱河作戦時，帰順			

東省	張景恵	1871	遼寧省台安県	講武堂	東省特別区行政長官	瀋　陽
黒龍江省	萬福麟	1880	吉林省農安県	—	駐江副司令長官 兼黒龍江省政府主席	北　平
	謝　珂	1891	河北省徐水県	北京陸大	参謀長	チチハル
	程志遠	1878	山東省萊陽県	講武堂	独立騎兵第8旅	満洲里
	朴炳珊	?	黒龍江省呼蘭	保定	砲兵第20団長	泰安鎮
	張殿九	1882	遼寧省朝陽県	講武堂	省防歩兵第1旅長 兼哈満警備司令	扎賚諾爾
	蘇炳文	1892	遼寧省新民県	保定	省防歩兵第2旅長 兼呼倫貝爾警備司令	海拉爾
	馬占山	1884	吉林省懐徳県	講武堂	省防歩兵第3旅長兼黒河警備司令→代理主席兼駐江副司令長官	黒河→チチハル
	呉松林	?	遼寧省	洮遼鎮守使署軍官団	省防騎兵第1旅長	呼　蘭
	徐宝珍	1903	奉天省法庫県	講武堂	辺防軍公署衛隊団長	龍　江
熱河省	湯玉麟	1871	遼寧省朝陽県	講武堂	熱河駐軍司令 兼熱河省政府主席	承　徳
	李賛廷	?	?	?	参謀長	承　徳
	張従雲	1879	河北省南皮県	講武堂	歩兵第7旅長	承　徳
	董福亭	1887	遼寧省海城県	奉天軍官団	歩兵第38旅長	凌　源
	劉香九	?	吉林省楡樹県	?	歩兵第111旅長	隆　化
	富　春	1882	吉林省琿春県	講武堂	歩兵第22旅長	錐子山
	石文華	1888	遼寧省錦西県	?	騎兵第19旅長	赤　峰
	崔興武	1887	遼寧省黒山県	?	騎兵第17旅長	開　魯

典拠：張徳良・周毅主編『東北軍史』遼寧大学出版社，1987年，112～116，168～174頁，外務省情報部編『現代中華民国満洲帝国人名鑑』東亜同文会業務部，1937年，徐友春主編『民国人物大辞典』河北人民出版社，1991年，唐精武「湯玉麟放棄熱河的実況」『文史資料選輯合訂本』第4巻第14輯，2000年，中国文史出版社，金名世「吉長漢奸傀儡登場紀実」同第13巻第39輯，黄剛「張作相与張作霖父」『遼寧檔案』1994年6月，傅大中『偽満洲国軍簡史』吉林文史出版社，1999年，第1編，戚厚傑ほか編『国民革命軍沿革実録』河北人民出版社，2001年，284～289頁，黄麗敏『血肉長城第一人 黄顕声将軍伝』上海文芸出版社，2003年，「新聞発表第六二八号」1932年6月13日，JACAR：A03023768700，「新聞発表第八三〇号」同年9月18日JACAR：A03023838600，外務省記録「満洲事変ニ際スル満蒙独立関係一件 第一巻」JACAR：B02032035300，「修衡自述：偽満洲国軍的沿革及組織概況」1954年7月24日，中央檔案館編『偽満洲国的統治与内幕』中華書局，2000年より作成．

註1：太字は帰順を示す．「講武堂」は東三省陸軍講武堂，「保定」は保定軍官学校を指す．

註2：日＝日本への近さ・日本留学，清＝清朝への近さ，関＝関内への遠さ（関内での職歴等がない）

遼寧省では瀋陽にいた臧式毅、瀋陽より東北東、直線距離で約一七〇キロにある山城鎮にいた于芷山、長春より北西約一六〇キロの洮南にいた張海鵬が帰順している。臧と于は撤退できなかったこと、帰順に作用する背景を持つという条件を満たしている。陸士留学生で遼寧省政府主席の臧は日本側の格好の勧誘対象であった。しかし臧は張学良の下でも要職にあり、立場に不満はなかったと思われ、関東軍は臧の説得に軟禁期間三か月を要している（一二月に奉天省長就任）(28)。東辺道鎮守使であった于芷山は関東軍より硬軟両様の揺さぶりを受け、一九三二年一月奉天を訪れて帰順の意を示し、省警備司令官となった(29)。一方、張海鵬の帰順は例外的である。張海鵬は撤退することが可能であったのにも拘らず、日本側と交渉を持って帰順し、早くも一〇月二日には独立宣言を行っている(30)。日本側は遼寧省の両鎮守使のうち于芷山には奉天省警備司令官、張海鵬には黒龍江省長官就任を提示した。張海鵬の対応からは、出世欲を満たすことができる同ポストがいかに魅力的なものであったかが窺われる(31)。

吉林省における熙洽、吉興の帰順も典型的な事例である。九月二一日日本軍が吉林に進軍してくると、熙洽は日本側が要求した武装解除、熙洽を責任者とする独立宣言、日本人顧問受け入れを承諾し、二六日には吉林臨時省政府長官に就任した（一〇月に独立宣言）。一一月には熙洽に対抗するため張作相の指示でハルビン近隣の賓県に吉林省仮政府が成立した。熙洽は長らく張作相の庇護下にあったが、張作相と敵対することとなったのである。翌年一月熙洽は于琛澂を主力とする部隊（吉興も増援部隊を派遣）で同政府を攻撃し解散させた。その後、熙洽は吉林省長および財政部総長を兼務した(32)。一方、省警備司令官には延吉駐屯の吉興が就いた。吉興は熙洽と同様、愛新覚羅氏の一族である(33)など、帰順に作用する背景が濃厚であった。

黒龍江省の政権を掌握させるべき人物として関東軍は、前述のように当初張海鵬に期待をかけた。張海鵬は日本軍より武器弾薬の支援を受けて従来の四箇旅に加え、五箇旅を拡充した。兵員は各村の自衛団より補充され、張海鵬の子や親戚などが新旅長となった。一〇月八日馬占山が黒龍江省政府主席を代理し同省軍の総指揮を任されると、一三日張海鵬は馬占山を下野させるため、チチハルに向けて部隊を進軍させた。しかし黒龍江省軍によって撃退され、嫩江鉄橋を破壊されて北上を阻まれたために日本軍が積極的に介入せざるを得なくなった。日本軍および張海鵬軍は激しい抵抗を受け、大きな犠牲を出しつつ、一一月一九日チチハルを占領した。(34)

日本側は東省特別行政区長官の張景恵(35)を利用して馬占山を抱き込む方が得策であると判断し、張景恵をして海倫に退却した馬占山と交渉させ、張景恵を黒龍江省長に就かせようとした。(36)一二月中旬に両者は合意に至り、翌年一月三日張景恵は黒龍江省長を兼務するとともに独立宣言を行った。(37)

一時は抗戦を試みた馬占山であったが、特別任務班出身であることなど帰順へと至る背景を有していた。張景恵も同様であるが、日露戦争を間近で見た経験は、帰順に際する判断に大きく影響を与えたと考えられる。大橋忠一は「張景恵等旧派ノ思想」について、「彼等ハ日露戦争ノ経緯及日本ノ実力ヲ熟知シ居ル為日本ノ在満権益ヲ不当ナルモノト認メ居ラス且日本トシテ国運ヲ賭スルモ右権益ヲ放棄シ得サル事情ヲ諒解シ従テ日本トノ共存共栄ヲ欲シ居リ」と述べている。(38)馬占山に従って多くの軍官が一旦帰順することとなる。

最古参の中では結局、張学良軍主力と合流した張作相や湯玉麟は帰順せず、張景恵だけが帰順している。一九三二年二月二三日、張景恵は黒龍江省長職を馬占山に譲り、(39)四月七日には、騎兵第二旅長程志遠が黒龍江省警備司令官に就任した。その後、馬占山が挙兵したため、同月二八日程志遠が省長を兼任した。(40)馬占山軍は七月に制圧されたが、九月には蘇炳文が挙兵する。程は蘇の副司令であったことから、蘇の制圧は難しいと判断されたのだろう、同月四日程は罷免された。省長には名古屋高商出身で、黒龍江省実業庁長兼税務監督署長の韓雲階、省警備司令官には省警備軍参謀長張文鋳が就任した。(41)

熱河省のトップであった湯玉麟に対しては、関東軍は事変直前より誘いをかけていた。前述のように帰順の見込みが濃厚であったからである。一九三一年一二月三日、関東軍に従うよう求める同司令官の親書を手交された湯は、承諾しつつも、挙兵しても勝目はなく熱河省を保持できないと主張した(42)。その後も湯は独立を明言することはなかったが、関東軍は湯に期待し続け、一九三二年二月一八日新国家建国を謳った東北行政委員会宣言に湯の名前を加えた(43)。しかし、同月二六日に湯玉麟は、東北行政委員会が勝手に自分の名で声明を発したが、自分は関知しないと発表した(44)。結局、湯玉麟が張学良軍主力とともにいたことが大きく影響したのである。関東軍は東三省制圧後、一九三三年二月武力をもって熱河占領を実施せざるを得なかった。熱河占領後、省長および省警備司令官には洮遼警備司令官となっていた張海鵬が就任した。その後、省長にはもともと医者で軍政部および黒龍江省公署高等顧問であった劉夢庚(45)が、省警備司令官には陸士留学八期生の王静修が就いた。

2　陸士留学八期生の帰順

陸士留学八期生においては表8にみられるように、閑職にあった者は概ね日本に帰順していった(46)。自身のキャリアの将来への展望が失なわれつつあったことは、日本への帰順を志向する要因となったと考えられる。

同じ陸士留学生でも八期生の連帯意識は特に強く、八期生以外とは大きな違いがあったとみられる。八期生張煥相、邢士廉と一二期生何柱国は同じく北平で張学良と合流していたが、八期生の二人は満洲国に帰順している。邢士廉は同期の熙洽の勧告によって帰順し、また張煥相も邢士廉の誘いを受け、すぐには誘いに乗らなかったものの、一九三三年五月「塘沽停戦協定」成立後、帰順している(47)。陸士留学時代の日本人同期生の存在が刺激を与えたことも帰順の一因となった(48)。張海鵬と同様に関東軍の占領下に置かれたわけではないのにも拘らず自ら進んで帰順しているのである。何柱国は保定軍官学校で教育を受けた後に陸士に留学しているのに対し、八期生の二人は日本の振武学校で予備教育を受け、陸士に入学しており、日本の影響力が相対的に大きかったと考えられる。

前章で張煥相ら奉天派有力者の資産について述べたが、満洲国は一九三二年六月「逆産処理法」を制定した。帰順しなかった有力者の資産は国有資産に繰り入れられており、(49)張煥相ら帰順者は資産の没収を免れ得たのである。なお李盛唐、王静修、應振復についてはそれぞれ張海鵬、馬占山、張景恵の部下として帰順に至った側面が強いが、陸士留学の経歴から日本側に信頼され要職に就いていった。

興味深いことに、満洲国に参加した八期生の「親日」的イメージアップに陸士留学時代にまつわるエピソードが用いられている。一九三四年には熙洽、一九三八年には張煥相がそれぞれ満洲国財政部大臣、司法部大臣として来日し、陸士留学時の演習で滞在した千葉のある農家と感動の再会を果たしたことが報じられている。(50)第二章で述べたように、八期生は必ずしも「親日」的とは言えなかったが、陸士留学生という出自が改めて「親日」イメージを演出するために機能していくのである。

3 内モンゴル勢力の帰順

内モンゴル勢力に関しては、関東軍は当初、カンジュルジャブ、ジョンジュルジャブ兄弟らに期待した。満洲事変が勃発すると、二人は関東軍から援助を受け、公式にモンゴル独立軍（のち内モンゴル自治軍と改称）として活動を開始した。(51)同軍はジリム盟ホルチン左翼中旗・後旗一帯で挙兵した。同地での挙兵はバボージャブが駐屯していた彰武県近隣であること、同中旗に満鉄鄭家屯公所があったことによると考えられる。(52)

同軍のあり方は日露戦争以来の伝統とも呼べる馬賊謀略方式であった。(53)和田勁に次いで同軍顧問となる松井清助は

学　歴	満洲国期
?	参議府参議
?	興安北分省長
露国陸軍士官学校	興安省北警備司令官
陸士（22）	護軍統領
?	興安東省長
南京軍官政治学校・東京農大（陸士希望）	興安省東警備司令官
?	興安局総長
?	興安南分省長
?	内モンゴル自治軍第一軍長→ホルチン左翼後旗長
?	内モンゴル自治軍第二軍長
陸士（18）	内モンゴル自治軍第三軍長→興安局警務科事務官
奉天籌辺専門学校	内モンゴル自治軍→興安南省民政庁長
?	興安省南警備司令官
?	興安西分省長
私　塾	興安省西警備司令官→察東警備軍司令官
東三省講武堂	興安省西警備司令官→察東警備軍第４支隊長
?	興安西警備司令官

典拠：金海『日本在内蒙古殖民統治政策研究』社会科学文献社，2009年，33～34頁，外務省情報部編『現代中華民国満洲帝国人名鑑』東亜同文会業務部，1937年，徐友春主編『民国人物大辞典』河北人民出版社，1991年，中央檔案館編『偽満洲国的統治与内幕』中華書局，2000年，東亜問題調査会編『最新支那要人伝』朝日新聞社，1941年，孟鏡隻『布特哈志略』成文出版社，1968年，178頁，『内蒙古文史資料』第31輯，125頁，泉山「包善一其人」同第40輯，前掲『偽満州国軍簡史』121頁，軍政部顧問部『満洲国軍ノ現況』1935年，JACAR：C01003097800，「齋電第九十九号其ノ一」1931.11.29，小林龍夫ほか編『現代史資料11』みすず書房，1965年，713頁，瓜生喜三郎「経国学園ニ図書備付ニ関シ補助申請」外務省記録『助成費補助申請関係雑件』第１巻，JACAR：B05015846200.

表11　興安地域要人

			役　職　等	生年	出　　　身
フルンボイル盟	興安北	貴　福	フルンボイル副都統	1859	フルンボイル索倫正黄旗
		リンション	フルンボイル額魯特旗総管	1886	フルンボイル索倫正黄旗
		ウルジン	フルンボイルブリヤート旗副総官・ブリヤート旗旗長	1891	ソ連後貝加爾洲
		郭文林	—	1906	索倫黄旗
ブトハ	興安東	額勒春	東ブトハ八旗籌弁処総弁	1879	東ブトハ
		チョルバートル	西ブトハで自治運動	1906	布　西
ジリム盟	興安南	チムトシムベロ	ジリム盟長・ゴルロス前旗札薩克	1874	ゴルロス前旗
		業喜海順	ホルチン右翼中旗札薩克・親王	1894	ホルチン右翼中旗
		包善一	ホルチン左翼後旗五営統領	1877	ホルチン左翼後旗
		韓色旺	ホルチン左翼中旗協理	?	?
		カンジュルジャブ	大連で独立運動	1903	遼寧省彰武県
		ボヤンマンダフ	?	1894	遼寧省康平県
		バトマラプタン	ジャライト旗札薩克	1901	ジャライト旗
ジョーオダ盟	興安西	扎噶爾	ジョーオダ盟長・バーリン右旗札薩克	1876	バーリン右旗
		李守信	独立騎兵第9旅長	1892	ジョスト盟トメド右旗
		烏古廷	?	1907	ハラチン右旗
		郭宝山	第4軍管区綏寧地区司令官	?	?

「蒙古通」軍人で、一九一二年馬賊を使った内モンゴルへの武器輸送や一九一六年バボージャブ工作に従事した経験を有していた(54)。第一軍長包善一はホルチン左翼後旗五営統領として土匪討伐を任務としており、募兵に際してその匪賊と近い関係性を利用したものと考えられる。第二軍にはコミンテルンの支援を受けて革命運動に従事していたトモルバガナ（特木爾巴根）や一九二九年に漢人に対して武装蜂起したガーダー・メイリンの残党が加わっていた。第三軍は「天紅、高山等」の「土匪」からなった(55)。同軍は一九三一年一〇月中旬より通遼の占領を図ったが、失敗し、その後も大きな成果は上げられなかった。満洲事変においては日露戦争とは違い、日中の争いに中国人の利用は困難なこと、馬賊を操縦できる適任者がいないこと、勢力が大きい張学良系馬賊と拮抗できないこと、積年の討伐で馬賊の勢力が減少していたことから、馬賊謀略方式は限界が生じていたのである(56)。

しかし関東軍にとって同軍の存在は王公等の運動参加の先駆けをなすものであり、また漢人勢力との調整を計算できた点でも一定の意義があった。前述のようにバボージャブが一九一一年および一六年に挙兵した際には、奉天軍の馮麟閣、張海鵬と戦闘になっており、在地勢力を利用した満蒙独立の謀略発動の際にはモンゴル人勢力と漢人勢力をいかに調整するかが課題となることが予想されていたからである。その点で張海鵬の帰順と合わせてカンジュルジャブらの存在は重要であった(57)。

満洲国に組み込まれ再編された興安各省においては、盟長や旗札薩克など王公および地域を代表する人物が中心に登用され、東四省と同様に省長と司令官の分離が図られている（表11参照）(58)。

興安北分省警備軍はフルンボイル副都統公署衛隊を基幹とし、蘇炳文、張殿九の残部を吸収して成立した。司令官のウルジン（烏爾金）は、ザバイカルからフルンボイルに移住したいわゆる白系ロシア人（ブリヤート人）で、ザバイカルコサック統領セミョーノフが主催した軍官学校で学び（未卒業）、ロシア語およびモンゴル語に堪能であった(59)。対ソ連・外モンゴル戦を見据えた人事であったと考えられる。また郭文林はハイラル出身（ダフール人）の陸士留学二二期生（一九二九年入学・三一年卒業）で、帰国後関東軍よりフルンボイル副都統貴福およびリンションとの連絡役として期待された。郭文林はリンションの推薦により執政府侍衛官に任じられた。さらに執政府の警備を担当する護軍統領を兼任することとなり、リンション、額勒春を通じてモンゴル人、ダフール人青年二〇〇余名を募兵し、部隊を編成した。(60)

興安東分省警備軍は、司令官に東京農大専門部に留学し陸士入校を希望していたチョルバートル（綽羅巴図爾）が就任した。チョルバートルは一九三一年一一月二九日、西ブトハの壮丁一四〇〇名が布西の漢人武装団と交戦中であるとして、日本に兵器弾薬の援助を求めている。(61)同警備軍はチョルバートルが率いていた部隊を基礎に「土匪勢力」を吸収して成立したと考えられる。

興安南分省警備軍は、主に内モンゴル自治軍を再編した部隊であったが、司令官には同軍関係者ではなく、バトマラプタン（巴特瑪拉布坦）が就いた。ジャライト旗札薩克であったバトマラプタンは、満洲事変の混乱に乗じて蜂起した「土匪」を同旗騎兵を率いて鎮圧し、また「蒙地牧場」を開墾していた屯墾軍の大部分が馬占山の指示で江橋防衛に動員された隙をついて屯墾軍を追い払ったなど「実績」を有していた。日本側はバトマラプタンをジリム盟一〇旗札薩克の中でも特に名望が高い王公とみなし、登用したのであった。(62)

興安西分省警備軍は熱河侵攻の際に投降した李守信が率いたモンゴル兵が基になった。李守信は「第二のバボージャブ」と目された人材で、バボージャブの部下であった胡宝山が腹心として支えていた。察北に移動する李守信軍の留守部隊が同じく熱河軍から投降した烏古廷と胡宝山により整理され、興安西分省警備軍となった。(63)

三　満洲国軍事顧問と支那通軍人

満洲国政府組織法においては、満洲国軍は満洲国執政（のち皇帝）が統率し、国務総理の下に置かれた軍政部総長（のち同大臣、治安部大臣、軍事部大臣と改称）によって管掌するとされている。しかし実際は関東軍の威力を背景にした統制が行われた。執政、国務総理、軍政部総長の実権は無力化され、関東軍から派遣された軍事顧問の承認なしに軍令ほかすべての命令を発することはできなかった。(64) 関東軍による満洲国軍統制の中枢を担った軍事顧問は、関東軍司令部附の現役将校および同相当官からなった。そのトップは軍政部最高顧問であり、各軍にも顧問が配置された。

1　東三省軍事顧問から満洲国軍事顧問へ

満洲国軍事顧問に関しては、東三省軍事顧問からの人的な連続性がみられる（以下表12参照）。すでに述べてきたように、東三省軍事顧問の起源は日露戦時特別任務班において馬賊の操縦役であった日本人監督官が、同馬賊馮徳麟および馬連瑞の清国官軍編入に伴い、引き続き軍事顧問として招聘されたことにあった。馮徳麟は張作霖とともに軍内の競争を勝ち抜き、辛亥革命を経て奉天省における主要な軍事勢力となった。第一次大戦期に馮徳麟は失脚していくが、日本は馮徳麟部隊へのみ認められていた顧問派遣を奉天督軍の下への派遣へと転換させることに成功し、さらに吉林および黒龍江督軍の下へも顧問派遣を認めさせた。張作霖が奉天督軍となると、顧問と密接な関係が形成され、東三省支配を確立する張作霖のもとで顧問が精力的に活動する基盤が整っていった。北満シベリア出兵が根拠となっていた黒龍江省への顧問派遣は、撤兵により中止されるが、奉天に二名、吉林に一名の派遣が慣例として満洲事変まで続けられた。後述のように特に町野武馬や松井七夫は、関内に勢力を拡大しようとする張作霖に同情的であり、張作霖に密接して精力的に活動を続けた。しかし張作霖の死後、易幟により張学良との関係が悪化すると、操縦者としての顧問の存在意義は失われていった。

ただし注目すべきは今田新太郎および大迫通貞である。満洲事変に際して、今田、大迫は熙洽や張海鵬の帰順工作に当たり(65)、大迫はそのまま満洲国軍事顧問に移行し、今田は本国での部隊勤務を経て一九三五年より同顧問として赴任している。

さて東三省軍事顧問に与えられた任務は、有事に備えて奉天軍の施設をして日本に範を採るよう指導することおよび各種情報の探知であり、前者に関してはある程度目的を達成していた(66)。一九二一年奉天に東三省兵工廠が竣工し、督弁には韓麟春（一九二二年）、楊宇霆（一九二三年）、臧式毅（一九二九年）と代々陸士留学生が就任しており(67)、一九二五年から一九二七年にかけては松井七夫が日本製兵器の図面を奉天側へ引き渡していることが確認できる。小銃に関して中国全体ではドイツ「モーゼル式」が大部分を占めていたが、奉天軍では「モーゼル式」と日本「三八式」が相半ばして使用された(68)。満洲事変が起こると、関東軍は早急に東三省兵工廠を占領して奉天軍の戦闘継続力を削ぎ、満洲国軍が設置されると、兵器の日本式への統一が進められていく(69)。

東三省軍事顧問はしばしば統制から外れて行動した(70)。第一次奉直戦争が起こると、陸軍省は外務省と協議の上、関東軍に対して「交戦部隊ノ何レニ対シテモ交渉ヲ持タザルコト」を命じた。関東軍もその命令を順守して張作霖を支援せずに中立的態度をとり(71)、関東軍の区処を受けていた貴志彌次郎奉天特務機関長は、軍事顧問の町野および本庄に対し「戦闘並戦闘計画ニ参与スベカラザル旨論旨」した(72)。しかし町野、本庄は張作霖に密着して戦線に同行し、作戦に関与している(73)。この事態に関して加藤友三郎内閣は閣議で強く非難し、以降、軍事顧問派遣には外務省の同意が必

招聘先・職名	その後の主な経歴
馬連瑞部隊	歩兵第64連隊付
馮徳麟馬隊監督	関東軍司令部嘱託
馮徳麟機関銃隊教官	？
第28師教習（馮徳麟）	山東省軍務研究員
奉天将軍（督軍）顧問	奉天特務機関長
同　上	—
張作霖私設顧問	
奉天督軍顧問（張作霖）	関東軍司令官
同　上	山海関特務機関長
同　上	歩21旅団長
張学良私設顧問？	冀東政権顧問
奉天督軍顧問（張作霖）	奉天特務機関長
奉天督軍顧問（張学良）	飛行第１連隊長
同　上	天津特務機関長
同　上	満洲国軍事顧問
吉林督軍顧問	関東軍参謀長
同　上	奉天特務機関長
同　上	歩７連長
同　上	満洲国軍事顧問
黒龍江督軍顧問	台湾軍参謀
黒龍江督軍弁事員	坂西機関補佐官
黒龍江督軍顧問	佐倉連隊区司令官

JACAR：C01003796700,「斉藤歩兵中佐支那応聘ノ件」同大正７年４冊ノ内２，JACAR：C03022436800,「支那政府応聘ノ件」同昭和４年第２冊続，JACAR：C01003851100, C01003851400, 同大正10年第６冊ノ内第１冊，JACAR：C03022537100,「支那政府応聘者解約帰朝ノ件通牒」『公文雑纂』大正13年第10巻, JACAR：A04018248200,「支那政府応聘ノ件」陸軍省『密大日記』大正13年第５冊ノ内第２冊，JACAR：C03022652800,「支那政府應聘継続ノ件」同大正15年第６冊ノ内第２冊，JACAR：C03022745200, 同昭和４年第２冊続，JACAR：C01003851000, 同昭和５年第２冊続，JACAR：C01003899200,「陸軍歩兵少佐大迫通貞外一名大正九年勅令第三百六十七号第二条ニ依リ中華民国政府ノ招聘ニ応スルノ許可ヲ与フルノ件」『公文雑纂』昭和６年第22巻，JACAR：A04018331100, 陶尚銘・関根勤「張作霖和他的日本顧問」前掲『文史資料選輯合訂本』第18巻第51輯，矢田行蔵『紀州出身軍人の功績』興亜学社，1936年，阪谷芳直「五十年前の一枚の葉書から」『みすず』305，1986年４月，「将校支那出張ニ関スル件」JACAR：C03022695100, 陸軍省『密大日記』大正14年第６冊ノ内第２冊，戸部良一『日本陸軍と中国』筑摩書房，2016年，南里知樹編『近代日中関係史料 第Ⅱ集』龍渓書舎，1976年，林久次郎『満州事変と奉天総領事』原書房，1978年，陸軍省『陸軍現役将校同相当官実役停年名簿』明治36年７月１日調，同大正13年９月１日調，同14年９月１日調，上法快男『陸軍大学校』芙蓉書房，1973年，山名正二『満洲義軍』月刊満洲社東京出版部，1942年，外務省外交史料館所蔵『外国雇傭本邦人関係雑件 諸官庁之部 別冊支那之部』第２巻より作成.

註１：招聘先の職名は時期により変遷したが，煩瑣になるのを避けるために統一・省略した.

註２：私設顧問については本表掲載者以外にも存在したと考えられる.

表12　東三省軍事顧問（1906-31）

		生年	陸士	陸大	階　　級	任　期
奉天	堀米代三郎	1865	—	—	陸軍歩兵大尉	1906. 1 ～10. 1 ？
	辺見勇彦	1877	—	—	大陸浪人	1906. 4 ？～08. 4
	楢崎一郎	？	—	—	同　上	1912～13. 8
	渡瀬二郎	1878	11	—	元陸軍砲兵中尉	1913. 8 ～14. 7
	菊池武夫	1875	7	18	陸軍歩兵中佐	1914. 9 ～20. 9
	町野武馬	1875	10	—	陸軍歩兵少佐	1914. 9 ～23 1923 ？～29. ？
	本庄　繁	1876	9	19	陸軍歩兵大佐	1921. 5 ～24.10
	儀我誠也	1888	21	30	陸軍歩兵大尉	1924. 1 ～29. 1
	松井七夫	1880	11	20	陸軍歩兵大佐	1924. 9 ～28. 9
	荒木五郎	1894	27	—	予備陸軍砲兵少尉	1924 ？～ ？
	土肥原賢二	1883	16	24	陸軍歩兵大佐	1928. 1 ～29. 3
	妹尾隼熊	1885	17	24	陸軍航空兵大佐	1929. 4 ～31. 2
	柴山兼四郎	1889	24	34	陸軍輜重兵少佐	1929. 4 ～31. 9
	今田新太郎	1896	30	37	陸軍歩兵大尉	1931. 4 ～31. 9
吉林	斉藤　恒	1877	10	19	陸軍歩兵中佐	1918. 6 ～21. 5
	鈴木美通	1882	14	23	同　上	1921. 6 ～24. 5
	林　大八	1884	16	—	陸軍歩兵少佐	1924. 8 ～31. 5
	大迫通貞	1890	23	35	同　上	1931. 6 ～31. 9
黒龍江	斉藤　稔	1878	11	21	陸軍砲兵中佐	1918.10～22. 9
	土肥原賢二	1883	16	24	陸軍歩兵大尉	1918.10～21.10
	林　繁樹	1881	13	—	陸軍歩兵中佐	1922.10～23. 1

典拠：「堀米歩兵大尉清国応聘ノ件」陸軍省『肆大日記』明治39年１月，JACAR：C07072071200，「馬連瑞馮麟閣ノ部隊ニ関スル報告」奉天軍政署小山史料『明治三八，十一 報告綴』JACAR：C13010133100，辺見勇彦『邊見勇彦馬賊奮闘史』先進社，1931年，「受第一七八九号」守少佐より参謀次長宛，明治45年５月９日，外務省記録『清国革命動乱後ノ状況ニ関スル各省及府県庁報告雑纂／陸軍省及参謀本部ノ部』第３巻，JACAR：B03050686000，「受第一九四三号」佐藤中佐より参謀総長宛，明治45年７月２日，同，JACAR：B03050686500，外務省政務局『支那傭聘本邦人名表』大正２年12月現在，「奉天省應聘将校ニ関スル件」陸軍省『密大日記』大正三年四冊ノ内二，JACAR：C03022356200，関東都督府「菊池大佐及町野少佐応聘継続ノ件」陸軍省『密大日記』大正７年４冊ノ内２，JACAR：C03022437000，同「町野中佐続聘ノ件」同上，JACAR：C03022437100，関東都督府「斉藤砲兵中佐及土肥原歩兵大尉支那応聘ノ件」同上，JACAR：C03022437200，秦郁彦編『日本陸海軍総合事典』東京大学出版会，1991年，「支那政府応聘ノ件」陸軍省『密大日記』昭和３年第２冊，JACAR：C01003795900，「支那政府応聘契約解除ノ件」陸軍省『大日記乙輯』昭和 4 年，JACAR：C01006211700，「陸軍歩兵大佐本庄繁支那政府ノ招聘ニ応スルノ許可ヲ与フルノ件」大正10年５月27日，『公文雑纂』大正10年第18巻，JACAR：A04018191000，「支那政府応聘継続ノ件」同大正13年第10巻，JACAR：A04018248300，「支那政府応聘継続ノ件」陸軍省『密大日記』大正12年第６冊ノ内第２冊，JACAR：C03022598300，同大正13年第５冊ノ内第２冊，JACAR：C03022652900，C03022652500，「支那政府応聘ノ件」陸軍省『大日記乙輯』大正13年，JACAR：C03011918900，「支那政府應聘継続ノ件」陸軍省『密大日記』昭和２年第６冊ノ内第２冊，JACAR：C01003723100，C01003724200，同昭和３年第２冊，JACAR：C01003795700，「支那政府応聘ノ件」同大正13年第５冊ノ内第２冊，JACAR：C03022653200，「支那政府応聘解除ノ件」同昭和３年第２冊，

要となった。(74)このことは一見、軍事顧問に関しても、小林道彦が指摘しているように出先陸軍に対する政府や軍中央の統制が機能していったように見える。(75)

しかしその後も軍事顧問は軍中央の統制から外れて過度に奉天軍に介入し続けた。第二次奉直戦争における日本側の関与は馮玉祥寝返り工作だけではなかった。松井は各軍に応聘武官を配置しつつ奉天軍総司令部で作戦に関与した。郭松齢事件においても関東軍司令官の警告だけで終わったわけではなく、松井や奉天特務機関長となっていた菊池は張学良を奮起させつつ、防衛陣地構築に関与し、吉林顧問の林は張作相軍を指導して郭軍の出鼻を挫き、黒龍江の呉俊陞軍は是永重雄中佐の指導によって郭軍の背後を衝いた。(76)松井および菊池は奉天軍の防戦に深入りしたため、郭敗戦間際に宇垣一成陸軍大臣によって呼び戻されている。(77)

また北京から退却する張作霖の処遇に関して、関東軍首脳は張作霖の下野を主張したのに対し、町野および松井は張作霖の保護を主張した。関東軍高級参謀河本大作は独断で張作霖の爆殺を実行し、張作霖と同じ列車に同乗していた顧問儀我は、爆破に巻き込まれて負傷している。(78)張作霖の後継に関しても松井、町野、土肥原は張学良を後継者とし楊宇霆を補佐とすることを主張したが、関東軍は楊宇霆の起用に反対し対立した。(79)

そこで関東軍は対満蒙政策の主導権を握るなかで、軍事顧問に対する関東軍の区処権を明確にしていった。(80)そして「従来の支那顧問制の弊害に鑑み、満洲国の軍事顧問は身分を関東軍司令部付とし、給与も（引用者註―中国側の負担から）関東軍により支給」することによって、軍事顧問を完全な統制下に置いていったのである。(81)

2　支那通の世代交代

満洲国軍事顧問は東三省軍事顧問とは世代の違う支那通軍人が担った。支那通軍人は陸軍軍人一般と同様、陸大卒のエリートである「天保銭」とそれ以外の「無天」将校に分かれるが、ここで問題とするのは前者である。陸大卒業成績上位者はドイツやフランスに留学し参謀本部第一部や陸軍省軍務局などで活躍していった一方、いわば「二流のエリート」が参謀本部第二部に勤務し支那通となっていった(82)。「天保銭」支那通の典型的なコースは、陸大卒業後、短期間の隊付勤務を経、参謀本部附支那研究員として中国で研修し、帰国後、参謀本部第二部支那課に勤務、その後、公使館附や軍事顧問、特務機関、駐屯軍など中国各地に駐在するというものであった。

　世代で見ると、日露戦争以前に任官した陸士第一四期以前の第一世代、一夕会や桜会に所属するなど国家革新運動を担った第一五～二五期の第二世代、第二世代の下で満洲事変以降、重要な役職に就いていく第二六期以降の第三世代に分類される(83)（表13参照）。また陸大出身者の支那通養成が制度化される以前の世代として、旧制士官学校卒業者や同校創設以前採用者からなる、いわば「支那通の原型」世代があった(84)。松崎昭一は満洲権益をめぐる陸軍軍人の二つの潮流として、「中国・中国人に対して愛憎こもごもながらの親近の思いがあった」日露戦争の原体験派と、「満洲とその権益を客観のうちにとらえ、日本の国益の線上に武力を背景にしたそれぞれの理想像を投与」していった非体験派に分かれるとしている(85)。前者は「原型」世代および第一世代、後者は第二、第三世代に概ね相当する(86)。

　日露戦争では「原型」世代の福島安正や青木宣純が中心となって特別任務班を指揮し、任務班で活動した馬賊の清国官軍編入および日本人監督官の招聘を交渉し、また中国人子弟の陸士留学を斡旋した。任務班出身者、陸士留学生は張作霖率いる奉天軍の下で一定の地位を築くとともに、日本人監督官はやがて東三省軍事顧問制度へと発展し、菊池、本庄、松井ら第一世代によって担われていった。彼らは張作霖に密着し操縦することを通じて日本の権益を増進させようとした(87)。しかし張作霖爆殺事件を境に軍閥操縦ではなく実力による権益増進を模索し始めた河本大作・佐々木到一ら第二世代が登場した(88)。張学良期に顧問となった柴山および大迫も第二世代、今田は第三世代である。この第

表13 「天保銭」支那通（陸士１～43期）

	期	任官年	氏　　　名
第1世代	1	1891	寺西秀武（15）
	2	1892	坂西利八郎（14）　古川岩太郎（14）
	4	1893	浜面又助（14）
	5	1894	細野辰雄（15）
	6	1895	貴志弥次郎（18）
	7	1897	高田豊樹（17）　**菊池武夫(18)**
	9	1898	松井石根（18）　**本庄繁(19)**
	10	1899	**斉藤恒（19）**
	11	1900	**松井七夫（20）**　**斉藤稔（21）**　**日下操**（21）
	12	1901	須田善純（21）　郷田兼安（21）　能村修（22）
	14	1903	**鈴木美通（23）**　佐藤三郎（24）
第2世代	15	1904	河本大作（25）　**多田駿(25)**　田代皖一郎（25）　依田四郎（27）
	16	1904	**土肥原賢二（24）**　岡村寧次（25）　小林角太郎（26）　磯谷廉介（27）　**板垣征四郎（28）**
	17	1905	岩松義雄（30）
	18	1906	菊池門也（27）　**佐々木到一(29)**　重藤千秋（30）
	19	1907	三浦敏事（29）　喜多誠一（31）　**牧野正三郎(31)**　松室孝良（32）
	20	1908	酒井隆（28）
	21	1909	**儀我誠也（30）**　永見俊徳（33）
	22	1910	原田熊吉（28）　鈴木貞一（29）　二階堂泰治郎（29）　**松井太九郎(29)**　**森岡皐(32)**　松井源之助（33）
	23	1911	及川源七（32）　永津佐比重（32）　**竹下義晴（33）**　**河崎思郎（33）**　**根本博**（34）　**大迫通貞（35）**
	24	1912	**中野英光（32）**　**楠本実隆（33）**　**柴山兼四郎（34）**　**秋山義隆（35）**
	25	1913	細木繁（33）　**田中久（33）**　大城戸三治（36）　**河野悦次郎（36）**　臼田寛三（37）　**吉岡安直（37）**
第3世代	26	1914	井上靖（33）　和知鷹二（34）　**花谷正(34)**　田中隆吉（34）　影佐禎昭（35）　宮崎繁三郎（36）　**矢崎勘十(36)**　雨宮巽（37）　塩澤清宣（37）
	27	1915	**菅野謙吾（35）**　**佐久間亮三（37）**　**田島彦太郎（37）**　**高橋担（38）**　**渡左近**（38）
	28	1916	**石野芳男（38）**　**加藤源之助（39）**　**森赳**（39）
	29	1917	園田晟之助（36）　**大木良枝（38）**　**志方光之（38）**　谷萩那華雄（39）
	30	1918	**今田新太郎（37）**　**岡田菊三郎（39）**　**渡辺渡**（39）　今井武夫（40）
	31	1919	吉野弘之（42）　片倉衷（40）
	32	1920	佐方繁木（40）　宇都宮直賢（42）
	33	1921	大平秀雄（43）　都甲徠（44）
	34	1922	鈴木卓爾（44）
	35	1923	晴気慶胤（43）
	36	1924	岡田芳政（43）
	39	1927	延原威郎（48）
	43	1931	山崎重三郎（50）

典拠：秦郁彦編『日本陸海軍総合事典』東京大学出版会，1991年，戸部良一『日本陸軍と中国』筑摩書房，2016年，上法快男『陸軍大学校』芙蓉書房，1973年．

註：（　）内の数字は陸大期．太字は東三省軍事顧問（応聘武官）および満洲国軍事顧問．

二、第三世代が満洲事変の謀略に関与し、さらに満洲国軍事顧問を担っていくのである。(89)

前述のように、奉天軍軍官から満洲国軍軍官となった者の帰順には日露戦争を共に戦い、間近にみた体験の影響があった。しかし満洲国軍事顧問には日露戦争を体験し、中国人に連帯感を有していた第一世代はなく、帰順者たちは第二、第三世代のもとで日本の国益の観点からより冷淡な応対を受けていくものと考えられるのである。

おわりに

以上のように、満洲事変においては関東軍が満鉄本線沿線などの主要都市を迅速に占領し、また張学良が無抵抗命令を発し、関内からの援軍も望めなかったため、多くの軍官の関内撤退が困難となった。そこで張学良との関係性、日本や清朝との関係の近さ、関内との関係の遠さなど様々な利害関係から身の振り方を判断する余地が生じ、多くの軍官が日本に帰順し、満洲国への参加を選択することとなったのである。その意味で臼井勝美が指摘したように「民族的抵抗戦」とは異なる満洲事変の「軍閥戦」的性格が改めて確認される。(90)

日本に帰順し、満洲国において大臣や軍司令官など重職を担っていく、張作霖の最古参の部下であった張景恵、特別任務班出身の張海鵬、于芷山、陸士留学生の臧式毅や熙洽などはすべて日露戦争以来の繋がりがある人物であった。満洲事変における日本軍の武力発動は彼らに日露戦争を思い起こさせたと考えられる。日露戦争で満洲に駐屯した日本軍は日本の影響力を残し、将来有事が起こった際に状況を有利に進めることを意図し、特別任務班出身者を清国官軍に編入させ、在地中国人子弟の陸士留学を斡旋した。無論、当時の日本軍が満洲事変を見据えることができたわけではなく、日本の影響力の及ぶ勢力を思惑通りに動かせたわけでもない。よって日本の勢力扶植策が日露戦争から満洲事変へストレートに発展したとすることはできないが、満洲事変直前の奉天軍内の状況は日本側にとって有利な状況にあったことは間違いない。張作霖が奉天派を形成していくなかで、特別任務班出身者は淘汰されずに生き延び、また陸士留学生たちも張作霖に重用され、軍内で一定の地位を築いた。しかし張学良期になると、両者は自身の地位に不満を貯めている傾向にあったのである。そこに満洲事変が起こり、関東軍は武力を背景に日本の影響力が残る勢力を強引に再編していったといえよう。

日露戦争以来の関係の再編という点では日本人軍事顧問も同様であった。特別任務班における馬賊監督官が同馬賊の清国官軍編入に合わせて応聘され、それが発展したのが東三省軍事顧問であった。満洲事変ではさらに満洲国軍事顧問へと発展し、満洲国軍を実質的に統制していく。すなわち日露戦争期の満洲軍―監督官―馬賊というチャンネルは、東三省期には関東都督―軍事顧問―奉天軍となり、さらに満洲国期には関東軍―軍事顧問―満洲国軍へと形を変えて維持されていったのである。ただし軍事顧問の担い手に目を向けると、東三省軍事顧問は日露戦争を体験し中国人に連帯感を有していた陸軍「支那通」の第一世代が担っていたが、満洲国軍事顧問は満洲を客観視し武力を背景に理想を追求した第二、第三世代へと移っていった。よって満洲国軍事顧問と満洲国軍の間にはより冷淡な関係性が構築されていくものと考えられるのである。

一方、事情を異にしていたのが内モンゴル東部の勢力であった。同地域においても特別任務班出身者のバボージャブが官職を得たが、バボージャブは辛亥革命後、モンゴル独立運動に従事し、戦死していた。日本軍はモンゴル族子弟へも陸士留学を斡旋したが、清国の警戒によって認められなかった。ただし川島浪速の支援によってバボージャブの息子カンジュルジャブ、ジョンジュルジャブの陸士留学が実現し、日本軍との結びつきが強まることとなった。関東軍が満洲事変で当初期待したのがカンジュルジャブらの内モンゴル自治軍であった。ただし同軍のあり方は日本が影響力を行使できる軍官が育成されていない中で馬賊謀略方式とならざるを得ず、さしたる成果は挙げられなかった。しかし同軍の存在は王公などの運動参加へと繋がり、また満蒙独立謀略発動で課題となることが予想されたモンゴル族勢力と漢族勢力の調整を計算できる勢力であった点で一定の意義があったのである。

註

（1）張秀春「張作霖統治時期奉軍沿革」『瀋陽文史資料』一二、一九八六年八月、姜克夫編著『民国軍事史』第一巻、重慶出版集団重慶出版社、二〇〇九年、第六～八章参照。

（2）劉壽林ほか編『民国職官年表』中華書局、一九九五年。なお張作霖は一九二二年に奉天省長の地位を王永江に譲っている。一九二六年王永江の辞任後は莫徳恵（吉林省双城人・地域エリート）、劉尚清（遼寧省鉄嶺人・地域エリート）が就任した。一九二八年には翟文選（吉林省伊通人・地域エリート）が遼寧省政府主席となり、一九三〇年より臧式毅が跡を継いだ。また吉林省長には一九二四年張作相が一日任命されたが、一九二七年まで王樹翰が務めた。

（3）「関電一九八」三宅光治関東軍参謀長より杉山元陸軍次官宛、一九三一年五月一三日、外務省記録『満蒙政況関係雑纂 第二巻』JACAR：B02031758900、「中央給紅軍第四軍前委的指示信—関于軍閥混戦的形勢与紅軍的任務」一九二九年九月二八日、『周恩来選集』上巻、人民出版社、一九八〇年、三一頁。ただし関東軍は、「張作相ノ性格ト従来ノ態度ニ見テ時局対策上張学良ニ多少ノ失敗アリトスルモ張学良ニ叛クガ如キ事ナシト観察」していた（前掲「関電一九八」）。一方、張景恵は、張学良が張作霖の後を継ぐことを支持せず、また張学良も東省特別区行政長官の職から張景恵を更迭しようとしていたという（王子衛「張景恵的一生」孫邦主編『偽満叢書 偽満人物』吉林人民出版社、一九九三年、三二六～三二七頁、于鏡涛「我所知道的張景恵」一九六二年、『文史資料存稿選編8 日偽政権』中国文史出版社、二〇〇二年、三三九頁。王子衛は張景恵の秘書、于鏡涛は東省鉄路警備処副処長などを務めた）。

（4）なお張作相、張景恵、湯玉麟も東三省陸軍講武堂で学んだ経験を有する。

（5）「東三省軍事整理ニ関スル件」赤塚奉天総領事より内田外相宛、一九二二年八月二二日、『各支満』一三、JACAR：

B03050188400。騎兵第一遊撃隊は第二次奉直戦争で出征しており、兵力は騎兵八営（一六〇〇人）で、三八式一六〇〇挺、機関銃五挺、野砲一門を備えていた（『昭和二年版新篇支那年鑑』東亜同文会調査編纂部、一九二七年、三九五頁）。

（6）「呉俊陞信」一九二七年一一月九日、遼寧省檔案館編『奉系軍閥密信』中華書局、一九八五年、二五三頁。ただし満洲事変までに騎兵四個団は旅に拡充されたものの、歩兵一個団は旅に拡充されずにそのまま置かれ、他の旅でも新兵の訓練は進んでいなかった（黄顕陞・文建章「土匪 軍閥 漢奸—張海鵬」『白城文史資料』第二輯、二〇〇〇年一二月、一四五頁）。

（7）汲金純は張学良期には東北辺防司令長官公署軍事参議官となり、満洲事変後には天津から奉天に戻ったが、満洲国の軍官等には任職しなかった（「汲金純」『瀋陽文史資料』第二一輯、一九九四年、五六〇頁）。

（8）「富璇善関于張海鵬問題的筆供」一九五四年五月二四日、中央檔案館編『偽満洲国的統治与内幕』中華書局、二〇〇〇年（以下『内幕』）、六八六頁。張学良は張海鵬が新たに一旅団を編成する希望を出した際でさえ、「純奉天派ナラサル呉督軍及馮麟閣等ト昵懇ノ間柄ニアルヲ以テ一朝ニシテ奉黒間ニ争乱ノ生スル場合ニ於テ張海鵬ノ洮南軍隊ノ去就不明」であるとして反対し警戒していた（「洮遼鎮守使ノ地方開発企図」満鉄洮南公所長より庶務部長宛、一九二五年九月二五日、『各支満』一五、JACAR：B03050191600）。

（9）前掲「土匪 軍閥 漢奸—張海鵬」一四〇頁。

（10）関東軍参謀部「東北四省支那重要武官派別系統素質一覧表」一九三〇年九月（国会図書館憲政資料室所蔵「片倉衷関係文書」六四七）において、于芷山は「表面学良ニ服スルモ地位上不平アリ」とされている。

（11）「満洲政情」一九二九年四月、外務省記録『満蒙政況関係雑纂』第一巻、JACAR：B02031757200。同史料では、「尤モ張及千《ママ》両者ハ其人物及部下軍隊共ニ旧式ニシテ実力乃至声望ヲ欠ク」とされている。湯玉麟、張海鵬、于芷山は私兵的軍隊を率い、駐屯地に経済的地盤を築いており、張学良配下の中でも「小軍閥」的性格を強く有していた（「湯玉麟ノ行政振ニ関シ報告ノ件」牟田赤峰領事館事務代理より幣原外相宛、一九三〇年七月一八日、外務省記録『満蒙政況関係雑纂／熱河ノ部』JACAR：B02031768800、王国玉「偽満奸雄録」『長春文史資料』一九九二年第二輯参照）。

（12）東三省陸軍講武堂に関しては、王鉄軍『東北講武堂』（社会科学文献出版社、二〇一三年）参照。

（13）樋口秀実「東三省政権をめぐる東アジア国際政治と楊宇霆」（『史学雑誌』一一三―七、二〇〇四年七月）は、前掲「東北四省支那重要武官派別系統素質一覧表」における「張学良系」（直系と親学良系）と「疏学良系」に含まれる陸士留学生を比較し、前者が多いことから陸士留学生が重用されていたとしている（三八頁）。しかし同史料における「親」「疏」の区分は多分に表面的なものであったことに注意しなければならない。同史料では「親学良系」に属するとされる者でも、于珍は「目下表面学良ニ取入ル」、戢翼翹は「学良ニ従フモ関係薄シ」、張煥相は「空軍副司令ノ虚名ヲ有スルノミ多少不平アルカ如シ」とされている。

（14）前掲「偽満奸雄録」九七～九九頁。

（15）張克江主編『鉄嶺市志・人物志』科学普及出版社、一九九九年、外務省情報部編『現代支那人名鑑』東亜同文会調査編纂部、一九二八年。

（16）前掲「臧式毅」。

（17）何柱国（陸士留学一二期生・東北陸軍第三旅長）は、張作相、煕洽、張景恵、湯玉麟ら一世代上の軍人は「保境安民」を主張して蔣介石への協力に反対し、王樹翰、劉尚清、沈鴻烈、鮑文烈、自分らは蔣介石の中国統一への協力を主張した一方、王樹常、臧式毅、栄臻らは意見を表明しなかったと回想している（何柱国口述『何柱国将軍生平』中国文史出版社、一九九二年、六四頁）。

（18）同時期、奉天派とは関わりのない他省の八・九期生においても、孔繁霨（山東）は山東省政府委員、路孝忱（陝西）は江西省政府委員、宋鶴庚（湖南）は湖南省政府委員、伍毓瑞（江西）は江西省政府委員、王金鈺（山東）は安徽省政府委員と、各省政府委員職に就いていた。

（19）前掲「邢士廉」二〇三頁。

（20）煕洽は、張作相の出征中には督辦事務を代行した（吉林公所長より庶務部長宛、一九二六年一二月七日、『各支満』一六、JACAR：B03050192700）。

（21）楊宇霆は易幟に反対していたとされるが、一九二八年一〇月白崇禧（北伐に従事・北平政治分会委員）と会見した際には、奉天派を代表し易幟を前提に交渉に臨んでいる（白崇禧電蔣中正等、一九二八年一〇月九日、国史館檔案史料002-090101-00004-177、「楊白二次会見」『盛京時報』同日）。

（22）張煥相は潘復国務総理・王蔭泰外交部総長宛の書簡で、「地方の懸案は地方をして自己解決させるべきであり、あるいは（引用者註―中央の）牽製を受けるべきではない」と述べており、割拠志向が窺われる（「張煥相信」一九二七年九月二日、前掲『奉系軍閥密信』二八一頁）。

（23）山崎誠一郎張家口領事より幣原外相宛、一九二六年七月六日、外務省記録『満蒙政況関係雑纂／内蒙古関係』第一巻、JACAR：

B02031779200。

(24)　川島は、一九二四年九月の講演で、満蒙に建設されるべき国家においては「軍隊の中心力は蒙古人で拵へる」べきであると主張していた（川島浪速『支那の病根』東半球協会、一九四三年、四二〜四三頁）。

(25)　カンジュルジャブは陸士留学一八期生（一九二五年入学・二七年卒業）、ジョンジュルジャブは同一九期生（一九二六年入学・二八年卒業）であった。カンジュルジャブらの動向については、楊海英『日本陸軍とモンゴル』（中公新書、二〇一五年、三三〜五三頁）参照。張作霖政権による内モンゴル東部地域の「県化」推進、「蒙匪」鎮圧については、松重充浩「張作霖奉天省政府による内モンゴル東部地域統治政策に関する覚書」（モンゴル研究所編『近現代内モンゴル東部の変容』雄山閣、二〇〇七年）参照。張学良もモンゴル人陸士留学生の存在に警戒を強めていたとみられる（高橋守雄警視総監より安達謙蔵内務大臣宛、一九三一年六月一日、外務省記録『在本邦中国留学生関係雑件』JACAR：B04011358900）。

(26)　張学良および萬福麟は北平、張作相は父の葬儀で錦州に滞在していた。張景恵も張作相の父の葬儀および南京会議参加のため、任地ハルビンを離れ、瀋陽滞在中に事変に遭遇した（「張景恵筆供」一九五四年六月一一日、「臧式毅筆供」一九五一年七月、『内幕』四三、七〇頁）。

(27)　満洲国が省公署官制を施行し、軍政と民政の区別を明確にしたことは、すでに浜口によって指摘されている（浜口裕子『日本統治と東アジア社会』勁草書房、一九九六年、九五頁）。

(28)　関東軍が当初期待した袁金鎧・于冲漢および臧の帰順については、前掲「臧式毅筆供」七〇〜七一頁、王国玉「『満洲国産婆』—趙欣伯」（『長春文史資料』一九八八年第三輯）、『満洲国建設大要』（作成年代不明、JACAR：C13010016500）参照。于冲漢は監察院長に就任するが、一九三二年一一月に大連で病没している。

(29)　外務省記録『満洲事変ニ際スル満蒙独立関係一件　第一巻』JACAR：B02032034800、「片倉日誌　其四」一九三二年一月、三五八頁。于芷山は一九三二年二月には抗日勢力討伐に従事している（「新聞発表第三九四号」一九三二年二月八日、『各種情報資料・上海並満洲事件ニ関スル新聞発表』JACAR：A03023743900）。

(30)　以下、張海鵬の動向は特に断らない限り、外務省記録『満洲事変（支那兵ノ満鉄柳条溝爆破ニ因ル日、支軍衝突関係）第四巻』JACAR：B02030190800、B02030191000、陸軍省情報班『満洲問題ニ関スル情報』昭和六年一一月起、JACAR：A03023738000、前掲「富璇善関于張海鵬問題的筆供」による。

（31）その他、遼寧省遼中県生まれで東北講武堂を卒業し東北航空司令部（瀋陽）に配属されていた肖玉琛は、事変で同司令部が解散し、一度は遼西抗日義勇軍に参加した。しかし家計を考慮し、幼少期からの目標であった役人として出世する道を追い求め、于芷山の招募に応じ、奉天省警備司令部参謀となっている。肖玉琛の講武堂時代の教官であった曹秉森が同司令部参謀長を務めているという繋がりもあった（肖玉琛口述『一个偽満少将的回憶』黒龍江人民出版社、一九八六年、一～一三頁）。

（32）前掲『満洲事変ニ際スル満蒙独立関係一件 第一巻』JACAR：B02032035300、B02032036000、参謀本部『昭和六年十二月以降昭和七年六月三十日迄 支那時局報 第壱号』JACAR：C09123199900、国務院総務庁情報処『軍政篇（康徳元年度版）』一九三五年。

（33）傅大中「愛新覚羅・吉興其人」孫邦主編『偽満叢書 偽満人物』吉林人民出版社、一九九三年。

（34）前掲「土匪 軍閥 漢奸─張海鵬」一五二～一六四頁。

（35）張景恵は九月二七日東省特別区治安維持会成立を宣言し、会長に就任している。ただし張景恵は日本と連絡を取りつつ、日本の傀儡と見られないように時局の収拾を図ろうとしていた（前掲『満洲事変ニ際スル満蒙独立関係一件 第一巻』JACAR：B02032034600）。

（36）ハルビン総領事で馬占山工作に関わり、満洲国外交部次長にもなった、大橋忠一は、馬占山は呉俊陞に「首切られかけた時」、張景恵によって救われたために、張景恵に恩義を感じていたと述べている（大橋忠一の証言、一九六一年一〇月二八日、小池聖一・森茂樹編『大橋忠一関係文書』現代史料出版、二〇一四年、四八九頁）。

（37）前掲『満洲事変ニ際スル満蒙独立関係一件 第一巻』JACAR：B02032034700。

（38）大橋忠一ハルビン総領事より幣原外相宛、一九三一年一〇月四日、前掲『満洲事変ニ際スル満蒙独立関係一件 第一巻』JACAR：B02032034600。本史料については、すでに山室信一『キメラ─満洲国の肖像』（増補版、中央公論新社、二〇〇四年）七三頁で言及されている。

（39）外務省記録『満洲事変 事変関係日誌（調書）松本記録』JACAR：B02030355900。

（40）前掲『支那時局報 第壱号』JACAR：C09123205000、C09123205700。

（41）「最近に於ける斉々哈爾及満洲里方面 北満の情勢に関する陸軍当局談」一九三一年一〇月二五日、『各種情報資料・陸軍省新聞発表（国立公文書館）』JACAR：A03023846100、前掲『日本統治と東アジア社会』九五頁、傅大中『偽満洲国軍簡史』吉林文史出版社、一九九九年、七四～八〇頁。

(42) 前掲『満洲事変ニ際スル満蒙独立関係一件 第一巻』JACAR：B02032035200、前掲『満洲事変（支那兵ノ満鉄柳条溝爆破ニ因ル日、支軍衝突関係）第四巻』JACAR：B02030190800。
(43) 「片倉日誌 其四」、同其五、昭和七年自二月一日至三月九日、三二八、三四六、三五三、三五四、三八二、三八六頁。
(44) 外務省記録『満洲事変 第三巻 各国ノ態度 支那ノ部』JACAR：B02030257400。
(45) 前掲『日本統治と東アジア社会』一二六頁。
(46) ただし于珍は帰順することなく、抗日運動に関与し、一九三七年以降は北平に閑居した。一九四六年には国民党東北行営参議に任じられている（前掲『鉄嶺市志・人物志』七九頁）。
(47) 邢士廉は「学良カ旧派ヲ冷遇シアルニ憤慨且其前途ヲ見限リ居タル所へ偶々日本留学同期生タル熙洽ヨリ帰還ノ勧告アリシ故満洲ニ帰レルモノナリ」と述べている（関東軍参謀長より参謀次長宛、一九三二年三月八日、外務省記録『支那地方政況関係雑纂／北支政況 第四巻』JACAR：B02031823900）。本史料についてはすでには浜口が言及している（前掲『日本統治と東アジア社会』七〇頁）。張煥相の帰順については、前掲「偽満奸雄録」九七～九八頁。
(48) 張志強「邢士廉」中国社会科学院近代史研究所編『民国人物伝』第一〇巻、中華書局、二〇〇〇年、二〇四頁。八期生の同期には陸士二三期生が該当し、関東軍参謀を務める永津佐比重、竹下義晴、満洲国軍事顧問となる大迫通貞、上海事変で出征した歩兵第四六連隊大隊長森田徹などがいた。
(49) 孔経緯・傅笑楓『奉系軍閥官僚資本』吉林大学出版社、一九八九年、一〇一～一〇三、一一五頁、「学良等の財産を没収」『大阪毎日新聞』一九三三年二月二五日。逆産処理法は一九三四年三月一日に廃止された（康徳元年勅令第一七号、「満州国政府公報日訳」号外、一九三四年三月一日、JACAR：A06031010800）。
(50) 「廿五年目に再会する熙特使と農人」『東京朝日新聞』一九三四年四月五日、「誓ひの文字に感新た」『読売新聞』一九三八年一一月四日、「よくぞ忘れず張煥相氏旧約を果す」『東京朝日新聞』同日。
(51) 正珠爾扎布「内蒙自治軍始末」前掲『内蒙古文史資料』第三四輯、一九八九年。同軍にはフルンボイル独立運動の主導者メルセー（祖父成善はフルンボイル副都統公署左庁正堂、父栄禄は索倫左翼旗鑲黄旗副総管）が設立した奉天の東北蒙旗師範学校の学生ハフンガらも参加している。同軍および関東軍の東部内モンゴル政策、メルセーに関しては、ボリジギン・セルゲレン「満洲国の東部内モンゴル統治」（『本郷法政紀要』一一、二〇〇二年一二月）、鈴木仁麗『満洲国と内モンゴル』（明石書店、二〇一二年）、

第二、三章、烏雲高娃『一九三〇年代のモンゴル・ナショナリズムの諸相』（晃洋書房、二〇一八年）第四章参照。川島浪速も一九三一年一〇月より天津の宣統帝に面会するなど活動を開始している（塚本清治関東長官より幣原外相宛、一九三一年一〇月八日、前掲『満洲事変ニ際スル満蒙独立関係一件 第一巻』JACAR：B02032035800）。

（52） 満鉄鄭家屯公所長菊竹實蔵は同軍関係者のほか、王公とも関わりがあり、両者を繋ぐ存在であった（前掲『満洲国と内モンゴル』一一七頁）。

（53） 二宮重治参謀次長は、関東軍に謀略工作一般に関して、「いわゆる馬賊であるとか、いわゆる義軍、日露戦争時代における花田中佐のやった、ああいうような行動ができないかどうか」と尋ねており、特別任務班の「再現」への期待がみられる（『片倉衷氏談話速記録（上）』日本近代史料研究会、一九八二年、一九〇頁）。花田仲之助が創設した報徳会の桃山総務所幹事であった松本七郎は、一九三二年四月に渡満し、靖安遊撃隊（のち靖安軍と改称）の軍事教官となった。花田も同年五月から六月にかけて同隊を視察し、訓練、講話などをしている（『花田仲之助先生の生涯』花田仲之助先生伝記刊行会、一九五八年、一七九、四〇〇〜四〇八、四八七〜四八八頁）。

（54） 矢田行蔵『紀州出身軍人の功績 満蒙独立秘史』興亜学社、一九三六年、五六〜七三頁。

（55） 色希浩「内蒙古自治軍的建立和解体」『哲里木盟文史資料』第四輯、一九九〇年一〇月、泉山「包善一其人」『内蒙古文史資料』第四〇輯、一九九〇年、亜細亜局第一課『最近支那関係諸問題摘要（第六十四議会用）第一巻 満洲事変関係』一九三二年一二月、JACAR：B13081227400。粛親王第一二子で第一軍管区医処長などを務めた憲均は、バボージャブの旧部下が集合したと回想している（憲均「川島浪速与粛親王一家」前掲『文史資料存稿選編8 日偽政権』五三九頁）。

（56） 「片倉日誌 其三」一九三一年一二月、二九九〜三〇〇頁。中国側においても要人を派遣しモンゴル人を対日戦に利用すべきであるとする議論が出ていた（南京常報第三三号「蒙古騎兵ノ訓練利用ニ関スル一管見」昭和六年一二月一六日、「片倉衷関係文書」六三〇）。前掲「包善一其人」は主力の包善一が、張学良の派遣した使者より遼北蒙辺総司令就任の申し出を受けていたため、消極的であったことを指摘している。

（57） 張海鵬は当初、対モンゴル工作を任されている（片倉衷・古海忠之『挫折した理想国―満洲国興亡の真相―』現代ブック社、一九六七年、一二七頁）。内モンゴル自治軍には他に熱河省に対する謀略部隊としての利用価値があった（森久男『日本陸軍と内蒙工作』講談社選書メチエ、二〇〇九年、一〇七頁）。

(58)　関東軍の援助の力点がモンゴル青年の軍事運動から王公主体の盟旗自治運動に移っていったことは、すでに前掲『日本陸軍と内蒙工作』第三章の指摘がある。興安軍の成立状況については、同書および前掲『偽満洲国軍簡史』一二四〜一二七頁参照。本章では特にモンゴル地域の人材と日本軍との繋がり・背景に着目する。

(59)　呼倫貝爾盟史志編纂委員会『呼倫貝爾盟志 下』内蒙古文化出版社、一九九六年、五九三頁。

(60)　「郭文林筆供」一九五四年五月一一日、『内幕』六二八頁。郭文林は「崇日親日の思想」に至った一因として、モンゴル民族復興支援を掲げる笹目恒雄による日本留学援助、松井石根によるモンゴル民族の賞賛と激励を挙げている（「郭文林補充筆供」一九五四年八月九日、『内幕』六四〇〜六四一頁）。

(61)　瓜生喜三郎「経国学園ニ図書備付ニ関シ補助申請」一九三一年四月、外務省記録『自昭和三年四月至七年十二月 助成費補助申請関係雑件』第一巻、JACAR：B05015846200、「齋電第九十九号其ノ一」一九三一年一一月二九日、小林龍夫ほか編『現代史資料11 続・満洲事変』みすず書房、一九六五年、七一三頁。

(62)　扎賚特旗政協文史資料委員会「扎賚特旗末代王巴特瑪拉布坦」『内蒙古文史資料』第三五輯、一九八九年一二月。

(63)　「李守信自述」『内蒙古文史資料』第二〇輯、一九八五年、九九〜一二七頁。

(64)　山室信一「『満洲国』統治過程論」山本有造編『「満洲国」の研究』緑蔭書房、一九九五年、八七〜一〇四頁。

(65)　「片倉日誌 其二」一九二頁。日露戦時特別任務班で馬賊操縦に当たった鎌田彌助も張海鵬の帰順工作に従事したという（傳銘勛「張海鵬概略」一九六三年、前掲『文史資料存稿選編 日偽政権』三八三頁）。一方、事変勃発時、東京滞在中であった柴山は、参謀本部員に転じていった（「満州事変機密作戦日誌」稲葉正夫ほか編『太平洋戦争への道 別巻資料編』朝日新聞社、一九八八年、一一三頁）。

(66)　以下は名古屋貢「東三省兵工廠から奉天造兵所までの変遷」（『銃砲史研究』三七三、二〇一二年七月）を参照。

(67)　関東庁警務局「大正十二年十月第弐旬報」外務省記録『関東都督府政況報告並雑纂』第一七巻、JACAR：B03041584300、「楊宇霆、常蔭塊銃殺事件」関東庁警務局より内閣拓務局長ほか宛、一九二九年一月一六日、外務省記録『満蒙政況関係雑纂／楊宇霆、常蔭槐射殺問題』JACAR：B02031765900。

(68)　「奉天兵工廠ノ拡張計画ニ関スル件」内山奉天総領事代理より幣原外相宛、一九二五年一月一九日、外務省記録『各国造兵廠関係雑件』JACAR：B07090324400。ただし日本側の希望とは裏腹に国民政府は一九三一年小銃・機関銃にドイツ式を制式採用していった（小林道彦『政党内閣の崩壊と満洲事変』ミネルヴァ書房、二〇一〇年、一三三頁）。

(69) 軍政部顧問部『満洲国軍ノ現況』一九三七年（不二出版、二〇〇三年復刻）、三頁。

(70) もともと町野および菊池が奉天将軍顧問に就任する際、関東都督の区処を受けるとされており、その後、関東都督府が廃止されたため、区処が曖昧となったものとみられる（加藤高明外務大臣より落合謙太郎奉天総領事宛、大正三年九月三日、外務省記録『外国雇傭本邦人関係雑件 諸官庁之部 別冊支那之部』第二巻、3.8.4.24-2-1、外務省外交史料館所蔵）。顧問は関東軍とは「連絡スル」としか訓令されていなかった（例えば「陸軍歩兵大佐本庄繁ニ与フル訓令」陸軍省『密大日記』大正一〇年六冊ノ内第一冊、JACAR：C03022536900）。

(71) 児島惣次郎陸軍次官より幣原外務次官宛、一九二二年五月二二日、『日本外交文書』大正一一年第二冊（以下、外大一一―二）、三五三～三五四頁。

(72) 赤塚奉天総領事より内田外相宛、一九二二年五月六日、外大一一―二、三二六頁。奉天特務機関長には一九一二年九月より守田利遠大佐が任じられたが、一九一五年二月には予備役入りしていた。一九二〇年五月になり、後任に貴志彌次郎少将が就任した。貴志就任に先行し、鈴木美通少佐（一九一九年九月関東軍司令部附）が奉天駐在の任務を繋いでいたとみられる（「立花小一郎回顧余録 大正八年一〇―一一月」一〇月二〇日条、『近現代東北アジア地域史研究会ニューズレター』三〇、二〇一八年一二月）。鈴木は貴志の指揮下に入り（立花小一郎関東軍司令官より貴志彌次郎宛、一九二〇年六月一六日、陸軍省『大正九年 密大日記（五冊ノ内二）』JACAR：C03022488900）、その後、少将に昇進した一九二九年八月には奉天特務機関長となっている。

(73) 東亜同文会編『続対支回顧録』下巻、原書房、一九七三年、八七六～八七七頁。

(74) 大正一一年七月二七日閣議決定、外務省編『日本外交年表並主要文書』下、原書房、一九六五年、二五～二六頁。黒龍江督軍軍事顧問の派遣が中止となったのも、外務省が陸軍省の派遣案に同意を与えなかったのが一因である（前掲『外国雇傭本邦人関係雑件 諸官庁之部 別冊支那之部』第二巻、「黒龍江省顧問」の項）。

(75) 前掲『政党内閣の崩壊と満洲事変』序章。

(76) 詳細は不明であるが、立花小一郎は一九二〇年八月二九日に浜面参謀長と「是永少佐吉林応聘件ニ付相談」している（「回顧余録」同日条、国立国会図書館憲政資料室所蔵「立花小一郎関係文書」三一二）。

(77) 前掲『続対支回顧録』下巻、九〇〇～九〇四、九五二～九五三頁、陸軍歩兵少佐蔭山貞吉『最近の鮮満支那の情勢と皇国の将

来』蘐山書籍発行事務所、一九二七年、一四四～一四八頁。佐々木到一によると、白川義則関東軍司令官も「密かに在郷軍人の砲兵をすぐって郭軍に勝る砲戦を準備」するなど奉天軍の防戦に関与している（佐々木到一『ある軍人の自伝』普通社、一九六三年、一二四頁）。郭松齢事件では松井ら顧問と関東軍の間で方針の一致がみられた。

(78)　臼井勝美「張作霖爆死の真相」『別冊知性』一九五六年一二月、三三、三五頁。

(79)　相良俊輔『赤い夕陽の満州野が原に』光人社、一九八五年、一九九～二〇〇頁。

(80)　「在満洲ノ応聘武官ノ区処ニ関スル件」陸軍省『密大日記』昭和四年第二冊続、JACAR：C01003851300。

(81)　片倉衷『回想の満洲国』経済往来社、一九七八年、一六一頁。本史料については、すでに前掲「『満洲国』統治過程論」一〇四頁において言及されている。

(82)　北岡伸一『日本の近代5　政党から軍部へ』中央公論社、一九九九年、一五〇頁。

(83)　前掲『日本陸軍と内蒙工作』二九～三三頁。

(84)　戸部良一『日本陸軍と中国　「支那通」にみる夢と蹉跌』（筑摩書房、二〇一六年）、第一章参照。

(85)　NHK取材班・臼井勝美『張学良の昭和史最後の証言』角川書店、一九九五年、解説二九七～二九八頁。

(86)　ただし河本、多田、板垣は第二世代であるが、日露戦争に出征している。

(87)　ただし第一世代の軍事顧問のなかでも張作霖支援の方法に関しては、意見の相違があった。一九二五年八月一七日付の北京公使館付武官本庄繁より儀我顧問宛書簡によれば、同時点で菊池は、服部龍二の言う「積極的援張」、本庄は「限定的援張」、第二世代に属する儀我は、「非援張」を主張していたとみられる（尚友倶楽部児玉秀雄関係文書編集委員会編『児玉秀雄関係文書Ⅰ』同成社、二〇一〇年、三九六頁）。本庄は長らく「限定的援張」論を採っていたが、一九二七年田中外交期には「積極的援張」論に転じている（本庄繁より宗方小太郎宛、一九二一年一〇月三一日、国立国会図書館憲政資料室所蔵「宗方小太郎文書」、服部龍二『東アジア国際環境の変動と日本外交　一九一八―一九三一』有斐閣、二〇〇一年、一九九頁）。

(88)　前掲『日本陸軍と中国「支那通」にみる夢と蹉跌』一〇九～一一〇頁。松井七夫は河本を称して「徹頭徹尾、力で実力で満洲を経営して行かうと云ふ男」と述べ、第一世代に方針が近い土肥原との違いを強調している（「松井七夫氏談」年代不明、山口県文書館所蔵「田中義一関係文書」五一八）。服部は、「一五期以降の陸軍中堅層」の多くが「満蒙領有」「張作霖排除」論を採っていることを指摘している（前掲『東アジア国際環境の変動と日本外交　一九一八―一九三一』一九九頁）。

(89) 今田は河本や板垣、石原莞爾（陸士二一期・陸大三〇期）らと連絡しつつ事変謀略に従事した（阪谷芳直「五十年前の一枚の葉書から」『みすず』三〇五、一九八六年四月）。花谷正によると、今田は一度鉄道爆破中止を決めた石原に対して、決行を主張し翻意させるなど強硬的であったという（花谷正ヒアリング［一九五三年七～一二月］、秦郁彦『実証史学への道』中央公論新社、二〇一八年、一九七頁）。大迫は吉林で「居留民を恐怖に陥れ、軍の出動を乞わしめんとする謀略」に従事した（石射伊太郎『外交官の一生』読売新聞社、一九五〇年、一八二頁）。後に最高顧問となる、竜井村特務機関長河野悦治郎も、石原と連携し朝鮮軍独断越境、間島の朝鮮編入を企図していた同軍参謀神田正種（陸士二三期・陸大三一期）に賛同していた（神田正種「鴨緑江」一九五〇年四月八日、小林龍夫ほか編『現代史資料7 満洲事変』みすず書房、一九六四年、神田正種ヒアリング［一九五三年七～一一月］、前掲『実証史学への道』二〇三～二〇四頁）。

(90) 臼井勝美は、日本が満洲国を形成し得た一因として「学良配下の小軍閥の裏切り」を挙げ、「民族的抵抗戦」となった上海事変や三七年以降の日中全面戦争とは違い、満洲事変は「軍閥戦の性格」を多分に持つとする試論を提示している（臼井勝美『満洲事変』中央公論社、一九七四年、二〇五、二一一～二一二頁）。

第Ⅱ部　満洲国軍の発展と崩壊

第一章　満洲国軍の発展と軍事顧問・日系軍官の満系統制

はじめに

第Ⅰ部で論じてきたように、満洲国軍には日露戦時特別任務班以来、日本と関係を有する者や陸士留学生が参加した。新たな軍官養成機関が設けられ、軍官兵士の淘汰が進むなかで、彼らはどのような立場に置かれたのだろうか。また満洲国軍事顧問は制度的に東三省期軍事顧問を批判するかたちで整備され、日系軍官とともに満系の統制に当たっていった。果してその統制は貫徹し得たのだろうか。序章で述べたように、山室信一は満洲国統治に関して、間接的な「顧問統治」から直接的な「次官政治」への転換を指摘している。では、満洲国軍では「顧問統治」が維持されたと言っていいのだろうか。

本章ではモンゴル人軍官や中下級軍官を含め、満系軍官の置かれた状況を明らかにするとともに、軍事顧問、日系軍官の動向および両者がいかに満系軍官を統制しようとしたか、満洲国軍の発展の内実について論じ、満洲国統治の一端を明らかにする。第一節では満系軍官、第二節では軍事顧問および日系軍官について扱う。

一　満系軍官の動向

1　高級軍官

一九三二年三月満洲国成立とともに軍事を所管する中央機関として軍政部が設立された。表14は創設期の軍政部要人を示したものである。軍政部では創設直後、総長の馬占山が挙兵したために、財政部や民政部（それぞれ熙洽、臧式毅が総長）のように総長系の人材が要職を独占したわけではなく、馬占山系および熙洽系の両系統の人材が占めている。(1) 次長王静修および軍需司長張益三は馬占山系、参謀司長郭恩霖および総務課長趙秋航は熙洽系であった。いずれにしても王静修以下は、後に軍管区司令官（省警備司令官を改称）に就任しているように軍の主要ポストを支える人材となっていったことがわかる。

次長には陸士留学八期生の王静修以降、陸大に留学した郭恩霖（一九三五年一月～五月）、八期生の李盛唐（同年五月～一九三七年六月）が就いている。(2) 郭恩霖は一九二三年、第一次奉直戦争に敗れた張作霖が軍制改革を進めるなかで陸大に留学しており、(3) 陸士留学八期生と同格の扱いとなっている。陸大留学生は陸士留学生に準じるとみなせよう。

郭恩霖以降の参謀司長就任者をみると、李盛唐（一九三四年一〇月）、張益三（一九三五年六月）、王之佑（一九三六年九月）、呉元敏（一九三九年三月）、赫慕侠（一九四〇年八月）と王之佑を除き陸士留学生が続いた。(4) その後は一九三五年一〇月満洲国中央陸軍訓練処（中訓）に設置された専科学生班第一期生として教育を受けた郭若霖（一九四二年九月）、張大任（一九四三年三月）、張明九（一九四四年五月）、佟衡（一九四五年一月）が就いている。(5) これら専科学生班出身者は創設

表14　軍政部要人（1932）

	役職	就任	生年	出身	学　歴	前歴・人脈	就　任		
							司長	次長	司令官
馬占山	総　長	1932. 3	1884	吉林省懐徳県	—	黒龍江省騎兵総指揮，黒河警備司令，代理主席兼駐江副司令長官／呉俊陞	—	—	—
王静修	次　長	1932. 3	1879	熱河省承徳県	陸士（８）	東北陸軍講武堂黒龍江分校教育長，黒龍江国防籌備処参謀長／馬占山	—	○	○
郭恩霖	参謀司長	1932. 7	1895	遼寧省遼陽県	日本陸軍大学	吉林陸軍訓練処参謀長／熙洽	○	○	○
張益三	軍需司長	1932. 7	1895?	吉林省双陽県	陸士（６）保定陸軍軍官学校	黒龍歩兵第二旅長，安東公安局長／馬占山	○	—	○
王之佑	軍事宣伝委員会長	1932.10	1892	遼寧省興城県	保定陸軍軍官学校	吉林全省警務処長・吉林省政府委員兼公安管理処長	○	—	○
趙秋航	総務課長	1932. 7	1890	遼寧省遼中県	東三省陸軍講武堂	陸軍第26旅第635団長／熙洽	—	—	○
郭福瀚	軍事課長	1932. 7	?	?	?	?	—	—	—
郭若霖	軍衡課長	1932. 7	1904	遼寧省遼陽県	陸士（20）	?	○	—	○
張元官	軍法課長	1932. 7	1896	遼寧省新民県	奉天法政専門学校	?	—	—	—
馬金波	需品課長	1932. 7	1899	遼寧省遼陽県	奉天商業学校	?	—	—	—
王済衆	兵器課長	1932. 7	1898	遼寧省北鎮県	奉天高等軍学研究班	?	○	—	○

典拠：国務院総務庁情報処『軍政篇（康徳元年度版）』1935年，外務省情報部『現代中華民国満洲帝国人名鑑 昭和一二年版』東亜同文会業務部，1937年，徐友春主編『民国人物大辞典』増補版，河北人民出版社，2007年，「王之佑筆供」1954年８月８日，中央檔案館編『偽満洲国的統治与内幕』中華書局，2000年，高丕琨『偽満人物』長春史志編輯部，1988年，143頁，中央檔案館ほか編『日本帝国主義侵華檔案資料選編 東北“大討伐”』中華書局，1991年，満洲国通信社編『満洲国現勢』満洲国通信社，1935年.
註：「司令官」は軍管区司令官を示す.

表15　軍管区司令官（1932-45）

軍管区	1932	1933	1934	1935	1936	1937	1938	1939	1940	1941	1942	1943	1944	1945
第1	于芷山　32.3～35.6			于琛澂 ～37.6		王静修 ～38.7	王殿忠 ～41.2			邢士廉 ～42.9	王之佑 ～45.8			
第2	吉興 32.3～41.2									王済衆　～43.8		呉元敏 ～44.12		関成山 ～45.8
第3	馬占山 程志遠 張文鋳 ～39.5							李文炳	朱榕 王之佑 ～42.8		呂衡	趙秋航 ～45.8		
第4			于琛澂 34.7～35.6	郭恩霖 ～37.6		于琛澂 ～39.3		邢士廉 ～41.2		應振復 張文鋳 ～43.8		李文龍　～45.8		
第5		張海鵬 33.5～35.1		王静修 ～36.6	邢士廉 ～39.5			應振復 ～41.2		呂衡 ～42.8	呉元敏 ～43.8	赫慕侠　～45.8		
第6					王殿忠 36.7～38.7		王静修 ～39.6	張益三 ～42.2			美崎 李文龍 ～43.8	賈華傑　～45.8		
第7								張文鋳 39.5～42.5			赫慕侠 ～43.5	呂衡　～45.8		
第8								王之佑 ～40.8	呉元敏 ～42.5		王作震 ～44.8		周大魯 ～45.8	
第11										于治功 41.10～43.8		王済衆 ～44.3	関成山	郭若霖 ～45.8
江防	尹柞乾　32.3～41.2									李文龍 ～42.8	憲原 ～44.3		曹秉森 ～45.8	

典拠：前掲『日本帝国主義侵華檔案資料選編 東北“大討伐”』784～807頁，前掲『民国人物大辞典』増補版.
註：第３軍管区……馬占山32. ３～４，程志遠32. ４～10，李文炳39. ５～40.春，朱榕40.春～８，呂衡42. ８～43.春
第４軍管区……應振復41. ２～５
第６軍管区……美崎丈平42. ２～８
第８軍管区……王之佑39. ５～40. ８
第11軍管区……関成山44. ３～44.12

期に軍政部課長職に就いた者とともに、陸士留学生の次を担う人材として養成されたことがわかる。本書ではこれらの者を「新エリート軍官」と呼びたい。

軍政部大臣の下、各省に相当する地区を管轄した軍管区司令官を担った層は概ね、特別任務班出身の古参の軍官（于芷山・馬占山・張海鵬）→「浪人軍官」（于琛澂・王殿忠）[6]・陸士留学生（吉興・王静修・張益三・邢士廉・應振復・赫慕侠・曹秉森・郭恩霖・呉元敏・憲原・尹柞乾・于治功）[7]→新エリート軍官（王之佑・王済衆・趙秋航・郭若霖）[8]と推移している。その他に有力軍人配下から昇進していった者等（張文鋳・周大魯・呂衡・李文炳・朱榕・関成山・李文龍・賈崋傑）が含まれる（表15参照）[9]。

大臣には馬占山の後、張景恵（一九三二年九月）、于芷山（一九三五年五月）、于琛澂（一九三九年三月）、邢士廉（一九四二年九月）が就任しており[10]、軍管区司令官同様、古参軍官→浪人軍官→陸士留学生の順となっていることがわかる。大臣は軍管区司令官経験

表16　興安地域軍管区司令官（1932-45）

<table>
<tr><th colspan="2">管区</th><th>1932</th><th>1933</th><th>1934</th><th>1935</th><th>1936</th><th>1937</th><th>1938</th><th>1939</th><th>1940</th><th>1941</th><th>1942</th><th>1943</th><th>1944</th><th>1945</th></tr>
<tr><td>興安南</td><td rowspan="2">第9</td><td colspan="7">バトマラプタン
32.7～38.5</td><td>カンジュルジャブ
～40.2</td><td rowspan="2">バトマラプタン</td><td colspan="2" rowspan="2">郭文林
～43.3</td><td colspan="3" rowspan="2">カンジュルジャブ ～45.8</td></tr>
<tr><td>興安西</td><td></td><td colspan="3">（李守信）烏古廷
33.3～36.5</td><td colspan="3">郭宝山
～38？</td><td></td></tr>
<tr><td>興安東</td><td rowspan="2">第10</td><td colspan="7">チョルバートル
32.7～38？</td><td></td><td colspan="5" rowspan="2">ウルジン
～44.12</td><td rowspan="2">郭文林
～
45.8</td></tr>
<tr><td>興安北</td><td colspan="8">ウルジン
32.7～40.2</td></tr>
</table>

典拠：前掲『日本帝国主義侵華檔案資料選編 東北“大討伐”』附録，「甘珠爾扎布筆供」1954年7月31日，「郭文林筆供」1954年5月11日，前掲『偽満洲国的統治与内幕』，中共興安盟委党史弁公室『侵華日軍在興安盟罪行録』1995年．

註：司令官代理期を含む．カンジュルジャブは38. 6～12には支隊長として冀東地区に遠征しており，39. 3に司令官に就任した．36.10～40. 2まで興安四省を管轄する興安軍管区が設置され，バトマラプタンが司令官となっている．38. 5よりバトマラプタンが欧州視察に出かけた際には，ウルジンが同司令官を代理した．40. 3～41. 3バトマラプタンは第9軍管区司令官に就いた．

者が就いており、邢士廉の後は王之佑ら新エリート軍官がその候補として想定されていたと考えられる。

省長として奉天および吉林に勢力を築いていた臧式毅および煕洽が参議府議長や宮内府大臣に棚上げされた(11)のと同様、軍官人事においても巧妙に世代交代が進められていった。軍管区司令官および大臣就任後の名誉職として、古参の張景恵、于芷山、張海鵬には「将軍」および侍従武官長、陸士留学生には軍事諮議官が用意された(12)。一九三五年張海鵬が第五軍管区司令官を更迭され、「建国」当初より就いていた侍従武官長専任となり、于芷山が第一軍管区司令官から軍政部大臣へ昇進したのは、それぞれの子飼いの部下からなる兵士の淘汰を進めるねらいがあった(13)。一九三六年六月張景恵、于芷山、張海鵬は「将軍」に任じられた。その後、特に功労のあった吉興（軍管区司令官九年）は一九四一年二月侍従武官長に転じ、一九四二年九月には于琛澂（軍管区司令官七年・大臣三年半）とともに「将軍」に加わり、一九四三年八月張文鋳（軍管区司令官一一年）が侍従武官長に就いている。また一九三九年六月王静修（軍管区司令官四年）および郭恩霖（同二年）が、一九四二年五月應振復（同）、一九四四年一二月呉元敏（同四年）が軍事諮議官となっている。

一方、興安地域では軍管区司令官の任期が比較的長いことが特徴的である（表16参照）。特に「建国」直後に司令官に就任した者は興安西を除き、長期間に亘って在任している。これは軍官を任せ得る者の絶対数が少なく、複雑な人的関係を考慮する必要性はそれほどなかったこと、モンゴル人への信頼度が相対的に高かったからと考えられる。

一九四〇年代に入ると興安地域でも世代交代が進んでいった。バトマラプタンは大臣相当職である興安局総裁に転任し、一二年ほど司令官を務めたウルジンは、一九四四年一二月軍事諮議官に加わった。(14)

注目すべきは、カンジュルジャブ・ジョンジュルジャブ兄弟、郭文林である。三者とも興安地域では数少ない陸士留学生であった。カンジュルジャブらは前述のように満洲事変の際、内モンゴル自治軍ではさしたる成果を挙げられなかったが、軍官として再登用されることとなったのである。一九四一年三月には郭文林、一九四三年三月にはカンジュルジャブが第九軍管区司令官となり、一九四三年三月にはジョンジュルジャブは第一〇軍管区参謀長となった。郭文林は専科学生班第一期生、ジョンジュルジャブも一九三八年に専科学生となって教育を受けており、新エリート軍官として再編され、バトマラプタンやウルジンの後を継いでいく人材として養成されたと言えよう。(15)

2　中下級軍官

一九三二〜三三年満洲国軍の総兵力は一一〜一四万ほどであった。そこから推算すれば、軍官数は一万人内外であったと考えられる。(16)その後、総兵力は六万ほどまで淘汰されたが、一九四一年国兵法実施以降、再び増加しており、(17)軍官数の割合も同様に上下したと考えられる。

軍官の多くを占める中下級軍官は再教育あるいは淘汰が進められ、次第に満洲国軍官養成機関修了者に置き換えられていった。一九三七年九月から一九四二年七月まで治安部人事課長を務めた佟衡は、年三〇〇乃至四〇〇名が淘汰されて、一九三七年九月から一九四二年三月までに二〇〇〇名が退職し、整理によって生じた上尉から中校の空きの半数以上は日系軍官、中少尉の空きの大部分は満系軍官をもって補充したと述べている。[18]

軍官養成は当初、一九三二年奉天に設立された中訓で速成的に行われた（以下、表17参照）。軍官・軍需候補生は①教導隊訓練、②訓練処（または軍需学校）教育、③見習軍官を経て少尉に任官した。養成期間は、三三年の規定で一年（①四か月、②六か月、③二か月）、第五期（三六年）で一年六か月（①三か月、②一年、③三か月）、第七期（三八年）で二年（①四か月、②一年六か月、③二か月）となっている。年齢は三三年の規定で一八歳から二三歳（軍職にある者は二六歳以下）、第五期で一八歳から二三歳（軍職にある者は二五歳以下）、第六期で二〇歳から二三歳（軍職にある者は三〇歳以下）、第八期で一六歳から一九歳（軍職にある者は二三歳以下）となっている。学力は中等学校（国民高等学校）卒業程度が求められた。学科試験科目は、三三年の規定では国語、地理、歴史、数学、第五期以降は数学、物理化学、地理、歴史、国文、日本語（第七期までは成績に関係しないとされる）であった。[19]軍官・軍需候補生は合わせて毎年一〇〇～三〇〇名ほどが採用された。こうして日露戦争を知らない世代が軍に入ってくることとなったのである。[20]

一九三九年には中訓を発展させ、新京に陸士をモデルとした陸軍軍官学校が設立され、軍官の本格的な養成が開始された。[21]軍官の養成は軍官学校予科二年、候補生隊附六か月、軍官学校（または軍需学校）本科一一か月（第四期以降は一年一一か月）、見習士官四か月、少尉任官の順となり、養成期間は約四～五年となった。なお予科成績優秀者は、本科は日系生徒とともに陸士（または陸軍経理学校）へ派遣された。出願資格のうち国籍については、第一・二期は満洲国人（モンゴル人を除く満洲国に帰化した朝鮮人および白系ロシア人で中国語熟達者を含む）、[22]第三期は満洲国に生活の本拠を有する者、第四期は特に規定がなく、第五期は満洲国民籍の満系・朝鮮系、第七期は満洲国民籍の満系とされた。年齢は、第一期は一六～二〇歳、第二期は一六～二三歳、第三期以降は一五～一九歳、学力は国民高等学校卒業（第三期以降は同第四学年第一学期修了）あるいは同等以上の学力を有する者、学科試験科目は数学、物理、化学、地理、歴史、作文、日本語となった。

満系生徒の予科志願理由の一つとしては、国兵法による徴兵を避けたいという意識が挙げられる[23]。実際、表17にみられるように、同法実施時期に該当する第三期から志願者が急増しているのが確認できる。また同校は官費支弁であり、大学相当の進学先として一定の魅力を有していたことも事実であった[24]。

表17　軍官・軍需候補生・予科生徒（満系）

	入隊・入校年月	志願者	採用者		
			軍官	軍需	計
中央陸軍訓練処	（旧第５，６期）1934. 6	?	189	50	239
	（旧第７，８期）1935. 6	?	236	50	286
	第５期1936. 6	?	300	45	345
	第６期1937. 3	?	72	27	99
	第７期1938. 3	?	100	30	130
	第８期1939. 4	?	177	25	202
	第９期1940. 2	?	100	30	130
陸軍軍官学校			予科生徒		
	第１期1939. 4	860	161		
	第２期1940. 4	998	240		
	第３期1941. 4	2,895	241		
	第４期1942. 3	5,363	190		
	第５期1943. 1	?	280		
	第６期1944. 1	?	?		
	第７期1944.12	?	?		

典拠：『（満洲国）政府公報』79，1934年６月７日，同353，1935年５月17日，同580，1936年２月26日，同646，1936年５月16日，同787，1936年11月５日，同881，1937年３月10日，同1121，1937年12月23日，同1183，1938年３月18日，同1326，同年９月７日，同1460，1939年２月25日，同1533，1939年５月27日，同1707，1939年12月21日，同1716，1940年１月６日，同2026，1941年１月30日，同2279，1941年12月11日，同2575，1942年12月19日，高橋正則『決戦満洲国の全貌』山海堂出版部，1943年，66頁，満洲国軍刊行委員会編『満洲国軍』蘭星会，1970年，『朔風万里』同徳台二期生会，1981年．
註１：中央陸軍訓練処第９期は軍官学校・軍需学校で教育を受けるとされている．軍官学校第３期採用者のうち６名は補欠合格．
註２：軍需候補生は主計官として養成された．1937年６月には中訓から経理養成部が分離し，陸軍軍需学校に改組された（張聖東「陸軍軍官学校の設立から見る満洲国軍の育成・強化」『文学研究論集』46，2017年２月，130頁）．

表18　陸軍興安学校生徒

期	入学	卒業年・崩壊時学年	生徒数	備考
1	1934	1936	72	
2	1935	1937	?	
3	1935	1938	31	
4	1936？	1939？	63	
5	1936？	1940？	73	
6	1937？	1941？	56	
7	1938？	1942？	?	
8	1939？	1943？	?	
9	1939	本科2	?	
10	1940	本科1	?	
11	1941	予科2	80	採用予定
12	1942	予科1	125	採用予定
13	1943	少年科3	60	採用予定
14	1944	少年科2	105	
15	1945	少年科1	108	

典拠：巴音図・胡格『8・11葛根廟武装起義』内蒙古人民出版社，2002年，治安部軍事顧問部「満洲国軍月報」1937年10月，JACAR：C01003332700，『（満洲国）政府公報』2051，1941年3月6日，同2325，1942年2月12日，同2575，同年12月19日，「"八・一一"起义65周年：听老革命讲述烽火往事」『北方新報』2010年8月10日付．

註：9～11期は少年科が3年であった可能性がある．12期はソ連参戦後，1年昇級したという．前掲『8・11葛根廟武装起義』99頁，高橋正則『決戦満洲国の全貌』山海堂出版部，1943年，70-71頁．

一方、モンゴル系軍官養成のために陸軍興安学校（一九三四～三九年は興安軍官学校）が設置された。同校の養成期間は当初二年であったが、三期生から三年、五期生あるいは六期生から四年（予科二年・本科二年）に延長された。さらに一九三九年には予科の前に少年科が設置され、少尉任官まで八年（少年科四年・予科二年・隊附勤務六か月・本科一年一か月・見習軍官四か月）を要することとなった。[25] このように長期間の徹底した養成がなされていることからも日本側のモンゴル人への期待が大きかったことが窺える。少年科生徒志願者資格は一三～一六歳（第一二期は一七歳）で国民優級学校第二学年第一学期修了もしくは同等以上の学力を有する者、学科試験科目は日本語、モンゴル語、数学、地理、歴史、理科であった。生徒数の推移は各期の入学卒業年とともに不明な点が多いが、表18の通りである。一九三〇年代には三〇～七〇名、一九四〇年代には六〇～一二〇名の生徒が採用されている。

当初興安学校は良家の子弟の憧れの的であり、また衣食や学費が官費のため、貧困層の進学希望者も取り込んでいった(26)。

二　軍事顧問と日系軍官の配置

1　軍事顧問

満洲国軍に関わる日本軍人は表19のように分類することができる。制度が確立した一九三三年以降の呼称で言えば、関東軍司令部附の現役将校からなる軍事顧問、主に予備役佐官からなる軍事教官が満洲国軍の外部から、日系軍官が内部から満系統制に当たった。

表19　日本軍人の分類

1932年	1933年以降	備　　考
軍事顧問	軍事顧問	現役将校．軍事顧問は陸大卒（「天保銭」組），軍事教官は非陸大卒（無天組）．
軍事教官		
応聘武官	軍事教官	主に予備役佐官を採用．後に廃止．一部は高級軍官に
日系軍官	日系軍官	当初は主に幹部候補生出身者を中訓で養成

典拠：前掲『満洲国軍』72-74頁．

軍事顧問は関東軍による満洲国軍統治の中枢を担う役職であり、そのトップは軍政部最高顧問であった。一九三四年帝政実施に伴って統帥権独立が明確化され、軍政部・満洲国軍は総務庁の統制外に置かれた。そこには「統帥不独立ノ事例ヲ造ル」ことが「将来皇軍ニ禍スル恐アル」という認識もみられた(27)。統帥権の源に関して多田駿は、「統帥権ハ皇帝之ヲ総攬スルコトトシ独立国ノ名ニ背カサル形式ヲ執リアルモ其発動源ハ関東軍司令官ノ隷下ニアル顧問之ヲ掌握シアル為内面的且実質的ニハ統帥ノ淵原ハ関東軍司令官ニ在リ」と述べている(28)。

表20　最高顧問

	氏　名	任　期	陸士	陸大	主な経歴
1	多田　駿	1932.4～34.8	15	25	北京陸大教官
2	板垣征四郎	1934.8～34.12	16	28	公使館附武官補佐官　関東軍高級参謀
3	佐々木到一	1934.12～37.8	18	29	公使館附武官補佐官　南京駐在武官
4	平林　盛人	1937.8～39.8	21	31	陸軍歩兵学校教官
5	松井太久郎	1939.8～40.10	22	29	関東軍参謀　北平特務機関長
6	中野　英光	1940.12～41.11	24	32	済南特務機関長　吉林特務機関長
7	竹下　義晴	1941.12～42.11	23	33	山海関特務機関長　上海特務機関長
8	河野悦次郎	1942.12～43.3	25	36	竜井村特務機関長　太原特務機関長
9	楠本　実隆	1943.3～44.10	24	33	参謀本部支那班長　上海駐在武官
10	秋山　義隆	1944.10～45.8	24	35	関東軍新聞班長　南京特務機関長

典拠：前掲『日本陸海軍総合事典』,「関東軍新聞班長」『東京朝日新聞』1933年9月1日付.

東三省軍事顧問が奉天省二人、吉林省一人、黒龍江省二人と、多くとも五人程度であったことと比べると、満洲国軍事顧問は大幅な増員が図られている（以下、表21参照）。

軍事顧問の中にはヒエラルキーがあった。軍事全般を統括する中央官衙である軍政部に最高顧問、高級顧問、その他幕僚的な顧問が置かれ[29]、軍政部管下の各軍管区警備軍等に一般の顧問が置かれた。

軍事顧問を担ったのは支那通軍人であった。表19のように当初、陸大卒の「天保銭」組は「軍事顧問」、陸大卒でない無天組は「軍事教官」と呼称されたが、一九三三年以降は「軍事顧問」で統一されていった。最高顧問は、平林盛人[30]を除いてすべて第二世代の「天保銭」組が担っている（表20、一二四頁表13参照）。多田駿は長らく北京陸大教官を務めており、満洲国軍を育成していく上で最適任者とみられたのだろう。三代目の佐々木到一も『支那陸軍改造論』（一九二七年）などの著作があり、満洲国軍育成に大きな情熱を注いだ人物であった。

無天組には主計将校、語学将校、張作霖爆殺事件や満洲事変で「功績」を挙げた者などが含まれる。語学将校は東京外国語学校依託学生などの身分で学校や現地で中国語やモンゴル語の研修を積んだ者である[31]。例えば寺田利光（22）[32]は幼年学校よりロシア語を学んでおり、一九一七～一九年に

表21　満洲国軍事顧問在籍状況（1932-45）

氏　名	期	型	1932.9	1933.5	1934.12	1935.12	1939.4	1945.3
多田駿	15	天	○	○				
濱田陽児	16			○				
佐々木到一	18	天		○	○	○		
牧野正三郎	19	天		○				
石黒貞蔵	19			○	○	○		
平林盛人	21	語					○	
関原六	22	満			○	○		
寺田利光	22	語			○	○		
高木信	22	語		○				
森岡皐	22	天				○		
斉藤恭平	23	語	○	○				
大迫通貞	23	天	○	○	○	○		
河崎思郎	23	天		○	○	○		
下永憲次	23	語			○	○		
三毛逸	23					○		
松田元治	23						○	
鈴木宗作	24			○				
萩原直之	24	語		○				
中野英光	24	天			○	○		
浅田弥五郎	24	語			○			
山田兼太郎	24			○	○			
田中春雄	24			○	○	○	○	
於保正隆	24				○	○		
小越信雄	24			○	○			
安江綱彦	24						○	
秋山義隆	24	天						○
宮崎廣継	24							○
久保勝春	25	語		○				
辻演武	25				○	○		
池邊萬三	25	語			○	○	○	
細木繁	25	天				○		
那須弓雄	25					○		
田中久	25	天				○		
吉岡安直	25	天				○	○	
石井元良	25					○	○	
江藤大八	25					○	○	
立花芳夫	25						○	
堤雄平	25	語					○	
根東龍太郎	25	満　語						○
下枝龍男	26		○					
小林光俊	26	配	○					
洪思翊	26			○				
林義秀	26	天	○	○				
金川耕作	26	語	○	○	○	○		○
大澤侃次郎	26				○			
志波信孝	26				○	○		
石田豊蔵	26	語			○	○		

氏　名	期	型	1932.9	1933.5	1934.12	1935.12	1939.4	1945.3
桑原荒一郎	26					○		
花谷正	26	天					○	
皆藤喜代志	26	語					○	
重廣三馬	26						○	
須藤研治	26							○
原和三郎	26							○
山本良三	27			○				
佐久間亮三	27	天	○	○	○			
東宮鐵男	27	語　張	○	○	○	○		
小越信雄	27		○					
菅野謙吾	27	天	○	○	○			
泉鐵翁	27			○	○	○	○	
小野正雄	27	語　満	○	○	○	○	○	
田島彦太郎	27	天				○		
磯部幸助	27						○	
安永篤次郎	27	語					○	
牛方一角	27						○	
市村治三郎	27						○	
黒澤盛勝	27							○
江島虎雄	27							○
牧野猛五郎	27							○
小野國太郎	28	満	○	○				
芳賀豊次郎	28	満	○	○	○	○	○	
宍浦直徳	28	語		○				
石野芳男	28	天		○				
加藤源之助	28	天		○	○	○		
刈谷和郎	28				○			
内田實	28	満			○	○	○	
石黒□	28						○	
藤岡政義	28						○	
西澤勇雄	28						○	
林吉五郎	28							○
志方光之	29	天		○				
熊切義徳	29	主						○
岡田菊三郎	30	天	○	○	○			
北部邦雄	30	満	○	○	○	○	○	
小川泰三郎	30				○	○	○	
今田新太郎	30	天				○		
茂川秀和	30	語				○		
松枝堅	30							○
長治幸	31			○				
本間誠	31		○	○		○		
生田吉五郎	31		○	○				○
山本政雄	31	配			○			
今田茂	31							○
菅武熊	31							○
味岡義一	32	満	○	○				
浜田弘	32		○	○				
神田泰之助	32	張　満	○	○		○		

氏　名	期	型	1932.9	1933.5	1934.12	1935.12	1939.4	1945.3
惣路照吉	32						○	
野沢□平	32						○	
光岡明	32							○
萩原雅男	32							○
山家亨	33	語		○				
鈴木嘉一	33					○		
石山年秀	33							○
藤崎源太郎	33							○
千葉一良	34				○	○		
武田丈夫	35	張		○	○	○		
香川義雄	35	満			○	○	○	
熊川護	35	語					○	
野田又雄	35						○	
丸山茂夫	36						○	
松村辰雄	37				○	○		
上野登	37	医						○
浅井正次	42	獣						○
高橋呉朗	44	主						○
小林朝雄	特12							○
竹須龍之助	召							○
林田清春	現	法						○
佐藤三代次	大13	主		○				
石河六郎	大13	主			○	○		
山本秀雄	大15	主	○	○				
宮林彦次	大15	主	○	○				
森本友藏	大15	主			○	○		
吉川雄郎	昭4	主			○	○		
田中甚市	昭5	主		○				
井上譲作	昭5	主		○				
渡邊卯七	昭5	主		○				
上田袒治郎	昭5	主			○	○		
笹田文雄	昭6	主			○			
住谷悌	昭7	主	○	○				
大河内俊助	昭7	主　語		○	○	○		
嘉悦三毅夫	昭8	主			○	○		
蛭田玄美	昭8	主			○	○		
黒瀬知一	昭9	主			○	○		
藤森範英	昭10	主				○		
小山致航	昭10	主				○		
堀口修輔	昭11	主					○	
金石為生	昭12	主					○	
島外次	昭12	主					○	
入部兼雄	昭12	主					○	
石坂九郎治	昭14	主					○	
大塚操	高三						○	

氏　名	期	型	1932.9	1933.5	1934.12	1935.12	1939.4	1945.3
鈴木重義	高四	法		○	○			
池田武雄	高四	法				○		
伊藤整一		海	○					
川畑正治		海　語	○					
小　　計			26	49	46	53	43？	25

その他の時期就任					
氏名	期	型	氏名	期	型
荒木正二	26	天	田中信雄		
東寿		海	田古里直	27	語
石黒（中佐）			高橋（経）		
石浜六郎			竹下義晴	23	天
伊藤久		主	近森（中佐）		
井出宣時	21	天	鶴田登美	25	語
稲富富之助		主	津川辰三		医
岩本（中佐）			中村敦次	27	
上野（大佐）			中村定次郎		主
植野（大尉）			中谷敏男	35	
遠藤三郎	26	天	永吉実展	28	
大川高善			長野（大佐）		
大木良枝	29	天	西岡延		
岡田与作	27	語	仁田原耕三		獣
小原一明	26		野崎幹一		主
小川伊佐雄	29		林（少佐）		
加藤赴夫		獣	馬場武		医
加藤圭二	26		藤村譲	26	
門脇幹衛	29		本田貞晴	32	
春日			鉾田慶次郎	26	
熊田（少佐）			松山圭助	27	
黒崎盛勝			松谷磐	26	
児玉一真	33		松本一郎		海
合屋成雄	26		松浦克己	29	
近藤秀治			森一郎	26	
沢村成二		海	元泉勲	27	
坂崎義雄		医	山倉大吉		主
下山琢磨	25		吉谷茂		獣
庄司武雄		獣	吉村良一		主満語
志摩精英			横山憲三	25	
関谷昌四郎		獣	渡辺昇		主

典拠：「関東軍職員表」1931年４月，JACAR：C13070911700，同同年８月，JACAR：C13070917700，同1932年３月，JACAR：C13070939300，「第十四師団将校同相当官職員表」1932年４月，JACAR：C14010542000，「関東軍司令部高等官職員表」同年９月，JACAR：C13070940200，「関東軍司令部将校同相当官高等文官職員表」1933年５月，JACAR：C13070941200，同1934年12月，JACAR：C13070948000，同1935年12月，JACAR：C13070953900，同1939年４月，JACAR：C13070956100，「関東軍総司令部将校高等文官職員表」1945年３月，JACAR：C13070962200，「外国語学依託学生成績ノ件」『大正十一年 密大日記 六冊ノ内第二冊』JACAR：C03022588700，「外国語学依託学生ニ関スル件」『昭和八年 密大日記第二冊』JACAR：C01003962300，「皆藤中尉請願休暇ニ関スル件」『大正十一年自十月至十二月 欧受大日記』JACAR：C03025364700，「歩兵中尉熊川護請願休暇ノ件」『昭和六年 乙第一類』JACAR：C01006434300，武藤信義関東軍司令官より荒木貞夫陸軍大臣宛，1933年２月23日，『昭和八年 満密大日記 二十四冊ノ内其八』JACAR：C01002851900，安藤潤一郎「日本占領下の華北における中国回教総聯合会の設立と回民社会」『アジア・アフリカ言語文化研究』87，2014.3，前掲『満洲国軍』，陸軍省『陸軍現役将校同相当官実役停年名簿』1914年７月１日調，同1934年９月１日調，同1936年９月１日調，東京外国語学校『東京外国語学校一覧 昭和十四年度』，多田駿『満洲国軍政ノ指導』1934年８月，JACAR：C13010028400，上法快男『陸軍大学校』芙蓉書房，1973年，前掲『日本陸海軍総合事典』，「故陸軍歩兵大佐東宮鐵男氏略歴」『鉄心』４-２，1938年２月，日本国際政治学会編『太平洋戦争への道』１，朝日新聞社，1963年.

註１：天＝「天保銭」組，語＝語学将校，張＝張作霖爆殺事件に関与，満＝満洲事変で「功績」，主＝主計将校，配＝学校配属将校，医＝軍医将校，獣＝獣医将校，法＝法務部将校，海＝海軍将校

註２：1939年４月は史料劣化のため５名ほど氏名を判読できない.

はシベリアへ派遣され、特別任務に従事した。その際、モンゴル北方でも活動し、日本の大陸政策を進める上でモンゴル人との連携が重要となると考えたとみられる。モンゴル語の必要性を痛感した寺田は、一九二四年三月東京外国語学校速成科モンゴル語部を修了、その後も同聴講生として在籍し、一九二五年四月同専修科第二学年へ編入、一九二七年三月卒業とともに一年間、ハイラルへ留学した。後に興安北分省警備軍司令官となるウルジンとはこのときに知り合っている。一九二八年帰国するとすぐにまたハイラル駐在を命じられ、一年間、諜報任務に当たった。一九三二年九月再びハイラルに入り、一九三三年八月興安北分省警備軍顧問に任じられている。(33)

張作霖爆殺事件や満洲事変で「功績」を挙げた者の登用は、東三省軍事顧問期と比べて満洲国軍事顧問の関東軍との強い結びつきを反映している。張作霖爆殺事件に関与した者としては、当時撫順独立守備隊の武田丈夫（35）、独立工兵二〇大隊中隊長の神田泰之助（32）、独立歩兵第二大隊守備隊の東宮鐵男（27）がいる。(34) なかでも東宮は中国留学経験もあり、適任とされたとみられる。(35) また満洲事変で「功績」を挙げた独立守備隊出身者としては、独立守備隊司令部副官萩原直之（24）、独立守備歩兵第二大隊第一中隊長小野正雄

(27)、歩兵第二九連隊付・吉村良一二等主計、歩兵第一六連隊第二大隊副官香川義雄[36]（35）などがいた（萩原、小野、吉村は語学将校でもある）。抗日勢力に対する武力弾圧の主体は独立守備隊から次第に満洲国軍に移っていくが[37]、同守備隊出身の顧問がその橋渡し役を務めたといえよう。

その他の顧問で注目されるのは、野田又雄(35)である。野田は幼年学校時代からモンゴルに関心を示し、陸士時代には川島浪速やカンジュルジャブ、ジョンジュルジャブなどに会って意見を交し、「吾々には蒙古を復興しなければ不可ん」と主張していた。一九三一年には佐々木到一とともに十月事件に関与し、一九三二年三月上海事変で「功績」を挙げた後、一九三四年八月独立守備歩兵第六大隊第二中隊長となった。そして東辺道「討伐」戦で満洲国軍部隊を率いて実績を挙げ、一九三七年二月軍事顧問に命じられた。野田は顧問就任後、再会したカンジュルジャブ、ジョンジュルジャブの軍官復帰を働きかけ、後述のように興安軍部隊とともに華北に外征し、ノモンハン戦にも参戦した[38]。

なお軍事顧問に就いた者のなかには、他の対日協力政権や大陸での特別任務に関わっていく者も多い。山室信一は、満洲国は財源的に「『第二の満洲国』の策源地」となったこと、一九三九年九月に成立した蒙古連合自治政府では間島省長であった金井章次、外交部長であった大橋忠一、総務庁長であった神吉正一が相次いで総務庁長・最高顧問に就いており、「第二の満洲国」そのものであったことを指摘しているが[39]、同政府と満洲国軍との関係が深いことも見落とすことはできない。

蒙古連合自治政府の成立へと繋がっていく第一歩は、湯玉麟軍から帰順し満洲国軍興安省西警備司令官となった李守信がチャハル省多倫県へ進出したことであった[40]。一九三三年八月同県に察東特別自治区が成立すると、李守信は察東警備軍司令となり、行政長官を兼任した。察東警備軍の軍事費は当初、地方税収が充てられたが、一九三五年七月以降は満洲国軍政部が負担している。多倫における李守信工作には大迫通貞（23）、茂川秀和（30）が当たった[41]。

同月察東警備軍に下永憲次(23)を責任者として顧問部が設置され、田古里直(27)らが教官となった。同年一二月冀察政務委員会が成立すると、察東警備軍は張北県に進出し、蒙古軍と改称された。宍浦直徳(28)は同年四月、西蘇尼特特務機関長となり、徳王接近工作に従事し、一九三六年一月には徳王、李守信、チョトバジャブ(卓特巴扎普)などが設立大会に参加し、張北にチャハル省公署が設置された。張北には保安隊司令部が置かれ、田古里らが顧問となった。同年五月には、徳王が総裁として実権を握った蒙古軍政府が徳化に成立した。李守信は蒙古軍副総司令、烏古廷は同参謀長となっている。

一九三七年一〇月蒙古軍政府は蒙古連盟自治政府へ改組され、李守信は蒙古軍総司令に就任した。一九三八年には金川耕作(26)が同軍軍事顧問となり、整備強化のため満洲国軍日系軍官を招聘して教官としている。[42] 一九三九年九月には蒙古連盟自治政府、張家口の察南自治政府、大同の晋北自治政府を統合して蒙古連合自治政府が成立し、李守信は蒙古軍総司令と参議府議長を兼任した。一九四〇年時点では三毛逸(23)が蒙古軍軍事最高顧問に就いている。[43]

その他にも五代目最高顧問の松井太九郎は一九四二年五月汪政府最高軍事顧問になっており、九代目の楠本実隆は就任以前に維新政府樹立工作に従事した経歴を有していた。[44]

ただし軍事顧問は一九三二年二六人、一九三三年四九人、一九三四年四六人、一九三五年五三人、一九三九年四三(?)人と推移し、一九四五年には二五人にまで減少していった。このような軍事顧問の減少は次にみる軍事教官の減少・廃止、日系軍官の増加と関連していた。

2 軍事教官・日系軍官

軍事顧問の下で満洲国軍の統制に当たったのが軍事教官および日系軍官であった。軍事教官の経歴をみると、かつて満洲に駐屯し、かつ学校配属将校を務めた経験がある予備役佐官から採用されていることがわかる。(45)例えば一九三四年に第二軍管区軍事教官となった石川隆吉（23）は無天組で、二度の満洲駐箚とシベリア派遣を除いて、そのキャリアの大部分を故郷の新潟県で過ごした軍人であった。(46)一九一三年四月から一九一五年六月にかけて歩兵第三〇連隊（村松）附として満洲に駐箚し、また一九三一年四月から一九三二年九月にかけて歩兵第一六連隊（新発田）副官として満洲事変に参加した。ただし石川は第一六連隊を含む第二師団が本土帰還になる以前に、新潟県立佐渡中学校服務を命じられ、いち早く帰還となっている。その点で同じく第一六連隊所属で部隊帰還まで満洲で勤務し、後に軍事顧問となった香川とは対照的である。(47)陸士同期で軍事顧問となった斉藤や下永のように語学という特技を持っているわけでもなかった石川は、一九三四年八月、四六歳で歩兵中佐（定年は五三歳）に任じられると同時に待命・予備役編入となった。しかしそれでも石川は軍事教官という道により、希望する満洲国勤務に復帰することができた。同年一〇月、石川は家族を連れて満洲に渡り、軍事教官となっている。

また一九三六年に第五軍管区軍事教官となった予備役歩兵少佐徳江敏夫（26）、予備役砲兵中佐相馬勝美（22）もそれぞれ、満洲事変参加および苫小牧工業学校服務、満洲勤務および山口高等学校服務の経歴を有している。(48)

一方、日系軍官は陸士出身の予備役将校からなった高級軍官のほか、一年志願兵・幹部候補生（幹候）出身者などが軍官候補者として採用され、(49)当初は中訓等で訓練を受け（表22）、満洲国軍官として任官していった。治安部発行の雑誌『鉄心』における「戦死情況及経歴」欄より詳細な経歴が判明する日系軍官五七名の初任官時の階級および日本軍の階級を調べると、上尉二（准士官二）、中尉三七（一年志願兵・幹候出身三一、下士官三、兵二、陸士中退一）、少尉一八（幹候出身五、下士官五、兵八）となっている。(50)すなわち多くは、幹候あるいは一年志願兵出身で中尉に任官している。例えば、三期生の市川忠作は、一九二五年一二月一年志願兵として歩兵第二七連隊に入隊、一九二六年一一月歩兵軍

表22　日系軍官候補者

期	中央陸軍訓練処 軍官 期間	人	軍需 期間	人	計	興安軍官学校 期間	人	憲兵訓練処 期間	人	計
1	32.12~33.3	107	33.3 ~ 8	15	122	—	—	—	—	122
2	33.10	29	33.9 ~34.8	26	55	—	—	34.9 ~12	6	61
3	34.3 ~ 8	271	34.3 ~ 8	86	357	—	—	35.4 ~ 7	14	371
4	35.4 ~ 8	384	35.4 ~ 8	57	441	35.2 ~ 7	23	?	20	484
5	36.4 ~11	191	36.3 ~11	45	236	36.4 ~11	18	?~36.11	20	274
6	37.4 ~11	140	37.4 ~11	27	209	37.2 ~11	25	?	?	?
7	38.4 ~11	97	38.4 ~11	29	126	38.2 ~11	25	?	?	?
8	39.?	?	39.?	?	28	?	?	?	?	?
9	40.?	?	40.?	?	111	?	?	?	?	?
10	41.?	?	41.?	?	38	?	?	?	?	?

典拠：軍政部顧問部「満洲国軍ノ概況」1935年12年，『昭和十一年 陸満密綴 第二号』JACAR：C01003097800，同『満洲国軍ノ概況』1937年１月（不二出版，2003年），田輔公「軍官学生となりて」『鉄心』１-３，1935年４月，「軍政部ニュース」同２-12，1936年12月，同３-２，６-１，前掲『満洲国軍』.
註１：前掲『満洲国軍』は期別外の日系軍官軍属として399名の名前を掲載している.
註２：８～10期は卒業者.

曹に進級した。同年一二月には勤務演習に召集され予備役見習士官となり、一九二九年四月歩兵少尉任官、一九三三年四月には後備役編入となっていた。一九三四年一月満洲国軍官候補者として奉天省警備軍第一教導隊に配属となり、三月中訓入処、一〇月には中尉に任官している。(51) このように日本軍の階級より上級での任官が一般的であったことは、満洲国軍が蔑視される要因となった。(52)

中訓第一～三期生が参加したと考えられる日系軍官の『鉄心』誌面座談会においては、軍官になった動機に関して、「特に満軍に対してはつきりと認識があり理解を有つて入つたと云ふ者は比較的少くて、漠然として満洲国に対してある希望なり憧憬なりを持つて来た位が大部分」と意見がまとめられている。(53) 彼らは軍事教官より一回りあるいは二回り下の世代で、動機は漠然としたものであったかもしれないが、それでも自らの志願に基づいていた点で、後述の陸軍軍官学校生徒とは異なっている。

高級日系軍官はやがて治安部（軍事部）次長ほか部の要職に就任していった。一九三七年七月軍警統合のために軍

表23　各軍管区日本軍人（1934-38）

		第一	第二	第三	第四	第五	第六	興東	興西	興南	興北	計
1934.12	軍事顧問	5	6	5	6	6		1	2	2	1	34
	軍事教官	14	7	8	10	9		0	2	1	1	52
	日系軍官	113	112	83	118	72		22	17	44	19	600
1937.10	軍事顧問	?	?	?	?	?	?	?	?	?	?	?
	軍事教官	5	1	5	4	3	1	0	1	1	3	24
	日系軍官	194	165	143	69	122	120	28	33	40	53	967
1938. 2	軍事顧問	?	?	?	?	?	?	?	?	?	?	?
	軍事教官	0	0	0	0	5	1	0	1	2	0	9
	日系軍官	199	218	157	94	148	118	22	40	49	62	1,107

典拠：『昭和十年 満受大日記別冊第二号』JACAR：C01003085300，治安部軍事顧問部「満洲国軍月報」1937年１月分（1），『昭和十三年 満受大日記 第三十四冊其四ノ一』JACAR：C01003332700，満洲国軍事顧問部「満洲国軍月報」1938年２月分，『昭和十三年 満受大日記』JACAR：C01003345600.

政部が治安部に改められると、以降、次長には薄田美朝（警察官僚）、渋谷三郎（20・予備役陸軍大佐）、四三年四月軍警統合が解消され軍事部となってからも真井鶴吉（21・予備役陸軍中将）と日系が占めている。治安部には参謀司（用兵・調査など）、軍政司（人事・予算など）、警務司が置かれ、警務司は当初から、軍政司は一九四〇年三月から日系の司長が就いた。渋谷は警務司長、真井は軍政司長に就いており、司長から次長への昇進ルートが形成されている。

各軍管区における日本軍人の推移は表23のとおりである。一九三四年から一九三八年にかけて日系軍官は六〇〇名から一一〇七名と倍増していった一方で、軍事教官は五二名から二四名と、一九三七年時点で一九三四年のほぼ半数まで減少しており、一九三八年には九名と、軍事教官を置かない軍管区が多くなっていった。階級が上である予備役軍事教官と階級が下であるが地位が上の現役軍事顧問との間で意見衝突がみられたこと、日系軍官の養成が軌道に乗ったことなどにより、軍事教官制度は一九三八年五月に廃止され、一部は日系軍官に転じていった(54)。

そして日系軍官は次第に指導官から指揮官へと役割を転換していったことが注目される。当初、日系軍官は部隊長ではなく、部隊附として配置されていた。例えば、一九三四年時点の第一軍管区混成第一旅についてみると、司令部では旅長王殿忠（中将）の下に軍事教官宮田中佐、歩兵第一団長揚春煜（上校）の下に団附の米原少尉や新田中尉などの尉官が配置されている。すなわち、階級が下の隊附日系軍官が階級が上の満系部隊長を指導するという体制になっていたのである。(55) そのため、満系からは、日系軍官は「動もすれば統帥系統を紊すやうなことになつて、邪魔物になるやうな傾がある」、「日系の云ふことをきいて本当の自分の団長の云ふことを聞かない」、「日系が連長の場合は命令が統一的に行くが、満系が連長の場合は日系軍官が中に介在するので、士兵が満系の連長の心がよくわからない」という声が上がり、指揮系統の混乱によって「旧軍閥よりも或意味に於ては弱くなつた点がある様な気もする」という意見まで挙がっていたのである。(56)

そこで部隊長となる日系軍官が次第に増加していった。一九三四年一二月時点で指揮官就任が確認できる第二軍管区混成第七旅騎兵第一〇団長（延吉）日野武雄（29・後備役騎兵大尉）(57)を皮切りに、一九三五年一二月になると、日野のほかに、興安省警備軍騎兵第三団長（林西）、第二軍管区琿春国境監視隊長、第三軍管区黒河国境監視隊長、興安省警備軍国境監視隊長（満洲里）と、国境付近の騎兵団長、国境監視隊長に日系が配備されていった。(58)

一九三六年一二月時点では、国境付近の騎兵団（騎兵第一〇団・興安西省興安騎兵第三団）、国境監視隊（琿春・黒河・東寧・平陽鎮・興安北省）に加え、第五軍管区第二四混成旅迫撃砲連（錦州）、第二五混成旅砲兵連（大虎山）、興安西省独立山砲兵第一連（林西）、興安北省興安山砲兵第一営（ハイラル）、臨時自動車隊（同）の長に日系が就いた。(59) 特に興安各省への配備が目立つ。しかも興安北省では参謀長にも日系の川崎辰雄中校（26・予備役工兵大尉）(60)が就いている。江防艦隊の一一隻の軍艦においては、同時点で満系艦長は九人であったが、三八年六月時点では六人に減少している。(61)

一九三七年一〇月になると、大量の日系軍官が連長へ配備された。(62) さらに一九三九年になると、団長以下の部隊長は満系と同数の日系が補充され、部隊内の号令、文書なども中国語ではなく、日本語を用いるようになっていった。(63)

しかし指揮系統の問題は依然として解決しなかった。日系の連長が満系の営長や団長に従ったかというと、そう単純にはいかなかったであろう。日系軍官が服する指揮系統は二つあった。満洲国軍の階級に基づく統帥系統と、関東軍司令官―軍事顧問―日系軍官という顧問系統である。佐々木到一は「単なる満洲国の雇傭人に堕落すること」を戒め、「満軍統帥系内に在て厳粛なる軍紀を守ると同時に顧問系統の指揮に服」すべしとしており[64]、結局は顧問系統が尊重されるのは当然であった。「日系軍官は満軍の統帥系統内に入つて、階級に従ひ、満系上官の命令に従ひながら、しかも時と場合によつては、階級を超越して満軍の内面指導までせねばならぬところに、その苦難があるのである」[65]と、階級の超越は当然視されたのである。解決策としては上級指揮官を日系、下級指揮官を満系で固めるしかなかったが、それは満洲国の理念上、不可能であり、満洲国軍に対する支持を完全に失うことを意味した。

日系指揮官の増加は満系の民族的反感を強めることとなった[66]。しかもそれは事前に予想された事態であった。一九三三年、多田は満洲国軍育成の参考にするため、各警備軍顧問等に対して意見を募っている[67]。興安省東警備軍顧問の志方光之(29)はその回答において、「如何ナル民族ト雖モ異国ノ将校ニヨリ指揮セラルルコトヲ喜フモノハ決シテアラサルヘク」、特に漢人の場合は、「恐ラク多数日系将校ヲ配属シテ其ノ軍隊ノ指揮上、経理上ノ実権ヲ把握シタリトセンカ其ノ反感ハ実ニ鬱勃タルモノアルヘシ」としていた。そして日系軍官の比率増大に伴う民族的反感に対しては、まず「精神的指導並ニ富力ニ依テ緩和スルノ策」をとり、それでも不可能な場合は、「日本軍ノ武力ヲ背景トシ且ツ満洲国軍隊内日系将校ノ下ニ比律即チ数ノ力ニヨリテ屈服スルノ外已ムヲ得サルヘシ」と述べている。一九四五年八月時点で日系軍官は約六〇〇〇名にまで増大していった[68]。結局、行きつく先は日系軍官の増加に伴う民族的反感を日系軍官のさらなる増加によって抑制するという負のスパイラルに陥っていくしかなかったのである。

3　陸軍軍官学校生徒

満系同様、新規日系軍官の本格的養成が陸軍軍官学校で行われた。同校の日系生徒は日本の陸軍予科士官学校の出願者の中から推薦された。予科士官学校の一般志願資格は、一六歳以上二〇歳未満であり、学力は中学校第四学年第二学期修業程度が求められた(69)。すなわち軍官候補者は、中訓期には三〇歳以下の軍隊経験者が採用されたが、軍官学校期には新たに二〇歳未満の者を時間をかけて養成していったのである(70)。

養成期間は中訓期は六か月から八か月であったが、軍官学校期にはより長期になっている。期によって異なるが、予科は新京で一一か月から一年七か月、本科は陸士で一年四か月から一年六か月、合計約三年となった（表24）。本科卒業後は数か月の見習士官を経て少尉に任官した。日系の養成期間は満系に比べると、一年ほど短く、このような格差は日系と満系の融和を妨げ、満系の民族的反感を増幅させる要因となったと考えられる(71)。

日系生徒の中には、なぜ自分が満洲国軍の軍官になるのか、割り切れない思いを抱えていた者もいた(72)。ある四期生は、「何も満洲まで来て軍人にならなくても、もっと身近な、わが天皇のため、わが日本国民のために死んで行くことを願っていたのではないの

表24　陸軍軍官学校生徒（日系）

期	予科		本科		生徒数		
	入	卒	入	卒	軍官	軍需	計
1	40.1	41.3	41.8	42.12	151	36	187
2	41.4	42.3	42.10	44.4	?	?	176
3	42.4	43.11	44.5	45.6	?	?	?
4	43.4	44.10	44.10		134	30	164
5							
6	44.4	45.7	45.7		?	?	?
7	44.12				312	27	339

典拠：李天成「偽満洲帝国陸軍軍官学校」長春市政協文史資料委員会編『長春文史資料』1991年第２輯，18頁，前掲『朔風万里』，『渺茫千里Ⅱ　予科入校五〇周年記念誌』同徳台四期生会，1993年，63頁，『同徳台七期生史』同徳台七期生会，1990年，10頁．

註：１期生徒数は予定数．また入校・卒業月は地上兵科生徒のものを示した．５期生は満系との調整で６期生となった．

か。どうも難しいことを言われれば言われるほど、この単才頭ではいよいよ混乱するだけであった。こういう迷いは私だけではない」と回想している。またある者は「決して憧れではない。諦めである」と述べている。さらに日系生徒は敬礼を受けなかったり、士官候補生と同様の戦術講義を受けられないなど、日本軍から差別的な待遇を受けることとなった(73)。すなわち、満系統制のため重要性が増していた日系軍官の養成に関しては、必ずしも士気の高い人材を確保し、その士気を高める環境を整備できたわけではなかったのである。一九四五年八月になると、四期生は陸士五九期生への編入措置が執られており、日系軍官養成制度は破たんしていった。

おわりに

満洲国軍事顧問は関東軍による満洲国軍統治の中枢を担う役職であり、陸軍支那通からなった。同顧問には陸軍大学卒の「天保銭」組のほか、張作霖爆殺事件や満洲事変において「功績」を挙げた者や主計将校、語学将校など無天組も加わり、東三省軍事顧問時代に比べると大きく増員したが、やがて減少していった。一九三七年七月軍警統合のために軍政部を治安部と改めて以降、次長や参謀司を除く司長は日系が占めるようになり、司長から次長への昇進ルートも形成されていった。その他、軍事教官の廃止、日系軍官の増員およびその指導官から指揮官への転換がみられた。満洲国軍統治は次第に「顧問統治」から「次官政治」へと重点を移していったと言えよう。

以上のような「次官政治」への重点の移行が満系の強い反発を呼ぶことは事前に予想できたことであった。「建国」当初より活躍した特別任務班出身で古参の于芷山、張海鵬らが一九三七年までに軍管区司令官から名誉職へと追いやられていったのは、その対処策であったと考えられる。軍管区司令官ポストは八期生などの陸士留学生たちが就き、その後には中央陸軍訓練処専科学生班で教育を受け、軍政部の要職を歴任するなどして養成された新エリート軍官が就任した。しかし世代交代が概ね成功したのはそこまでであった。一九三九年新京に陸士をモデルとした陸軍軍官学校が設立され、新たな世代の満系軍官養成が開始されたが、後述のように軍官学校生徒内には抗日意識が広がっていった。それは日本側が反発が少ないとみなしていたモンゴル人も同様であった。

各部隊内においても日系軍官の増員に伴い満系の民族的反感が広まり、日本側はそれを更なる日系軍官の増員によって抑制するという負のスパイラルに陥っていくしかなかった。軍官学校で養成された日系軍官にしても、それまでの中訓では予備役や後備役の一年志願兵・幹部候補生出身の志願者を中心に採用したのに対し、日本の陸軍予科士官学校に出願して合格通知を待っていた者を採用した。そのために日本軍によって差別されていた満洲国軍に入ることに割り切れない思いを抱えていた者もおり、士気は必ずしも上がらない側面があった。満洲国軍は治安部の主要な地位を日系で固め、日系軍官を増員しつつ、後述のように一九四〇年代には国兵法を施行し対外作戦補助部隊化して新たな局面に入っていくが、その底流では崩壊の兆しを色濃くしていたのである。

註

（1）浜口裕子『日本統治と東アジア社会』勁草書房、一九九六年、八八頁。

（2）中央檔案館ほか編『日本帝国主義侵華檔案資料選編 東北〝大討伐〟』中華書局、一九九一年（以下『大討伐』）七八八～七九一頁。後述のように一九三七年七月以降、次長には日系が就くようになった。

（3）市川信也奉天総領事代理より内田康哉外務大臣宛、一九三三年八月二日、外務省記録『在本邦清国留学生関係雑纂 陸軍学生ノ部』第七巻、JACAR：B12081622900。

（4）張益三は六期、呉元敏は留学期不明（王鴻賓ほか主編『東北人物大辞典』第二巻下、遼寧古籍出版社、一九九六年）。王之佑は反煕治を謳った賓県政府に参加し、一度抗日側に回った後に帰順したが、満洲国軍で重用されていった。その一因としては郭恩霖との友好関係が考えられる（「王之佑補充筆供」一九五四年七月一一日、中央檔案館編『偽満洲国的統治与内幕』中華書局出版、二〇〇〇年〈以下『内幕』〉四九九頁）。

（5）傅大中『偽満洲国軍簡史』吉林文史出版社、一九九九年、一五五、一八二頁。軍需（のち軍政）司長は張益三の後、王済衆（三五年六月）が就いたが、後述のように一九四〇年三月以降日系が就任していく。

（6）于琛澂は奉天軍出身で一九二五年に反乱を起こした郭松齢に加勢したため引退を余儀なくされ、また王殿忠は奉天軍によって武装解除された山東軍張宗昌の部下であり、ともに張学良に対して少なからぬ遺恨を有しており、日本側はそれを利用したのであった（于也華「偽将軍府将軍于琛澂」孫邦主編『偽満史料叢書　偽満人物』吉林人民出版社、一九九三年、『大討伐』七八二、七八九頁、前掲『偽満洲国軍簡史』一四頁）。

（7）尹作乾は東京高等商船砲術水雷学校、于治功は陸軍歩兵学校への留学であるが、陸士出身者に準じるものとみなした。

（8）郭若霖は陸士留学生であるが、専科学生となり、新エリート軍官として再編されたとみなした。

（9）周大魯は張文鋳、呂衡は于芷山、李文炳は煕治、朱榕は吉興、関成山は煕治あるいは吉興、李文龍は郭恩霖、賈崋傑は吉興系であったと考えられる（「佟衡筆供」一九五四年七月一八日、『内幕』五三三頁、高丕琨『偽満人物』長春市史志編纂委員会、一九八八年、一四五、一四七頁、外務省情報部『現代中華民国満洲帝国人名鑑　昭和一二年版』東亜同文会業務部、一九三七年、軍政部「赴日武官感想録　住谷悌史資料」一九三三年一一月、JACAR：C13010326000）。王作震については不明。四五年に第二軍管区参謀長となった肖玉琛は、于芷山系であり、「于が東北軍の元老」であったことを于の下に帰順した主要な理由として挙げている（肖玉琛口述「一个偽満少将的回憶」黒龍江人民出版社、一九八六年、一一二頁）。肖玉琛は専家学生班第一期生であったが、中途退学したとみられる（前掲『偽満洲国軍簡史』一八二頁）。また程志遠の部下で同一期生となった姜鵬飛は、日本陸大留学より帰国後、第七軍管区参謀長や冀東特別行政区長官などを歴任している（于涇「有関姜鵬飛与〝鉄石部隊〟史実的幾点考証」孫邦主編『偽満史料叢書　偽満軍事』吉林人民出版社、一九九三年、前掲『偽満洲国軍簡史』一八二頁）。なお省長は日系が担当した省が多くあるのに対して、軍管区司令官は美崎丈平が四二年二～八月に第六軍管区司令官になっている以外、日系は就いていない。

（10）『大討伐』七八五頁。

（11）前掲『日本統治と東アジア社会』一〇八～一三二頁。

（12）名誉職としての「将軍」、侍従武官長、軍事諮議官のポストについては、すでに前掲『偽満洲国軍簡史』二一三〜二一五頁で指摘されている。また『大討伐』七八四〜八〇一頁参照。

（13）赫慕侠「我所知道的于芷山」一九八〇年、徐延華主編『文史資料存稿選編8　日偽政権』中国文史出版社、二〇〇二年、四五五頁。肖玉琛は「于芷山が軍政部大臣に転任して以降、体の後ろは頼りになるものを失ったと感じた」と述べている（前掲『一个偽満少将的回憶』五二頁）。建軍から一九四〇年ほどまで進められた裁兵については、次章を参照。張海鵬は九箇旅の兵力を有していたが、熱河侵攻には三箇旅のみの帯同が認められ、残り六箇旅は他地域に移されるなど張海鵬軍の解体が進められていた（黄顕陸・文建章「土匪 軍閥 漢奸—張海鵬」『白城文史資料』第二輯、二〇〇〇年一一月、一六七頁）。第二軍および第三軍は投降した張作相、馬占山系の兵を多く含み、第一、第五軍ほど司令官と兵の結びつきは強くなかったと考えられる。

（14）『大討伐』七九九、八三八頁。功績からすれば、ウルジンは「将軍」に加わってもおかしくないが、そこまでの評価は受けていない。

（15）「郭文林筆供」一九五四年五月一一日、「正珠爾扎布筆供」一九五七年七月三日、『内幕』。烏古廷も専科学生班第一期生であったが、やがて蒙古連合自治政府蒙古軍参謀長となっていった（東亜問題調査会編『最新支那要人伝』朝日新聞社、一九四一年）。

（16）前掲『偽満洲国軍簡史』二一八頁。

（17）一九三五年四月七日付ニューヨーク・タイムズは、満洲国軍が約一四万の兵力を維持している理由として、華北やモンゴル、シベリアへのさらなる支配拡大の際に支援させようとする日本側の希望、あるいは管理上、解散や武装解除ができないことを挙げた。そして現状では後者がより重要な要因であるとしたが（Lui Venator, "Manchukuo Army Embraces Bandits," *New York Times*, April 7, 1935 : E5）、実際には兵士の刷新が進んだ。兵力数の推移については、次章を参照。

（18）「佟衡自述」一九五四年七月二四日、『内幕』五五一〜五五二頁。

（19）小磯國昭関東軍参謀長より柳川平助陸軍次長宛、一九三三年四月一四日、陸軍省『昭和八、五、一一〜八、五、一五　満受大日記（普）其八　2／2』JACAR：C04011580700、『(満洲国) 政府公報』五八〇、一九三六年一月二六日、同七八七、一九三六年一一月五日、同一一二一、一九三七年一二月二三日、同一三二六、一九三八年九月七日、JACAR：A06031000100、A06031001000、A06031002300、A06031003100。第九期は新制度への過渡期に当たり、軍官学校で二か年の教育、見習軍官二か月を経て、少尉に任官したとみられる（『(満洲国) 政府公報』一五三三、一九三九年五月二七日、JACAR：A06031003900）。

(20) たとえば中訓七期生の施明儒は一九一三年一〇月一九日、吉林省梨樹県の生まれで、もともと満洲国軍通信兵であった。三八年二月に受験し、三月に合格を通知され、四月に吉林で候補生連に入った。八月には奉天の中訓に入処し、四〇年一月卒業、吉林に戻って見習軍官となり、旧正月休暇などを経て、四月少尉に任官している（吉林省政協文史資料委員会ほか編『轍印深深 一個偽満軍官的日記』第一巻、二〇一一年、前書き、三八年二月一五〜一九日、三月二〇日、四月一一日、八月一一日、四〇年一月一七〜二〇日、四月一八日条）。施明儒の日記については、李青「ある『満洲国』軍官の日記『轍印深深』」（『文芸論叢』八三、二〇一四年一〇月）を参照。

(21) 以下は、『（満洲国）政府公報』一三二六、一九三八年九月七日、同一五三三、一九三九年五月二七日、同一八七七、一九四〇年七月二七日、同二一五八、一九四一年七月一六日、同二四〇二、一九四二年五月二〇日、同二九三六、一九四四年三月二五日による。同校の設立経緯、制度的詳細については、張聖東「陸軍軍官学校の設立から見る満洲国軍の育成・強化」『文学研究論集』四六、二〇一七年二月参照。

(22) ただし第二期においては「帰化」ではなく、「長期在住」という文言が使われている。二期生には後に韓国大統領となる朴正煕がいた。

(23) 楊宗延「回憶在偽軍校的奴化教育」前掲『偽満史料叢書 偽満軍事』六五一〜六五二頁。楊は五期生。

(24) 趙銘紳「軍官学校生活片断」『長春文史資料』一九九一年第二輯（以下『長文』）、五〇頁。趙は七期生。

(25) 王紅霞「〝満洲国〟興安南省蒙古族学校教育」内蒙古大学二〇一二年修士論文、四〇頁、『（満洲国）政府公報』一六四〇、一九三九年一〇月二日、同二一五八、一九四一年七月一六日、小林知治『満洲国軍を語る』国防攻究会、一九四〇年、七三頁。予科成績優秀者は本科は陸士（または陸軍経理学校）へ派遣された。

(26) 牧南恭子『五千日の軍隊』創林社、二〇〇四年、一八八頁、鄂秀峰「〝八・一一〟葛根廟武装起義概況」巴音図・胡格編著『〝八・一一〟葛根廟武装起義』内蒙古人民出版社、二〇〇二年、四四頁（鄂は二期生）。

(27) 多田駿『満洲国軍政ノ指導』一九三四年、三三頁、JACAR：C13010028400。初代最高顧問多田駿は、「業務処理ノ迅速ヲ欲スル軍政部顧問カ法律家ト財政家トヲ以テ構成セラレ会議好キノ政府ト折衝スルニ方リテハ所謂『波長合ハス』ノ嘆深ク自然之ヲ避クルニ至リタルハ已ムヲ得サル所」であり、「軍ノ統帥ハ総務庁ヲ通スルコトナク本来ノ隷属系統ヲ以テ処理スルヲ適当トス」と述べている（同三六頁）。

(28) 前掲『満洲国軍政ノ指導』三二頁、JACAR：C13010028300。同史料の本部分に関しては、すでに、松野誠也「関東軍と満洲国軍」(『歴史学研究』九四九、二〇一六年一〇月)四六頁で言及されている。

(29) 満洲国軍顧問部は何を計画するにも関東軍の担当幕僚を説得しなければならず、関東軍が諒承すると、次は陸軍省、参謀本部の最終的な承認を受ける必要があったという。幕僚的顧問はそれらの折衝を担当した(岩井忠熊『陸軍・秘密情報機関の男』新日本出版社、二〇〇五年、一一一頁。著者は幕僚的顧問を務めた香川義雄の義弟)。

(30) 平林は参謀本部米国班に勤務し、アメリカに留学しており、むしろアメリカの専門家であった。

(31) 森久男『日本陸軍と内蒙工作』講談社、二〇〇九年、三四頁。

(32) 氏名に付した数字は陸士卒業期を示す。以下同様。

(33) 「故陸軍砲兵大佐 寺田利光氏略歴」、川瀬侍郎「寺田大佐の生涯」、松崎中佐「寺田大佐の抱懐せし対蒙政策」、烏爾金「興安軍の恩人・寺田顧問」満洲国治安部『鉄心』四―二、一九三八年二月、東京外国語学校『東京外国語学校一覧 昭和十四年度』。以下、語学将校の経歴については特に断らない限り、同一覧による。

(34) 相良俊輔『赤い夕陽の満州野が原に』光人社、一九八五年、一五二～一七〇頁。また「天保銭」組においても関東軍参謀・工兵大尉であった菅野謙吾(27)は爆薬の入手、ハルビン駐在武官であった竹下義晴(23)は北京で、参謀本部附支那研究員であった石野芳雄(28)は山海関で張作霖乗車列車の確認を担当している。

(35) 「故陸軍歩兵大佐 東宮鐵男氏略歴」、小畑敏四郎「純情熱血の士東宮大佐」前掲『鉄心』四―二。一九三二年東宮と一緒に軍事顧問(当時は軍事教官)に就任した北部邦雄は、「当時の東宮大尉は既に満洲の事情に精通しておられ我々新任教官を懇切に指導され」たと述べている(北部少佐「満軍建設の恩人〝東宮大佐〟」同)。

(36) 前掲『陸軍・秘密情報機関の男』三七頁。香川は奉天占領を皮切りに吉林、大興、錦州、ハルビン、寧安など満洲全域を転戦していった。岩井はそのような「活躍ぶり」が有力者の目に留まり顧問就任につながったと推察している(同三九～四一、六九～七〇頁)。

(37) 山田朗「軍事支配(2)日中戦争・太平洋戦争期」浅田喬二・小林英夫編『日本帝国主義の満州支配』時潮社、一九八六年、一七五～一七八頁。

(38) 「故陸軍歩兵中佐野田又雄氏略歴」、「座談会『野田顧問を語る』」『鉄心』六―一一、一九四〇年一一月、『日本革新運動秘録』一九三八年、JACAR：A06030088800、「第一独立守備隊将校同相当官職員表」一九三四年八月一日調、『関東軍職員表』一九三四年一月～一二月、JACAR：C13070946900、前掲『五千日の軍隊』一二九～一三一頁、木下眞澄「我甘支隊ト共ニ行ク」『軍医団雑誌』二六、一九三九年三月。

(39) 山室信一『キメラ―満洲国の肖像』増補版、中央公論新社、二〇〇四年、三四八～三五〇頁。山室は「蒙古連盟自治政府」としているが、文脈からすれば「蒙古連合自治政府」が正しいだろう。

(40) 以下、蒙古軍の成立に関しては、森久男「蒙古軍政府の研究」『愛知大学国際問題研究所紀要』九七、一九九二年九月、八四～一一五頁による。

(41) 茂川秀和ヒアリング（一九五三年一〇月）、秦郁彦『実証史学への道』中央公論新社、二〇一八年、二三三頁。大迫と茂川は、熱河作戦に策応した天津謀略や華北分離工作にも従事している（同二三三～二三四頁）。大迫による同工作については、古屋哲夫「日中戦争にいたる対中国政策の展開とその構造」（同編『日中戦争史研究』吉川弘文館、一九八四年）八七頁も参照。

(42) 張家口兵団司令部「蒙古軍軍事顧問部編成ニ関スル命令」一九三八年二月一七日、『昭和十三年　陸支密大日記』JACAR：C04120273600。

(43) 蒙古軍司令部『経済概況書』一九四〇年三月、別表第九、JACAR：C13021524100。その他、各特務機関長も満洲国軍事顧問就任者が多い。厚和では桑原荒一郎（26）、多倫では宍浦直徳（28）、張家口では吉岡安直（26）、松井太九郎（22）、張北では田中久（25）、桑原荒一郎、徳化では田中久、森岡皐（22）、河崎思郎（23）、下永憲次（23）、包頭では金川耕作（26）、田古里直（27）がそれぞれ機関長に就任した。なお田古里は一九三九年三月に厚和特務機関長代理、その後も同機関長を補佐する任に就き、蒙古軍軍事顧問部などと連絡をとり、対ソ諜報活動、謀略準備に従事したことがわかる（「駐蒙軍命令」一九三九年三月一三日、二九日、陸軍省『昭和十四年　陸支受大日記　第17号1／3』、同2／3、JACAR：C04120820200、C04120825300）。

(44) 森島守人「対華謀略工作の一こま」『日本評論』二五―一一、一九五〇年一一月、一三六頁。

(45) 配属将校制度とは、中等学校から大学までの学校における男子学生の軍事教練指導のために現役陸軍将校を配属する制度であり、軍縮整理の結果、過剰になった現役将校を温存することや学校の軍事化をねらいとした。ただし配属将校となることは左遷ではなく、優秀かつ人格者が選抜されている（石﨑吉和・齋藤達志・石丸安蔵「旧軍における退役軍人支援施策」『戦史研究年報』一五、二〇一二年三月、三二、三五頁）。

(46)「戦死情況及経歴」『鉄心』二―一一、一九三六年一一月。

(47) また香川は陸軍省軍務局軍事課長に就任した岩畔豪雄との強い人脈を有していた（前掲『陸軍・秘密情報機関の男』一一〇～一一二頁）。

(48)「戦死情況及経歴」『鉄心』三―九、一九三七年九月。

(49) 出願年齢は「満三十歳以下」とされている（「満洲国軍日系軍官及軍需候補者の募集」『戦友』二八〇、一九三三年一〇月）。幹候は入営した現役兵で中等学校以上の学校教練合格者などを採用し、予備役少尉・下士官要員として養成するものである。前身の一年志願兵制度では、服役中の経費が自弁であった（秦郁彦編『日本陸海軍総合事典』第二版、東京大学出版会、二〇〇五年）。

(50) 海軍軍人や軍医、雇員などは除外した。『鉄心』は国立国会図書館において一巻一号（一九三五年二月）より六巻八号（四〇年一〇月）の所在が確認できる。

(51) 前掲「戦死情況及経歴」『鉄心』三―九。

(52) 鈴木健一「満洲国における日系軍官養成問題」『近畿大学教育論叢』一〇―二、一九九九年一月、四〇頁。日本軍による満洲国軍の蔑視については、前掲「関東軍と満洲国軍」、第Ⅱ部第三章参照。

(53)「座談会 日系軍官の心境を打診す」『鉄心』四―五、一九三八年五月、八九～九〇頁。

(54)「軍官団教育を如何にすべきか」『鉄心』六―六、一九四〇年六月、九五頁、満洲国軍編纂委員会編『満洲国軍』（蘭星会、一九七〇年）五八六頁、佐々木到一『満洲国軍建軍秘史 指導篇 分冊其弐』一九四三年五月、防衛省防衛研究所所蔵。

(55) 第一軍管区顧問部「第一軍管区軍月報」一九三四年一二月分、陸軍省『昭和十年 満受大日記別冊 第二号』JACAR：C01003308530。満洲国軍の部隊構成単位は、日本軍の制度と概ね以下のように対応している。師―師団、旅―旅団、団―連隊、営―大隊、連―中隊、排―小隊、班―分隊（「満洲国軍の現況」『週報』一八〇、一九四〇年三月二七日）。上校は大佐に相当する。

(56)「座談会 満系中堅層に聞く」『鉄心』四―八、一九三八年八月、一四四～一四五、一四九頁。その一方で「満洲国の諸機構の中で満人を一番多く而もよく使つて居る所は満軍である」と「好感」を持っており、軍以外でも日系官吏を置かないで「顧問制」とすることを主張した「満人」もいた（C・K生「満人は斯く叫ぶ」同四―六、同年六月、一九八頁）。

(57) 第二軍管区司令部顧問部「第二軍管区月報 康徳元年十二月分」『昭和十年 満密大日記 別冊第二号』JACAR：C01003085300、満洲日日新聞社編『満洲建設烈士遺芳録』満洲日日新聞社東京支社出版部、一九四二年、五三九頁、陸軍省編『陸軍後備役将校同相当官服役停年名簿』一九三四年四月一日調、九二九頁。

(58) 軍政部顧問部「満洲国軍ノ現況」一九三五年一二月一〇日、『自昭和十一年一月三十日至同三月十八日　陸満密綴　第二号』JACAR：C01003097800。ほかに第一軍管区第一教導隊軍官候補生連、奉天陸軍病院、陸軍監獄、興安省警備軍林西陸軍病院（代）、銭家店陸軍病院と病院および監獄の長にも日系の進出がなされた。

(59) 軍政部顧問部『満洲国軍ノ現況』一九三七年一月（松野誠也編『十五年戦争極秘資料集　補巻20』不二出版、二〇〇三年）附録第三。ただし、独立山砲兵第一連および興安山砲兵第一営は部隊長代理であった。ほかに奉天・林西・通遼の各病院および奉天監獄の長に日系が就いている。

(60) 陸軍省編『陸軍予備役将校同相当官服役停年名簿』一九三四年四月一日調、一〇三九頁。川崎は陸大三四期であった（上法快男編『陸軍大学校』芙蓉書房、一九七三年、附録第七）。

(61) 前掲『満洲国軍ノ現況』附表第二、治安部軍事顧問部「満洲国軍月報」一九三八年七月分、陸軍省『昭和十三年　満受大日記』JACAR：C01003413000。ある江防艦隊司令部翻訳官は、「最高長官艦長の大部分は〝満洲人〟である。しかしすべての軍権があり、言って決めるのは、やはり副艦長に就任した日本人である」と回想している（山大柏『我是日軍翻訳官　偽満「江上軍」親歴記』春風文芸出版社、二〇〇〇年、二四頁）。

(62) 治安部軍事顧問部「満洲国軍月報」一九三七年一〇月分（一）、陸軍省『昭和十三年　満受大日記　第三十四冊ノ内其四ノ一』JACAR：C01003332700。

(63) 「佟衡自述」一九五四年七月二四日、『内幕』五八六頁。一九三六年の時点においては、「直接満軍を教育する者が満語が出来ないとあつては絶対に不可」として日系軍官に中国語修得が要請されている（一顧問「日系に語る」『鉄心』二―六、一九三六年六月）。軍政部（のち治安部）発行の満洲国軍人向け雑誌『精軍週刊』は、第九一号（一九三六年五月二日）より第一七九号（一九三八年四月七日）の存在（ただし欠号が多い）が確認できるが、第一七七号（一九三八年三月二一日）の頃には、「日語講座」が掲載されるようになっている。なお一九三九年以降も軍官学校においては、中国語やモンゴル語の授業が行われた（前掲「陸軍軍官学校の設立から見る満洲国軍の育成・強化」一四〇頁）。

(64) 佐々木大佐「新軍建設の指導精神」『鉄心』一―一、一九三五年二月。

(65) 前掲『満洲国軍を語る』八九頁。一九四三年三月延吉では、「部隊ノ日系ハ階級ノ如何ニ拘ラス上官ナリ」とする軍官（日系か満系かは不明）の言動が探知されている（憲兵総団司令部「高等警察月報（三月分）」一九四三年四月一五日、吉林省檔案館ほか編『日本関東憲兵隊報告集（第二輯）』一五、広西師範大学出版会、二〇〇五年、三五頁）。

(66) 例えば、あるモンゴル人軍官は、「我々ノ階級ハ外形ハカリノモノテアル我々ノ意見ハ下級日系者ノ手ニ依リ潰サレ不平ノ持ッテ行キ所カナイ」と述べている（海拉爾憲兵隊「思想対策月報（五月分）」一九四一年六月六日、吉林省檔案館ほか編『日本関東憲兵隊報告集（第一輯）』一、広西師範大学出版社、二〇〇五年、一〇三頁）。

(67) 多田駿より陸軍省宛、一九三三年七月二〇日、『昭和八年 満密大日記 二四冊ノ内其一七』JACAR：C01002902200。各顧問からの回答に関しては、前掲「関東軍と満洲国軍」も参照。

(68) 留部庶務課邦人調査班「満洲全図 満洲国軍配置並びに情況要図」『自昭和十五年至昭和二十年 軍戦備調査録』一九五四年三月三日調製、JACAR：C12121382700。

(69) 陸軍将校生徒試験常置委員編『陸軍予科士官学校陸軍幼年学校受験入校の手引』大日本雄弁会講談社、一九三八年、二〜三頁。

(70) ある二期生は、大連に渡るため東京に集合した同期生の様子を、「まちまちな学生服に、言葉も東北訛りや九州弁などが入り乱れ」ていたと回想している（『朔風万里』同徳台二期生会、一九八一年、七一頁）。またある四期生は、「弱冠十七歳で日本海を渡」ったとしている（『渺茫千里Ⅱ 予科入校五〇周年記念誌』同徳台四期生会、一九九三年、五〇頁）。

(71) ただし本科で陸士に入学した満系生徒と日系生徒は深い交流を築き得た（前掲『朔風万里』一五九〜一六六頁）。

(72) 以下、前掲『渺茫千里Ⅱ 予科入校五〇周年記念誌』による。

(73) 同徳台一期生会『先駆』第一部、一九八六年、三四六〜三四七頁、前掲『渺茫千里Ⅱ 予科入校五〇周年記念誌』八七頁。

第二章　満洲国軍の変化と国兵法

はじめに

前章までは満洲国軍の軍官について扱ってきたが、本章では一九四〇年四月に満洲国で公布された国兵法をとりあげ、兵士の問題について扱う。同法により以前にも増して多くの満洲国住民が満洲国軍に関わることとなった。人々は同法をどのように認識し、満洲国軍にとって同法はどのような意義を有したのだろうか。

第一節では国兵法の施行実態を明らかにするとともに、同時期の満洲国軍の性格について再考し、第二節では国兵法を朝鮮や台湾における状況と比較しつつ帝国日本の植民地兵制の中に位置づけ、第三節では中国近代兵制の文脈に国兵法を位置づける。

一　国兵法の施行実態および満洲国軍の変化

満洲国軍における兵士補充方法の変遷は、四期に区分される。第一期は一九三二〜三三年度の募兵制度不整備期であり、旧来と変わらない無統制な時期である。第二期は三四〜三六年度の募兵制度確立期であり、募兵に中央の許可

表25　満洲国軍兵力数（1932-45）

<table>
<tr><th colspan="2">軍管区</th><th>所管主要地域</th><th>1932年9月[1]</th><th>1933年8月[2]</th><th>1935年11月[3]</th><th>1936年12月[4]</th><th>1937年10月[5]</th><th>1938年7月[6]</th><th>1939年[7]</th><th>1945年8月[8]</th></tr>
<tr><td colspan="2">第1</td><td>奉　天</td><td>17,153</td><td>20,541</td><td>10,835</td><td>11,060</td><td>10,680</td><td>9,207</td><td>3,841</td><td>10,300</td></tr>
<tr><td colspan="2">第2</td><td>吉　林</td><td>44,692</td><td>34,287</td><td>12,077</td><td>10,699</td><td>12,046</td><td>9,072</td><td>5,800</td><td>7,700</td></tr>
<tr><td colspan="2">第3</td><td>黒龍江</td><td>43,485</td><td>25,162</td><td>9,851</td><td>8,034</td><td>7,752</td><td>7,386</td><td>4,352</td><td>7,400</td></tr>
<tr><td colspan="2">第4</td><td>濱　江</td><td rowspan="2">—</td><td rowspan="2">—</td><td rowspan="2">20,190</td><td rowspan="2">11,549</td><td rowspan="2">9,189</td><td rowspan="2">13,491</td><td>5,712</td><td>7,200</td></tr>
<tr><td colspan="2">第7</td><td>三　江</td><td>7,015</td><td>4,500</td></tr>
<tr><td colspan="2">第5</td><td>熱　河</td><td>16,200[9]</td><td>17,945</td><td>7,509</td><td>6,563</td><td>6,570</td><td>6,359</td><td>5,280</td><td>28,000</td></tr>
<tr><td colspan="2">第6</td><td>牡丹江</td><td>—</td><td>—</td><td>—</td><td>6,589</td><td>4,828</td><td>2,538</td><td>6,164</td><td>5,600</td></tr>
<tr><td colspan="2">第8</td><td>通　化</td><td>—</td><td>—</td><td>—</td><td>—</td><td>—</td><td>—</td><td>6,085</td><td>5,000</td></tr>
<tr><td rowspan="4">興安軍</td><td rowspan="2">第9</td><td>興安南</td><td rowspan="4">12,921</td><td>1,682</td><td>937</td><td>954</td><td>875</td><td>1,770</td><td rowspan="4">5,000[10]</td><td rowspan="2">5,500</td></tr>
<tr><td>興安西</td><td>—</td><td>1,022</td><td>1,057</td><td>715</td><td>789</td></tr>
<tr><td rowspan="2">第10</td><td>興安東</td><td>900</td><td>788</td><td>812</td><td>822</td><td>2,066</td><td rowspan="2">2,000</td></tr>
<tr><td>興安北</td><td>874</td><td>750</td><td>1,968</td><td>1,195</td><td>1,377</td></tr>
<tr><td colspan="2">第11</td><td>東　安</td><td>—</td><td>—</td><td>—</td><td>—</td><td>—</td><td>—</td><td>—</td><td>7,500</td></tr>
<tr><td colspan="3">警備軍 小計</td><td>134,451</td><td>101,391</td><td>63,959</td><td>59,285</td><td>63,861</td><td>54,055</td><td>50,752[11]</td><td>90,700</td></tr>
<tr><td colspan="3">直轄その他</td><td>2,385</td><td>9,013</td><td>6,366</td><td>7,923</td><td></td><td>10,838</td><td>26,251</td><td></td></tr>
<tr><td colspan="3">総　　計</td><td>136,836</td><td>110,404</td><td>70,325</td><td>67,208</td><td></td><td>64,893</td><td>77,003</td><td></td></tr>
</table>

註

1）多田駿「状況報告」1932. 9（『昭和七年 満密大日記 十四冊ノ内其十一』JACAR : C01002817200）.

2）多田駿「満洲国軍政指導状況報告」1933. 8（『昭和八年 満密大日記 二十四冊ノ内其十八』JACAR : C01002918600）.

3）軍政部顧問部「満洲国軍ノ現況」1935.12（『自昭和十一年一月三十日至同三月十八日 陸満密綴』JACAR : C01003097800）.

4）軍政部顧問部『満洲国軍ノ現況』1937. 1（不二出版，2003年復刻）.

5）治安部軍事顧問部「満洲国軍月報」1937.10（『昭和十三年 満受大日記 第三十四冊ノ内其四ノ一』JACAR : C01003332700）．治安隊を含まず.

6）「満洲国軍月報」1938. 7（『昭和十三年 満受大日記』JACAR : C01003413000）.

7）「康徳六年度満洲国軍保有兵力概数」『満洲国軍事文件』東北師範大学図書館東北文献中心所蔵．治安隊を含む．直轄その他の内訳は，直轄3,675，特殊部隊8,193，国防軍14,383である.

8）傳大中『偽満洲国軍簡史』（吉林文史出版社，1999年）第21章.

9）洮遼警備軍兵力.

10）南・北の兵力．直轄その他には興安軍から編制された興安師2,934が含まれる.

11）憲兵隊613，禁衛隊888を含む.

が必要になった時期である。第三期は三七〜三九年度の割当募兵期であり、中央から各地に募兵人員を割り当て計画的に募集した、中央の統制がより強化された時期である。第四期は四〇年度以降の国兵法施行期であり、それまでの志願に基づく募兵から徴兵制に改められた時期である。(1)

満洲国軍の兵力数は表25のように推移した。三二年から三九年にかけて、総兵力は一三万六〇〇〇から七万七〇〇〇へ、その中核を占める警備軍の兵力は、一三万四〇〇〇から五万にまで減少している。満洲国軍の整備・強化に当たって重要となったのは、指揮官および兵士の刷新であった。前者に関しては、すでに述べてきたように軍官学校等新設による満系軍官の本格的な養成や日系軍官の増員がなされた。後者に関しては裁兵（兵士の解雇）によって旧来の兵士が淘汰され、それが一区切りついたところで、四〇年国兵法の施行によって「良質」な兵士が補充されていく。

国兵法の制定に際しては、一九三九年度協和会全国連合協議会において、「徴兵令実施促進に関する件」（間島・三江・安東・奉天・錦州・興安東・北安・龍江省連合協議会提出）が審議され、それを受けて満洲国政府が徴兵制の本格的研究に着手したというように、民意に基く立法であるという形式が整えられている。(2)

国兵法により「帝国人民タル男子」は、兵役の義務を有することとなった。(3)徴兵適齢は一九歳、兵役は当初現役のみで期間は三年であった。

1　兵力数の増大と質の向上

国兵法施行後、兵力数は再び上昇し、一九四五年には満洲国軍創設当初並みに回復していった。兵力動員数に関して、第九軍管区（興安南・西省）、第一〇軍管区（興安東・北省）の募兵数をみると、(4)第九軍管区は三七年八五〇、三八年六〇〇、第一〇軍管区は三七年二〇〇、三八年三〇〇、三九年は両軍管区合わせて一〇〇〇であったが、国兵法施行後、第九軍管区は毎年約二〇〇〇、第一〇軍管区は約五〇〇〇を徴集した(5)。全体数でみると、募兵数は三七年度一万一六五〇、三八年度一万七九〇〇、三九年度二万九〇〇〇であったのに対し、国兵徴集数は第一〜三期（四一〜四三年入営）各二万五〇〇〇、第四・五期（四四〜四五年入営）各四万二〇〇〇となった(6)。総兵力は三九年一二月時点で五万八九四〇(7)、第一期国兵入営後の四一年一〇月編制の時点で五万九八〇〇、四二年一〇月時点で約八万一〇〇〇、四五年四月改編では一二万九〇〇〇とされている(8)。

これまで国兵法の意義に関しては、教育レベルの高い者を徴兵して国民中堅を養成するという教育的側面が強調されており(9)、徴兵数が制限されていたイメージを持ちがちであるが、国兵法施行は兵力数増大の転機となっている。すなわち国兵法の軍事的意義が改めて確認される。

では兵士の学力レベルはどうだろうか。一九三六年一〇月九日に制定された「第一軍管区康徳三年度秋季徴募規程(10)」（以下「康徳三年度規程」）では学力に関しては、「簡単な学力を備える者」とするだけであった。徴募検査は身体検査と学科検査の二種類に分かれたが、身体検査に重点が置かれ、学科検査では文字をいくらか知っているかが確認された。第二軍管区においては、「相当の常識を備え、識字できる者」とされた(11)。三七年度以降の募兵でも、「相当ノ常識ヲ有スル者」とされただけである。三六年度第三軍管区における募集実績をみると、中学校卒五一（五・五％）、小学校卒五一七（五六・一％）、無学三五三（三八・三％）となっている(12)。

これが国兵法期にはどうなるか。この点に関してはすでに山田朗が、国兵法に基づく徴兵は、国民高等学校卒業者および同等の学力を有する者から選抜されたとし、大学入学資格に準ずるその学力規定の厳しさを強調している(13)。

しかしそれは国兵法施行規則の読み誤りである。同規則によると、壮丁は素養、家庭事情、体格等位の状況でそれぞれ甲・乙・丙に区分される。甲または乙に該当する者は「兵役ニ適スル者」であり、丙に該当する者は「兵役ニ適セザル者」とされる。素養に関しては、「国民高等学校又ハ之ト同等以上ノ学校卒業者若ハ此等ノ者ト同等以上ノ学力アリト認ムル者」が甲、「国民学校卒業又ハ之ト同等以上ノ学校卒業者若ハ此等ノ者ト同等以上ノ学力アリト認ムル者ニシテ第一号ニ規定スル（引用者注—甲）以外ノ者」が乙、それ以外が丙である（第八五条）。家庭事情に関しては、「生計其ノ他家庭ノ状況良好ニシテ本人徴集セラルルモ支障ナキ者」が甲、「生計其ノ他家庭ノ状況概ネ良好ニシテ本人徴集セラルルモ大ナル支障ナキ者」が乙、それ以外が丙である（第八六条）。体格等位に関しては、「身長一、五五米以上ノ者ニシテ身体強健ナル者」が甲、「身長一、五五米以上ノ者ニシテ身体甲ニ次グ者」が乙、「身長一、五五米未満ノ者及疾病其ノ他身体又ハ精神ノ異常アル者」が丙、判定が難しい者が丁である（第八七条）。これらの三要素を考慮して「兵役ニ適スル者」を配賦人員に応じて徴集する。徴集順序は兵種ごとに抽籤で決める（法第二二条）。

すなわち、国兵法によって兵士の学力レベルが上昇したのは間違いないが、国民高等学校卒業程度の者のみで構成されているという国兵像は修正されなければならない。国民学校卒業程度の者も徴兵されたのである。

さらに兵士の体力的資質も向上している。「康徳三年度規程」では体格に関して、身体強壮、身長一・五五メートル・体重四五キログラム以上としていた。(14) また三七年度以降の募兵では、体格標準として身長一・五五メートル以上、体重五〇キログラム以上、視力〇・七以上と定められており、身長の基準は変わらず、体重の基準が五キログラム上がっている。(15) 一方、国兵法においても身長の基準は先にみたように一・五五メートル以上と変わっていない。体重の基準は明確ではないが、「筋骨稍薄弱」で乙、「筋骨薄弱、甚薄弱」で丙、視力に関しては、矯正視力〇・六以上で乙、同未満で丙となった。(16)

陸軍軍医少校二戸源治は、募兵期、三八年の受検者約二万五〇〇〇人の体格を分析している。(17) 二戸によると、「大多数農村或ハ労働者等ニ属シ比較的下層部ヲ占ムル勤労階級ノモノ」で、民族別にみると、多くは「所謂満洲人」

（漢族および満洲族を指す）で、一部「通古族及ビ蒙古族」を含んでいた。結論の主要部は以下の通りである。
①全体の身長平均値は一六五・〇九±〇・〇二センチ、体重平均値は五五・〇一±〇・〇二キロであった。
②身長、体重ともに一七歳より年々大なる発育を示すが、身長は二一歳をもって発育をほとんど完了し、体重は二一、二二歳間で一時増加を停止するも、その後二三歳まで漸次増加する。
③省別にみると、概して満洲中部および南部の者は長身で、北部の者は短身である。[18]体重については明らかな差異は見出しがたい。
④日本人壮丁・農夫と応募者とを比較すると、応募者は身長、体重ともにはるかに勝っているが、「身体ノ筋肉、内臓ノ充実、骨格ノ発育」で劣っている。
すなわち受検者は体格基準より平均身長は一〇センチ、平均体重は五キロ上回っているが、筋肉や骨格、内臓の充実の点で日本人より劣ると評価されている。

さらに二戸は、国兵法期の兵士の体格についても分析している。[19]測定対象は、四一年度国兵漢満人三八六名、モンゴル人[20]二三四名、四二年度国兵漢人四二九名である。四一年度国兵のうち一八四名は歩兵で全満各地より徴集したものであり、一八一名は高射砲兵で吉林省出身者、二一名は衛生兵で同じく吉林省出身者である。モンゴル人二三四名は騎兵で全満各地より徴集したものであるが、その五二％はハルハ人、二五％はダホール人、一六％はバルガ人、ほか三％前後はソロン、ブリヤート人等である。また四二年度国兵は高射砲兵で吉林省出身者である。測定はモンゴル人は四二年一月、他は同年三月もしくは六月に実施された。四一年度国兵は入隊後八ヶ月経過後、四二年度国兵は入隊時の測定である。測定内容は、（a群）身長、座高、胸囲、背筋力、（b群）体重、上膊囲（屈位）、肺活量、握力である。四二年度国兵の身長・体重（表26参照）を先の三八年受検者と比較してみると、四二年度国兵が上回っている。

表26　1942年度国兵（漢人）

	農　業	商　業
検査人員	349	80
身長　cm	166.9±0.285	167.0±0.553
座高　cm	90.9±0.153	91.0±0.337
胸囲　cm	84.4±0.168	83.9±0.337
体重　kg	56.15±0.254	56.15±0.581
上膊囲（伸）　cm	24.5±0.073	24.5±0.186
同　（屈）　cm	27.6±0.082	27.6±0.202
頚囲　cm	34.7±0.068	34.6±0.141
胸郭（前後）　cm	18..9±0.060	18.8±0.129
同　（左右）　cm	25.2±0.067	25.2±0.123
肺活量　cc	3980±26.52	3985±63.39
背筋力　kg	116.4±1.28	127.8±3.01
握力（左右和）　kg	80.1±0.592	83.8±1.42
支持力	34.4±0.766	37.8±1.81
大腿囲　cm	47.2±0.139	47.1±0.301
下腿囲　cm	33.6±0.089	33.9±0.119

典拠：二戸源治「国兵ノ体勢ニ就テ」『軍医団雑誌』49，1943.1

また二戸は民族別体勢（漢満人、モンゴル人、八路軍）を比較している。(21) 概して「国軍ハ長育著シク大ナルモ細長ニシテ」、「体構ニ比シテ筋力坐標ノ著シク劣レル栄養状態ノ極メテ劣悪ナ所謂智的作業型ニ属スルモノデアリ、兵業能力ヨリ見ル時ハ余リ優秀ナルモノトハ云ヘナイ」。八路軍は「体構ニ比シテ筋力坐標ガ漢満族国兵ノソレヨリモ更ニ一層甚シク劣ッテ」いると評価している。さらにその結果に対して、「大体ニ於テコレ等諸族ノ体勢ノ特異性トモ考ヘラレルガ、ソノ一部ハ国兵ノ選択ガ家庭ノ事情、或ハ智能ノ程度等ニ重点ガ置カレテ居ル為ニモ因ルモノト考ヘル」としている。

ただし満洲国においては日本国内とは反対に、「智的作業型」に属する壮丁は、それ以外の壮丁に比べ、体格的に優れた層であった。すなわち四二年度兵において農業出身者と商業出身者とを比較してみると、「智的作業型」に該当すると考えられる後者の方が体格・体力において勝っている。特に、戦闘能力に直接関わる肺活量、背筋力、握力、支持力において顕著な差が現れている。同様のことは、二戸らの別の調査において、漢人の労働者と知的作業者の体格を比較すると、後者が勝っていることからも裏づけられるという。二戸は、「智的作業者ノ体格ノ方ガ却ッテ優秀デアルト云フコトハ、漢満族ノ農業者或ハ下層階級者ノ生活環境ガ同族ノ商業者ニ比シテ著シク非衛生的デアリ、特ニ栄養状態ノ著シク劣悪ナルコトニ基因スルノデハニナイカト考ヘル」と述べている。

国兵法以前の募兵期においては、募兵の主体は下層階級者であったと考えられるが、以上からすれば、国兵法以降はそれ以前に比べて体力的により優位な兵士が徴集されたであろう。すなわち国兵法の意義として、兵士の学力レベルだけではなく、体力的資質の向上が確認されるのである。

2　徴兵の消極的な受容

国兵法が施行されると、関内出身の適齢者が故郷へ帰ったり、満洲国から関内へ出ている適齢者に対して家族などが帰らないように助言したりしている例がみられる。(22)

その一方で国兵合格者の間には徴兵を仕方がないとして消極的にではあるが受容する反応が多くみられる。例えば四一年三月、牡丹江省綏陽県の徴兵検査受検者一二二名中合格者は九名（合格率七・四％）、東寧県の受検者二六三名中合格者は三四名（同一二・九％）で、受検者計三八五名、合格者計四三名（同一一・二％）であった。受検者の思想動向を内偵すると、「合格ヲ希望スルモノ　三割」「合格スルモ已ムヲ得ストスルモノ　四割」「不合格ヲ希望スルモノ　三割」であった。(23)また興安北省でも四一年入営者の言動として、「如何ニ軍隊ニ入ルノカ嫌テモ上ノ人カラ命セラレタラ仕方カナイ」「今度入営シマスカ家計ヲ考ヘルト大変心配テスカ国家ノ法規テスカラ仕方カアリマセン」という認識がみられる。(24)以上は断片的ではあるが、治安部「思想対策月報」（同年五月分）において、「合格者ニシテ一部積極的ナル者アルモ殆ト没法子的ナリ」(25)と満洲国全体の状況を総括しており、全体の傾向と合致していると考えられる。

そもそも傀儡国家である以上、人々の間に当局が望むような建国精神を理解し、真に国家意識に基づいた国兵法の受容はほぼ望むべくもなかったであろう。すでに指摘されているように、国兵法が国民中堅養成機能を発揮するのは困難であった(26)。ただし、さらに指摘すべきは、人々の意識や行動は当局が望む国家意識を内面化するか否かの範疇にとどまらなかったことである。合格者が以下のように国兵法施行が生み出した状況を利用できたことは徴兵を消極的にではあるが受容させる一因となったと推測される(27)。

①軍人としての権威の利用

国兵によるいくつかの暴行事件が確認できる。例えば、一九四三年一月、熱河省において、ある日系運転手が物資を運搬中、軍需品輸送中の満軍荷馬車に遭遇した際、馬が暴れ転覆し、運転手が陳謝するも、兵士たちが暴行を加える事件が起こっている(28)。また奉天市では同年二月中旬、国兵約三〇名が日系バス運転手などに暴言を吐きつつ運賃不払いのまま逃走している(29)。錦州市では同年三月、国兵合格者二名が劇場に「国兵ナリトテ無料入場」しようとして日系従業員に止められたのを恨みに持ち、後日同従業員に暴行を加えた事件が起こった(30)。これらは日本軍人の横暴さをなぞったものであり、普段虐げられている被支配側が軍の権威を利用して日系に意趣返ししているとも言えよう。

また暴行の対象は日系に限らなかった。奉天省では四三年、「出荷ヲ繞ル国兵合格者対屯長及警察官トノ暴行事件」が起っている。「十月十五日鉄嶺県茨榆台村七里屯居住国兵合格者二名ハ屯長ニ対シ今春ノ自己所有地作付割当ニ反感ヲ譲成シアリタル処先般国兵検査ニ合格セル優越感ヨリ糧穀出荷割当ニ際シ不当ナリト屯長ヲ殴打暴行セル為県警務科側ニ於テ事件送致ノ予定(31)」という。これは国兵合格者が国兵の権威を利用して従来の村落秩序に反抗しようとして起こった事件と言えよう(32)。

②教育機会や技術修得機会の利用

徴兵は特に貧困層にとって教育機会の獲得を意味した。牡丹江省東寧県の住民は徴兵を支持する意見として、「無学者ハ軍隊ニ於テ教育ヲ受クルタメ入営カ得策ナリ」「入隊スレハ射撃方法ヲ会得スルヲ以テ対匪自衛上好都合ナリ」という点を挙げている。(33)

③就職・都会在留機会の利用

兵役経験は就職機会の獲得へとつながった。四一年一月九日民生部令第二号「退営者又ハ傷痍軍士兵ヲ使用スベキ事業者指定ノ件」においては、民生部大臣が退営者・傷痍軍人の使用に関して命令し得る事業者として、満洲中央銀行、満洲電信電話株式会社、株式会社大興公司など計六五事業者を指定している。(34) この規定に基づいて実際どれほどの除隊兵が就職したのかについて、全容は明らかにできないが、除隊兵の就職に関して次の事例を挙げることができる。四一年七月牡丹江憲兵隊は、独立第二自動車隊除隊兵の就職希望の大部分は自動車運転手であり、三名が就職の機会を得たと報告している。(35) また四三年三月東安憲兵隊は、鶏寧滴道炭鉱警備員一九名、第一一軍管区軍法処雇員一名、同軍機処雇員一名、「□安国際公司」一名の就職を報告している。(36)

そして兵役後の就職は農村出身者にとって都会在留機会の獲得を意味した。日本を含め、徴兵制採用国で共通して見られる現象であるが、(37) 満洲国軍においても除隊後、農村出身者が農村に帰らず、都会に留まっていることが問題視されている。治安部は四一年六月、「除隊者ノ職業志望ハ依然一部ノ者ヲ除キ官公吏□官等ヲ志望シ労働ヲ嫌忌スル傾向ニシテ都会地ニテ徒食シ帰農セス不正ヲ働クモノアリ」とし、憲兵総団も四三年四月、「蒙系除隊者中ニハ牧畜業ヲ顧ミス都会地ニ於ケル文化生活ニ憧憬シ或ハ社会的地位ヲ占ムルニ便ナル職業ニ向フ傾向増加シツツアリ」と報告している。(38)

ほかに国兵法施行の意義としては、貧困層の軍務負担偏重の解消へ作用したことが挙げられる。治安部参事官の長島信義は、国兵法制定に際して次のように述べている。(39)

現行募兵制度は康徳四年（引用者注―一九三七年）より実施せられてゐるのであるが之は割当募兵制であつて人口数に比例して一定地域に一定数の壮丁を選出せしめてゐるのである。従つて募兵とは言ふもの丶実質は一定地域に義務を課した半強制的募兵である。処が実際入隊して来る壮丁の家庭の状況を調査して見ると其の殆んど全部が貧困家庭である。県長の子供とか金持ちの子弟は決して入隊しない。即ち地域的義務の負担者は実際は極貧階級のみに偏して義務の各階層への均等化は図り得なかつた。処が国兵法が施行されると壮丁全員に義務が課せられるのであるから、壮丁検査に合格さへすれば、省長の息子であらうと司令官の子供であらうと文句なしに徴集される。従つて従来の義務負担の不均衡は根本的に是正せられるのである。

3　貧困層の軍務負担偏重の解消

国兵法以前、募兵制度確立期、割当募兵期においては、募兵業務の末端レベルの裁量を許していたため、貧困層に負担が偏重する制度として機能したと考えられる。募兵制度確立期においては配当人員の選出は各県長の責任であった。各県長は人員を各保に分配し、各保長は各甲に分配した。各甲長は住民の家庭状況などを斟酌して選抜し、管内警察署に集合させ、徴募検査を受けさせた。(40)また割当募兵期においても、県長が適齢者（満一八歳以上満二三歳以下）を調査し、割当人員の一・二〜二倍の応募者を選定し受検させた。ただし応募者連名簿は各保ごとに作成して検査前に県長に通達するものであり、検査時は保（甲）長または警察署長の引率で受検させた。(41)

実際、陸軍興安学校附陸軍軍医上尉の鈴木恒三郎は、三八年一二月末から翌年一月初にかけてモンゴル人部落の巡

回を行ったが、以下のように行く先々で募兵の不公平の訴えを聞いている。(42)

［一月二日・崗千屯近くの部落］

家族ニ会フト突然泣出サレテコチラノ云フ事ヲ聞カセルノニ一苦労シタ。要スルニ兵隊ニ取ラレテ困ル事ヲ訴ヘラレタモノデアルガ、眼ノアタリ貧困ノ状ヲ見セツケラレテ訴ヘラレルトコチラモ貰泣キヲシタ。此所デモ募兵ノ不合理即チ貧乏人ノ子供許リ兵隊ニ取ラレテ金持ノ子供ハ取ラレナイトカ、兵隊ニ取ラレタラ何時帰ルカ解ラナイ等等ノ愚知ヲ聞イタ。（中略）募兵ノ不合理ニ就テハ自分等トシテ現在解ツテ居ルガ是非ナイ状況ニ有ル。

［一月三日・六家子］

此ノ村デモ募兵ニ就テノ不平ハ、何故金持ノ子ハ採ラナイデ、貧乏人ノ子供許リ兵ニ採ルカト云フ事デアリ、徴兵制度ヲ希ンデヰルノガ見受ケラレタ。

［同日・南十家子］

南十家子ノ訴ヘモ金持ノ子供ハ募兵検査ニ殆ド行カズ、貧乏人ノ子供許リデアルト云フ事デ三嘆久シウセザルヲ得ナカツタ。

このように人々の間には金持ちが募兵されないことへの不満が高まり、貧乏人だけに重い負担が掛かるくらいなら、徴兵制実施によって平等な負担になった方がましであるという認識さえみられたのである。(43) 鈴木も「現在ノ様ナ略戸籍モ整ヒ且治安ノ良好ナル興安省ニ於テハ徴兵制度ガ希シク之ガ最モ公平ナ募兵ト考ヘラレル」と結論づけていた。

国兵法の下では、毎年の徴兵員数は各徴兵管区（軍管区に該当）に配賦され、さらに各徴兵区に配賦された。そして徴兵区ごとに設置された徴兵署において壮丁検査が実施された。徴兵人員は壮丁検査で既述のように兵役に適するとされた者から抽籤によって決定した。徴兵管区徴兵官は軍管区司令官（首席）、省長、新京特別市長が、徴兵区徴兵官は兵事処長（首席）、市長、県長、旗長、新京特別市高等官が務めた（施行令第二四・二五条）。最末端の保甲長が応募者選出に当たって裁量を働かせて割当数を満たし得た募兵期と違い、国兵法では適齢者は基本的にすべて受検しなければならなかった。確かに適齢者が届出(44)の際に虚偽の申告をして身分を偽ったり、壮丁検査の際に徴兵区徴兵官レベルに働きかけられる縁故があったりすれば、徴兵を逃れ得る可能性はあったが、国兵法期には保甲制度（保甲長は互選）は街村制度（街村長は官選）に改められ中央集権化が進んでおり(45)、募兵期に保甲長に働きかけることに比べれば難易度が高く、情実が介在する余地は小さくなっていた。適齢者は貧乏人も金持ちもすべて受検しなければならないのであるから、人々の目には公平な制度として映ったものと考えられる。

実際、断片的ではあるが、国兵法の公平性を評価する人々の反応が確認できる。司法部は四一年五月、興安西省の状況に関して、次のように述べている(46)。

　従来ノ募兵ニ際シ官公吏及一部富豪階級ニ在テハ之ヲ免ルル法モ在リタルモ国兵法施行後ニ於テハ如何ナル階級ト雖モ一定年令ニ達スル者ハ法ニ依リ受験《ママ》ヲ免レ得ザル事ニ対シ前記ノ者ノ中ニ於テ不満ヲ有スル者アリ之ニ対シ一般民衆ハ従来殆ンド貧民階級ヨリ兵役ニ採用セラレ一部階級ハ兵役ニ服スル如キ事ナカリシニ国兵法ハ実ニ公平ナリトテ好感ヲ抱ケリ

そしてあわせて「ムシロ富裕家族ヨリ多クノ合格者ヲ出」しているとする「蒙人農談」を報告している。また治安部は同月の第八軍管区の状況に関し、国兵法の「施行ハ農民ノ負担ヲ減シ農民層ニ歓迎サレアリ」と述べている(47)。学力および体格的標準を考えれば、両者において貧困層に優るであろう富裕層が徴兵に多く該当するのは自然であった。

4　満洲国軍の対外作戦補助部隊化

国兵法による徴兵制度実施は、満洲国軍の治安維持部隊から対外作戦補助部隊への性格変化に対応したものと位置づけられる。(48) 性格変化を決定づけたのは、①満洲国軍警の討伐作戦によって抗日勢力の鎮圧が進み、大規模な武装抵抗は下火になったこと、(49) ②ノモンハン戦争の影響である。(50) 三九年ノモンハン戦争直後に制定された「満洲国軍指導方針」では、ノモンハン戦争の「戦闘ノ実績ト経験トニ徴シ幾多施策ノ改善ヲ要スベキ事項アリト雖モ満洲国ハ国家ノ国防軍トシテ今日応急ノ準備ト将来出来得ル限リ精強ナル国防軍ヲ錬成シ以テ日満共同防衛、日満一体ノ国策遂行ノ武力タラシムルコト絶対的ニ必要ナルヲ確信シ」、「満洲帝国軍トシテ内容外観ヲ完備」することを方針とするとある。(51) それ以前の時期の指導方針と合わせて考えれば、「国内防衛」や「後方警備」のような文言はみられず、文脈上、「国防軍」が対外作戦部隊を意味することは明らかである。(52) 後述のようにノモンハン戦争には満洲国軍の一部が参戦して壊滅的な損害を出し、反乱も見られたが、全体として「奮闘力戦シ克ク其ノ任務ノ一端ヲ遂行セリ」と肯定的に総括されている。(53)

満洲国軍の性格の変化は部隊編成上の変化に現れた。抗日勢力討伐において最も機動性を発揮した騎兵旅は、興安軍を除き、すべて歩兵

表27　満洲国軍整備計画

		任　　務	兵力（概数）
治　安　軍		国内治安維持	60,000
特殊部隊	江上部隊	松花江上の防衛・監視	3,000
	防空部隊	戦闘機約100機・高射砲約20門	3,000
	国境監視隊	国境要点の監視および挺進任務	2,000
	自動車隊	約10中隊500輌の兵站部隊	3,000
外征軍	靖安師	靖安遊撃隊を基幹として編成	10,000
	興安師	モンゴル騎兵を基幹として編成	8,000
学校・官衙			10,000
合　計			100,000

典拠：復員局『満洲に関する用兵的観察』第１巻，1952年，附録第２，JACAR：C13010001200.

旅に転換され、討伐の範を示すべく設置された教導隊は解消された[54]。すでにノモンハン戦争前より警備軍とは別に、「国防軍」[55]、「特殊部隊」が設置され、対外作戦を見据えた編成変えが進行していた。表27は、三〇年代後半のものとみられる満洲国軍整備計画の概要である。国内治安維持に当たる「治安軍」（実際は「警備軍」と称された）に加え、「特殊部隊」、「外征軍」（実際は「国防軍」と称された）、学校・官衙を整備していく計画であった。一九三九年時点で、「国防軍」の兵力の内訳は、靖安師（靖安軍を改編・第一師）三五一六、興安師（第二師）二九三四、第一～第四独立旅各一六六一、甲部隊二五〇、乙部隊一〇三九、「特殊部隊」の内訳は、第一～第六砲兵隊一〇六二、第一飛行隊（一欠）二九〇、第二飛行隊（一欠）二九〇、第三飛行隊（二欠）二〇一、独立第一自動車隊四八七、同第二自動車隊五五三となっている[56]。

そして指導要綱[57]通りに四〇年国兵法制定によって徴兵制が実施され（当初は現役のみ）、さらに四三年待命役（予備役に該当）が設けられ、兵力動員の基盤が整えられた。待命役導入は、入営経験者をプールして大規模な対外作戦に備えるためのものである。四三年には徴兵検査合格率がそれまでの一五％から二五％にまで上昇している[58]。また四〇年には軍隊教育令を制定し、従来の治安第一主義を訓練第一主義へ改め、訓練体制が強化されていった[59]。

二　帝国日本の植民地兵制と国兵法

では国兵法は帝国日本の植民地兵制の中にいかに位置づけられるのだろうか。近代日本の「国民皆兵」システムは、一八七三年徴兵令を嚆矢とし、その後数回の同令改正を経て、一八八九年改正で一応の完成をみた。しかし徴兵制をめぐり政府および軍当局はそれ以降も数々の課題に直面しつづけた[60]。日本の支配領域が拡大し、人々の国際的な移動が活発化するなかで、「国民皆兵」をめぐる問題は決して日本本土のみに止まる問題ではなかった。具体的には、第一に、日本の支配下に入った植民地人の兵役をどうするかという問題であり、第二に、日本国外に在留する者の兵役あるいは日本に在留する外国人の兵役をどう扱うかという問題である。本節の課題に関係するのは第一の問題である。

1　満洲国における現地人部隊の活用

日本が最初に領有した植民地である台湾では、一八九七年より一九〇二年にかけて五期にわたって、現地人兵士の募集が実施され、一一三六名が採用された。これは現地人への兵役賦課を射程に入れた実験的措置であったが、結局、失敗に終わり、その後の植民地人兵役賦課議論に否定的な影響を与えることとなった[61]。

朝鮮においても現地人にすぐに兵役が賦課されることはなかった。駐劄軍参謀長兼駐劄憲兵隊長であった明石元二郎が、憲兵補助員の募集に関して、「無論徴兵法に依らす志願者を傭役し、以て民間に射撃能力あるものを可成落ざるの目的に有之候」[62]と述べているように、日本軍は徴兵により射撃能力を身に付けた現地人が各地へ広まり、抵抗運動へと流れることを恐れていた。在来の軍隊は併合過程において、皇宮の守衛・儀杖を担う朝鮮歩兵隊・騎兵隊を除き解散させられた[63]。両隊は植民地人部隊であったが、実戦部隊ではなく、自然淘汰が見込まれ、次第に縮小させられていった。騎兵隊は一九一三年に早くも解散となり、歩兵隊も徴兵制導入の参考とするための戦闘訓練実施の申し入れが陸軍中央に却下され、結局一九三一年に廃止となった[64]。ここには植民地人を兵員として本格的に動員することへの軍中央の強い忌避意識が表れている。

南洋群島は領有後、兵役上は外国と同様に扱われ、在留者は徴集延期出願が可能であった[65]。在留日本人ですら原則、徴集されなかったのであるから、現地人には当然、兵役は賦課されなかった。

樺太では一九二四年、戸籍法施行に伴い、徴兵令が施行された。本国人が兵役忌避を目的として「内地」居住のまま戸籍のみを樺太に移すことを防ぐためであった。アイヌ民族の徴集に関しては兵役への反感はないと判断され、他の現地人に関してもごく少数のため問題がなく、適さなければ徴集を免除しても構わないとされた(66)。樺太では本国人が圧倒的多数を占めていたため、他地域とは異なる措置が採られたのである。

一九三〇年代後半に入り総力戦への対応が強く迫られる時代となると、それまで強く忌避されていた植民地人の兵力動員が開始される。朝鮮では三八年陸軍特別志願兵制度が実施された。当初、「内鮮一如」の実体化や除隊者を朝鮮社会の「中堅」として育成することに主たるねらいを置いていたが、日中戦争長期化に伴う人的資源の逼迫は、軍要員の補完に目的の力点を転換させた。そして遂に四四年には徴兵制が実施された(67)。特別志願兵数は三九年六〇〇、四〇年三〇〇〇、四一年同、四二年四五〇〇、四三年六一〇〇、徴兵・召集は四四年それぞれ四万五〇〇〇、四五年合わせて三万五〇〇〇とされる(68)。

また台湾では、中国戦線に相手方と同じ漢人を投入することが危惧され、三八年には陸軍特別志願兵制度が適用されなかったが、台湾軍が武力南進する外征部隊として変化していくなか、四二年より同制度を実施することとなった。志願兵の実績をみた上で一〇年後の徴兵制実施が想定されていたが、前倒しして四五年より徴兵制が実施された(69)。人的資源の逼迫がそれほど切実であった証左であろう。特別志願兵数は四二年五〇〇、四三年同、四四年一一〇〇、徴兵は四五年八〇〇〇とされる(70)。

一方、満洲国においては、「建国」当初から帰順した在来兵力をもとに満洲国軍を設立した。すなわち領有当初から現地人部隊を置いたのである。そして朝鮮や台湾に先駆けて徴兵制を実施した。徴兵額はすでにみたように第一〜三期（四一〜四三年入営）各二万五〇〇〇、第四・五期（四四・四五年入営）各四万二〇〇〇、累計一五万九〇〇〇であり、朝鮮や台湾での徴兵額を大きく凌駕する。朝鮮人の徴兵において部隊内の朝鮮人比率制限が定められ、朝鮮人のみの部隊編成が避けられていたのとは、対照的である。(71)

満洲国において現地人部隊を積極的に利用したのは、独立国家の建前上、欠かすことができなかったからである。この点は朝鮮や台湾との根本的な違いである。満洲事変前の満蒙領有計画段階では、在来の軍隊は全廃し、日本軍が軍事力・警察力を独占するものとして計画されていたが、(72)独立国家建設へと移行したことによって、満洲国軍の状況如何に拘らず、独立国家の建前上、もはや全廃の選択肢は採り得なくなった。(73)

さらに現地人部隊の全廃は抗日勢力へ大量の兵力が流れることになるという判断があった。(74)抗日勢力をいたずらに増大させることなく、帰順した兵力をもってそれに対抗させようとしたものと考えられる。この点に関して、日本陸軍はすでに朝鮮において現地人部隊の解散、兵士の解雇が抗日勢力への流出へとつながったこと、また台湾支配において現地人をして現地人を攻撃させたことを経験済みであった。(75)

朝鮮に先行して徴兵制を実施することは、日本の陸軍当局をして「朝鮮統治上政治問題発生ノ虞」(「内鮮一体」への疑義が強まることであろう)を懸念させたが、満洲国軍側が押し切り、「日本ノ徴兵制度ト同一視セラレサル」ように「兵役法」ではなく、「国兵法」という名称の下に実施された。(76)国兵法の施行は、朝鮮での徴兵制実施を急がせる一因となったであろう。

やがて朝鮮における徴兵実施が決まると、満洲国では協和会が朝鮮人に対して徴兵準備のための訓練・講演等を実施したが、人々の関心が高い地域があった一方で、出席率が低く、低調な地域もあった。(77)朝鮮における徴兵実施は、満洲国における日本人と朝鮮人の待遇の差、特に「配給上ノ差別待遇ハ鮮人ノ皇民化運動ヲ阻害スル」、「鮮系モ皇軍ノ一員トシテ入営シアル今日斯ノ如キ差別待遇ノ趣旨カ不可解ナリ」、「徴兵制実施或ハ皇民化等叫ハレアルモ就職給与等ハ全ク日本人ト差別的タ」とする朝鮮人の言動が現れるなど(78)、満洲国統治のあり方に跳ね返ることとなった。

2　モンゴル人への期待

満洲国軍においては特にモンゴル人への期待が大きかったことが特徴的である。一九三五年一二月改正「満洲国陸軍指導要綱」において、「満洲国陸軍中蒙古騎兵等一部の兵力は逐次外征に使用し得る如く実力を向上するを要す」とされていることが注目される(79)。すなわち前述した満洲国軍の対外作戦補助部隊化の萌芽はここにあり、特にモンゴル人部隊を外征可能なように整備強化する方針であった。つまりそれほどの期待があったのである。佐々木到一は、「われわれ顧問は、改善整備の実際の衝に当たっているから、これ（引用者注―満洲国軍を外征にも堪え得るよう整備すること）が可能はつとに《ママ》確信していたのである。少なくも興安軍は必ずものにして見せるとの確信を抱いていた。ただし人的資源において蒙古民族は十分でないので、急激なる膨張は不可能だったのである」と述べている(80)。

イギリス植民地下のインド軍では、ロシアとの山岳地帯での戦闘に備えてパンジャーブ地方、北西辺境地帯、ネパール出身者を「尚武の民」として兵員に積極的に取り込んだ(81)。満洲国におけるモンゴル人もまさにそのような「尚武の民」であったといえよう。この「尚武の民」の存在も朝鮮や台湾と異なる点であった(82)。

ではなぜ日本はモンゴル人に大きな期待を寄せたのだろうか。一九三三年四、五月頃、各警備軍顧問等から最高顧問多田駿のもとに寄せられた指導参考意見では(83)、モンゴル人に関しては次のように評価されている。興安省東警備軍顧問の志方光之は、「蒙古系軍隊ノ場合ハ全然之（引用者注―満漢系軍隊の日本への民族的反感）ヲ反シ《ママ》日本ト民族的感情並ニ利害ニ於テ全然一致シアルハ過去数世紀ニ於テ露支側ヨリ交互ニ圧迫ヲ蒙リアル関係上飽ク迄日本カ正義ヲ以テ指導スルニ於テハ相当信頼シ得ルモノト判断セラレ」、「蒙古系軍隊ニ於テ特記スヘキハ対露作戦ノ場合ハ外蒙国境ノ警備又ハ外蒙経営ノ為メノ遠征、対支作戦ノ場合ハ察哈爾新疆等ノ経営ニハ自ラ蒙古民族ノ精神ヲ刺撃スルモノアルヲ以テ蒙古軍隊ノ利用ハ特ニ研究ヲ要スルモノナルヘク指導訓練ノ如何ニヨリテハ相当ノ効果ヲ期待シ得ヘキモノト信ス」と述べている。また興安北分営警備軍顧問の寺田利光も「一般蒙古人ノ親日傾向ハ決シテ今日ニ始マリシ事ニ非ルヲ以テ前記ノ指導（引用者注—モンゴル族の義侠心に訴えるような指導）宜シキヲ得ハ彼等ハ自ラ進ンテ日本軍ニ信倚シ一心同体トナリ其ノ指揮下ニ集マリ共同作戦ニ従事スヘシ」と述べている。満洲国「建国」はソ連および中国によって分断状態にあったモンゴル人の統一・民族自決を支援するという論理のもとに進められた。兵力源としてのモンゴル人への期待もその論理の延長線上にあり、外モンゴル、対ソ作戦の点から相当の期待を掛けていたのである。すでに述べたように実際に日本軍は日露戦時特別任務班でモンゴル人を利用した経験を有していた。以上のような認識こそがモンゴル騎兵の外征能力養成方針へと繋がっていったのである。

またモンゴル人は兵士としての身体的な面からも高く評価されていた。先述した二戸は一九四一年度国兵における漢人とモンゴル人の体格の比較を行っている（表28）。それによると、モンゴル人は身長や体重では漢人に劣るが、胸囲、上膊囲（屈）、肺活量、支持力などで勝っており、「蒙古族ノ体構ハ一般ニ細長デハアルガ、漢族ニ比スレバ比較的短厚ニシテ栄養状態乃至筋骨ノ発達モ良好ナルモノデアル」と評価されている。

モンゴル人への期待は、モンゴル人居住地区で国兵法施行以前に一種の徴兵が先行的に実施されたことからも窺われる。三三年八月の報告書で多田は、「満洲国軍ニ徴兵制ヲ布クヤ或ハ傭兵制トスヘキヤニツキテハ将来決定スヘク研究ノ余地アリ戸籍ヲ有セサル人民ニ徴兵制ヲ実施スル余地ナキ如キモ興安北、東警備軍ニハ一種ノ徴兵制即チ往古我国ニ於テモ行ハレタルカ如キ方法ニ依リ蒙古各旗ニ対シ人口ノ概数ニ応スル要員ヲ配置シ興安省総署ヨリ分省ヲ経由スル行政命令ヲ以テ旗長ニ壮丁ヲ差出サシメ整備軍ニ交付シ爾後二年間在営ノ後除隊セシムルノ方法ヲ試ミツ、ア

表28　1941年度国兵（農業出身者）

	漢　人	モンゴル人
検査人員	295	188
身長　cm	167.4 ± 0.287	165.2 ± 0.397
座高　cm	92.0 ± 0.218	89.6.0 ± 0.196
胸囲　cm	84.7 ± 0.171	85.9 ± 0.222
体重　kg	59.32 ± 0.284	59.17 ± 0.372
上膊囲（伸）　cm	24.6 ± 0.078	24.3 ± 0.094
同　（屈）　cm	28.0 ± 0.090	28.3 ± 0.116
頚囲　cm	34.2 ± 0.070	
胸郭（前後）　cm	19.3 ± 0.060	19.0 ± 0.082
同　（左右）　cm	25.4 ± 0.069	26.1 ± 0.093
肺活量　cc	4281 ± 32.19	4295 ± 43.11
背筋力　kg	131.2 ± 1.27	125.8 ± 1.40
握力（左右和）　kg	86.4 ± 0.607	81.9 ± 0.810
支持力	38.2 ± 1.10	50.3 ± 1.26
大腿囲　cm	49.8 ± 0.136	
下腿囲　cm	34.3 ± 0.091	

典拠：二戸源治「国兵ノ体勢ニ就テ」『軍医団雑誌』49，1943.1

リ[84]」と述べている。実際に徴兵された兵士も、「興安警備軍ハ徴兵新募ノ軍隊ニシテ最進ノ軍事訓練ヲ施シタル結果各般ニ於テ優秀ナリ」と評価も上々であった[85]。当局はモンゴル人居住地区で徴兵を先行施行し、一定の手応えを得たに違いない。その上で国兵法を実施していったのである。

国兵法の実施は、台湾領有以来、模索してきた帝国日本植民地兵制の理想の実現と呼べるものであった。すなわち兵力源として期待できる「尚武の民」の確保および徴兵制の実施である。期待がかけられたモンゴル人には、募兵期からすでに負担が大きかったが[86]、国兵期においても過重な負担が課されている。四一年、興安西省（一徴兵署の受検結果と考えられる）では、漢人一〇二名（官公吏六・農業九六）、モンゴル人一〇七名（官公吏四・農業八一・ラマ二二）、計二〇九名が受検した。合格者は計二九名であったが、その内訳を見ると、漢人一名（農業一）、モンゴル人二八名（官公吏二・農業一七・ラマ九）とモンゴル人に大きく偏重していた。合格率は漢族〇・九％、モンゴル人二六・一％であった(87)。この結果に対して同省のモンゴル人官吏は、「蒙人ハ二十八名ノ国兵合格者ヲ出シタルニ反シ漢人ハ僅ニ一名ノ合格者ヲ出セルノミナリ殆ンド同数ノ壮丁ヨリ斯ノ如キ差ハ如何ナル為ナルヤ」と、モンゴル人の負担が過重であることに不満を漏らしている(88)。先に見たように合格者に富裕層が多いとすれば、彼らは経済的下層に対してだけではなく、漢人と比べても負担が重いという二重の不満を抱え込むことになった。さらに兵役負担はラマ僧にも及び、社会的影響力が強いラマ僧の不満を呼び起こすこととなった(89)。

このように国兵法は植民地兵制の理想のはずであったが、「尚武の民」としてのモンゴル人への期待は過重な負担の賦課につながり、実施当初より彼らの不満を生じさせていたのであった(90)。

三　中国近代兵制と国兵法

満洲国軍をめぐる当時の言説においては概して、同軍の前身である中国軍隊一般の性質に言及し、軍閥の私兵的性格、兵士の質が不良であることを強調し、それらを日本軍と対照させて、あたかも民族的通弊であるかのように解説する。その上で満洲国軍が日本軍の指導でその通弊を脱却し改善しつつあることや画期的な徴兵制導入にまで至ったことが説かれる傾向にあった(91)。しかしこのような評価は正当な評価なのだろうか。そこで本節では中国近代兵制史の観点から国兵法を考察する。

1　中華民国の徴兵制導入

一九一二年三月に公布された「中華民国臨時約法」は人民の兵役義務を規定しており、中華民国は成立するとすぐに徴兵制の導入を目指した。(92)しかし北京政府は全国の軍隊、行政を掌握しておらず、戸籍法も未成立であり、国民教育の点でも徴兵制実行の条件は整っていなかった。一三年七月、「徴兵法草案」が起草されるが、結局実施には至らず中止となった。そこで北京政府は暫定処置として一五年六月、清末の制度を踏まえて、「暫行陸軍徴募条例草案」を策定し、全国に頒布した。すでに清末には近代兵制の導入が試みられており、そのなかで一定の成果を挙げたのが、一九〇一年、当時北洋大臣兼直隷総督であった袁世凱による北洋軍の新編制であった。その編制で注目されるのは、募兵資格を明確に定め、地方行政当局の責任のもとで土着の身元の確かな者を応募させ、さらに応募者家族の権利（成績優秀者家族の税制上の優遇）および責任（応募者行方不明時の追求）とリンクさせたことである。以上により流浪者や無業遊民を各部隊が無統制に募兵する状況が改められた。完全な実施には至らなかったものの、〇四年には北洋軍の制度を基礎に「全国統一営制餉章」が制定され、東三省においても〇七年、同営制餉章を踏まえた「徴選旗兵章法」が制定された。一五年「暫行陸軍徴募条例草案」も同様に常備兵の条件を明確にし、年齢二〇～二五歳、身長四尺八寸以上、体力強壮であること、土着で身分がはっきりし、職に就いていること、犯罪歴がないことなどを挙げている。そして全国徴兵事務は陸軍総長・内務総長が総理し、各地区に徴募局を設置し、地方長官を事務に当たらせた。条例に基づいて、先行的に京兆徴募局、河洛徴募局が設置され、一万九〇〇〇名の新兵が徴募され入隊した。しかし一六年に袁世凱が死去すると、北京政府内では安徽派、直隷派、奉天派の争いが続き、各勢力は統一募兵制を実施せずに各々の裁量で破産農民や無業遊民などを中心に募兵していった。

一方、孫文は一七年より雲南・広西派と提携して護法運動を起こし、北京政府打倒を図ったが、結局、失敗に終わった。孫文は軍事的基盤を有しておらず、割拠政権の兵力は各「軍閥」の兵力を転用したものであった。運動の失敗により孫文は、「軍閥」を利用をすることは反って「軍閥」に利用されることになるという思いを深くし、新国家建設のために確固たる革命軍の構築が必要であると強く認識した。二四年中国国民党第一次全国代表大会では、募兵制を次第に徴兵制に改めることが明確にされ、(93)二八年蔣介石主導の下、国内統一が達成されると、徴兵制実施が現実的な政治日程に上った。そしてついに三三年、兵役法が公布され、三六年三月より施行されるに至ったのである。

以上みてきたように、先にあげた言説は、清末以降の徴兵制導入の模索や国内統一後の徴兵制実施を忘却し中国蔑視感情を増幅させるプロパガンダ的性格が強いことがわかる。中国近代兵制史の観点からすれば、清末~民国初期の全国兵制導入の試み以来、国内統一によってようやく徴兵制実施の条件が整ってきたなかで、満洲事変によって東北地方・東部内モンゴルは切り離され、中国本土に遅れて徴兵制導入の流れを追いかけることとなったと言えよう。

2　徴兵制の比較

次に満洲国と中華民国の徴兵制を比較していこう。第一に法の内容面である。表29は、国兵法および中華民国、さらに参考のため日本の兵役法の内容を掲げたものである。徴兵制は普通、ある年齢層を兵役年齢として設定し、その年齢内の壮丁をすべて何らかの兵役（多くの者は国民兵役）に就かせる。まず一定の年齢（中華民国では一八歳、日本では一七歳）に達した男子はすべて国民兵役に登録される。そして二〇歳に達したら徴兵検査を受け、一部は常備兵役に就き、残りは引き続き国民兵役に就く。常備兵役に就いた者もやがて国民兵役に転入となり兵役を終える。中華民国では一八~四五歳、日本では一七~四〇歳（のち四五歳へ延長）を兵役年齢として設定している。実際に入隊する者以外

表29　各国兵役法

	国兵法		兵役法（中華民国）		兵役法（日本）
	1940年	1943年	1933年	1943年	1927年
条文数	48条	55条	12条	32条	78条
兵役年齢	—		18～45歳	18～45歳	17～40歳
兵役区分	現役（３年）	現役（３年） 待命役（４年）	国民兵役 常備兵役 現役（３年） 正役（６年） 続役（~40歳）	国民兵役 常備兵役 現役（２年） 予備役（~45歳）	国民兵役 常備兵役 現役（陸２年・海３年） 予備役（陸５年４月・海４年） 後備兵役（陸10年・海５年） 補充兵役
現役徴集年齢	19歳		20～25歳	20歳	20歳
現役徴集手順	素養調査・家庭調査・身体検査・抽籤		身元調査・身体検査・抽籤※	身元調査・身体検査・抽籤	身体検査・抽籤
家族生活困難現役免除（猶予）	あり		あり※	あり	あり
在学徴集延期	あり		現役免除※	あり	あり
在外徴集延期	あり		現役免除※	あり（公用）	あり
家族特典	あり		なし	あり	なし

註１：国務院法制処『満洲国法令輯覧』第4巻，『(満洲国) 政府公報』2824，1943.11.１，徐思平『中国兵役行政概論』文治出版社，1945，附録「重要基本法令集」，内閣官報局『法令全書』1927.４による．
註２：※は「修正兵役法施行暫行条例」1939.６による．

にも兵力をプールさせておき戦時動員に備える点が一般的な徴兵制の特徴であった。

　しかし国兵法は以上のような一般的な徴兵制には当てはまらない。国民兵役がなく、兵役年齢の設定もなかったのである。当初は現役に特化した制度であり、割当募兵制からすぐに一般的な徴兵制を実施しない当局の慎重さが窺われる。ただ前述のように四三年の改正では待命役が設けられ、一般的な徴兵制に一歩近づいた。

　国兵法は日中の兵役法[94]にあるように、在学徴集延期、在外徴集延期規定のほか、徴集者の入営によって家族が生活困難になる場合の現役免除規定を有していた。ただ同規定は家族への援護を規定した軍事援護法によって補完され簡単には規定が適用されないようになっており[95]、この点は日本の軍事扶助法に倣っている。一方、国兵の家族に対する優遇措置を定めた特典規定は絶対的な奉仕を理念とする日本の兵役法には

ない、中国的な規定であり、日本の兵役理念をそのまま移植したのではないことがわかる。(96)

第二に法の施行実態である。中国本土では徴兵制が本格的に実施に移されたのは、日中全面戦争が開始されてからであった。(97)しかし国家権力が末端機構まで貫徹しておらず、末端では様々な違法行為が行われた。多くの壮丁が逃亡し、富裕な有力者が賄賂によって兵役を逃れるなか、厳罰を伴うノルマを課せられた末端の郷長や保長らによる人数合わせのための貧者や行商人・旅行者などの拉致が蔓延した。(98)四川省では四一〜四四年において毎年三五万人余が徴兵されたという。四三年の統計における一八〜四五歳男子人口五四五万一五五一の六・四二%に当たった。(99)

一方、満洲国では富裕層による徴兵逃れのための賄賂は皆無ではないものの、逃亡は少数で徴兵事務も比較的円滑に進んだものと考えられ、(100)管見の限り、当時の関係者の回想においても拉致があったとの証言はみられない。(101)毎年の入営者数二万五〇〇〇(四一〜四三年)、四万二〇〇〇(四四〜四五年)はそれぞれ、一八〜四五歳男子人口(四〇年)九四八万九三八七の〇・二六%、〇・四四%に当たる。(102)中国本土に比べれば徴兵圧力は高くなく、末端当局者が拉致まで行う必要はなかったものと考えられる。

満洲国崩壊後の国共内戦期には共産党統治地区では志願兵による兵力動員がなされた一方で、国民党統治地区では国兵法を引き継いで徴兵を実施したことが注目される。国民党は国兵法期より多数の六万から一〇万の徴兵を構想していた。東北行営主任の熊式輝は四六年六月蔣介石に宛てた電報で、国兵法は「利が多く害が少なく」、「継続採用」すべしと述べている。また国防部参謀総長の陳誠は、国兵法は徴兵範囲が甚だ狭く、「精兵にして多兵」を採る中国の兵役法とは趣旨が異なり、徴兵適齢や特典、罰則などの規定は採用できないとしつつも、国兵法が効力を有した理由は、戸口調査の厳密さと確実さにあるとして、東北各省の戸籍を保存利用すること、国兵法の規定に準じて処理することを主張している。(103)同年一〇月には新兵役法が制定されるが、(104)国民党統治地区の縮小、死傷者の増加のなかで、結局、拉致的動員がなされて、反徴兵闘争も起こった。安定した徴兵の実施は、一九五五年中華人民共和国兵役法施行を待たなければならなかった。[105] これらを考慮しても、慎重な国兵法の設定は法の貫徹という点で、国兵法実施当時の中国の徴兵制をめぐる環境に適合していたと言えよう。

おわりに

以上、国兵法の下では従来の募兵制に比べ学力、体力双方の面で平均的に優れている者が兵士として徴集された。同法施行は満洲国軍の総兵力数増加の画期をなしている。国兵法については従来、国民中堅養成教育の側面が強調されてきたが、同法の軍事的意義は再確認されなければならない。また国民中堅養成教育についても当局が望むような国家意識の受容が困難であったことを指摘するにとどまるのではなく、国兵法をめぐる人々の意識や行動は当局が望む国家意識を内面化するか否かの範疇にとどまらなかったことに注目すべきである。すなわち国兵合格者が、軍人としての権威、教育・技術修得機会、就職・都会在留機会などを利用できたことや、国兵法がそれまでの貧困層の軍務負担偏重を解消したことは、消極的ながら徴兵の受容がみられた一因となったと推測される。

そして国兵法施行は満洲国軍の性格変化に対応している。従来、同軍は治安維持部隊として捉えられてきたが、[106] 抗日勢力の鎮圧が進み、大規模な武装抵抗が下火になっていたこと、ノモンハン戦争の経験を踏まえ、満洲国軍は対外作戦補助部隊の段階へと進んだと考えられる。満洲国軍には特に対ソ戦発動時の謀略活動が期待された。

では満洲国軍および国兵法は制度として、帝国日本の植民地兵制の中にどのように位置づけられるだろうか。満洲国では朝鮮や台湾と異なり、領有当初から現地人部隊が積極的に利用された。その理由として①独立国家の建前上、現地人部隊を必要としたこと、②現地人部隊の全廃は抗日勢力への大量の兵力流出へつながるという判断があったこと、③モンゴル人への期待が挙げられる。モンゴル人は漢人と対立してきた歴史的経緯、対ソ作戦遂行の観点から多くの期待がかけられた。モンゴル人は兵士としての身体的素質面に関しても高く評価されており、満洲国軍の対外作戦補助部隊化および国兵法施行は、このモンゴル人への期待と密接な関係にあった。ただしその期待の分だけ、モンゴル人には過重な兵役負担が課され、彼らの不満を増大させることとなった。「尚武の民」としてのモンゴル人の存在と徴兵制の組合せは、日本植民地兵制の理想の実現とも呼び得るが、当初より崩壊の兆しを露呈させていた。

また国兵法は中国近代兵制の文脈にいかに位置づけられるだろうか。中国では中華民国成立後、徴兵制導入が模索されたが、南北分裂を経て、国民政府による国内統一がなってようやく徴兵制が実施された。東北地方・東部内モンゴルは満洲国として切り離されたため、日本の支配下で中国本土に遅れて徴兵制導入の流れを追いかけることとなった。実現した国兵法は、中国本土の徴兵制とは異質のものとなった。国兵法は、日本植民地兵制の一環として展開されつつ、日中の兵役法の影響が混在していた。当初は、現役に特化した形態であり、日本植民地下初の徴兵制であるために一般的な徴兵制をすぐに実施しなかった慎重さが窺える。後には待命役が設置され、一般的な徴兵制に近づいていった。その一方で、国兵法は日中双方にみられる規定（在学徴集延期・在外徴集延期・家族生活困難現役猶予）とともに、日本的な規定（家族生活困難現役猶予と軍事援護法の関係）、中国的な規定（家族優遇措置）を有した。法の施行実態をみると、中国本土では兵員需要が逼迫し、総力戦に対応する社会条件が整っていないなかでの徴兵制実施のため、多くの壮丁が逃亡し人数合わせのための拉致が横行した。皮肉にも本土から切り離された満洲国の方が、植民地経営の経験を踏まえ慎重に国兵法を運用したため徴兵圧力は低く、拉致が横行することもなかった。消極的な受容がみられたことを考えても、国兵法は法の貫徹という点で中国の徴兵制をめぐる環境に適合していたと言えよう。

満洲国軍は国兵法期にはそれまでの治安維持部隊から対外作戦補助部隊へ転換し、序章で触れた小林知治の評価のように外征作戦に従事できるほど内容を充実させ、一定の威容を備えたと考えられる。国兵法は良質の兵士を動員し、満洲国軍の強化発展を支えた。傀儡軍であっても人々は必ずしも主義や思想のためだけに生きるのではないから、実利的な理由から徴兵制の受容もあったであろう。しかし傀儡軍である以上、次章でみていくように、支配者側如何により状況はすぐに一変し、軍は崩壊を迎える。

註

（1）　日本政治問題調査所行政調査部編『満洲行政経済年報 昭和十六年版』二五頁、山田朗「軍事支配（2）日中戦争・太平洋戦争期」浅田喬二・小林英夫編『日本帝国主義の満州支配』時潮社、一九八六年、一七二頁参照。第三期の割当募兵は、次に来る徴兵制施行を見据えたものであった。「康徳四年度満洲国軍募兵要領」では、「本案実施ノ成果ハ将来策定セラルベキ法令ノ基礎タラシム」とされている（『（満洲国）政府公報』八六〇、一九三七年二月四日、JACAR：A06031001300）。

（2）　満洲帝国協和会『康徳六年度全国連合協議会 議決事項処理経過報告（日文）』北海道大学附属図書館所蔵高岡・松岡旧蔵パンフレット、二二〇～二二三頁。

（3）　ただし「同盟国ノ国籍ヲ有スル者ハ志願ニ依リテノミ兵役ニ服ス」（法第一条）とあり、日本人や朝鮮人は志願しない限り、満洲国軍の軍務に就くことはなかった。また満洲国軍の軍務に就いた場合でも、日本の兵役法による徴集が優先された（陸軍省人事局徴募課「満洲国軍人ノ徴集ニ関シ疑義ノ件」一九三七年七月一五日、陸軍省『昭和十二年 永存書類 甲第二類』JACAR：C01001443400）。いわゆる白系ロシア人も徴兵されており、次章で述べる浅野部隊に入隊したことがわかる（ハルビン憲兵隊「思想対策月報（第一号）」一九四四年二月九日、吉林省檔案館・廣西師範大学出版社編『日本関東憲兵隊報告集（第一輯）』1、廣西師範大学出版社、二〇〇五年〈以下、同報告集は『報告集（第一輯）』1のように記す〉、四一五～四一七頁、孫呉憲兵隊「思想対策月報（一月分）」一九四四年二月五日、『報告集（第一輯）』4、三六五～三六六頁）。

（4）　前掲「康徳四年度満洲国軍募兵要領」、「康徳五年度満洲国軍募兵要領」、「康徳六年度満洲国軍募兵要領」『（満洲国）政府公報』

一一一四、一九三七年一二月一五日、JACAR：A06031002300、同一四二五、一九三九年一月一〇日、JACAR：A06031003500。以下、募兵期についてはこれらによる。

（5）中央檔案館ほか編『日本帝国主義侵華檔案資料選編 東北〝大討伐〟』中華書局、一九九一年（以下『大討伐』）、附録、八七五〜八七七頁。

（6）傅大中『偽満洲国軍簡史』吉林文史出版社、一九九九年、三四四〜三四五頁。国兵期には例年七〜九月に徴兵検査を行い、翌年三〜四月に入営した（馬桂文「从四平兵事処看偽満徴兵制度」、張徳義「我当偽満国兵的経過」『偽満史料叢書 偽満軍事』吉林人民出版社、一九九三年、六七〇〜六七四頁。馬は元四平兵事処事務員、張は四五年国兵として入営）。ただし第一期については、四一年二〜四月検査、同年六月入営であった（満洲国史編纂刊行会編『満洲国史』各論、満蒙同胞援護会、一九七一年、二六一頁）。後述のように牡丹江省では四一年三月に検査が実施されたことがわかる。

（7）満洲国軍事顧問・陸軍軍医中佐堀口修輔『状況報告』一九三九年一二月、JACAR：C13021466000。各軍管区別の兵力は不明であるが、総兵力の内訳は警備軍三万二三五三、国防軍一万一〇二七、防空部隊三九五七、教導隊六八九一、直轄部隊四七一〇、ほかに軍官育成機関、軍需資材製造補給機関があるとされている。

（8）「佟衡自述」一九五四年七月二四日、中央檔案館編『偽満洲国的統治与内幕』中華書局出版、二〇〇〇年（以下『内幕』）五八九、五九四頁、『大討伐』七九七頁。佟衡は治安部人事課長（三七年九月〜四二年三月）、第一軍管区参謀長（四二年三月〜四三年六月）などを務めた。また関東軍参謀副長を務めた松村知勝は、敗戦時の満洲国軍は兵力約一五万に達したと回想している（松村知勝『関東軍参謀副長の手記』芙蓉書房、一九七七年、九一頁）。

（9）前掲「軍事支配（2）日中戦争・太平洋戦争期」一七五頁。

（10）『第一軍管区康徳三年度秋季徴募規程』吉林省社会科学院満鉄資料館所蔵。なお第一軍管区司令部訓令（参字第一二九号）第一条には、「従来施行するところの募兵制を徴兵に準ずる制度に変更し、以て軍容を刷新強化し並びに近々発布される兵役法（仮称）を円満実施するための準備および訓練に資する目的で制定する」とあり、将来の徴兵制実施を見越して、その準備が意識されていたことがわかる。

（11）「第二軍区募兵計画即将開始詮選」『精軍週刊』一〇八、一九三六年九月一一日。

（12）前掲『満洲国史』各論、二五〇頁。

(13)　前掲「軍事支配(2)日中戦争・太平洋戦争期」一七五頁。一九三八年より実施された満洲国新学制の就学年限は、初等教育(国民学校四年・国民優秀学校二年)六年、中等教育(国民高等学校・女子国民高等学校)四年、高等教育(大学)三年であった(植民地文化学会・東北淪陥一四年史総編室編『〈日中共同研究〉「満洲国」とは何だったのか』小学館、二〇〇八年、一八六頁)。

(14)　学力および体格以外の選抜条件としては、①年齢満一八歳以上二三歳以下の満洲国男子(日、鮮、露系は含まない。未婚者は尚良い)、②品行方正、思想純正、悪習がなく、二年以上の服務への忠誠を宣誓できる者、③保証人二名以上により身分が確実に保証される者、が挙げられている。

(15)　第二軍管区の三六年度募兵では、身長一・五五メートル以上、体重五〇キログラム以上、視力〇・七以上とされており、三七年度以降の募兵基準が先行的に実施されている。その他の条件としては、①満一七歳から二三歳までの満洲国男子で身体強健な者、②同一地域に三年以上住み、確実な族籍の者、③品行端正で悪習のない者、④郷党の信用があり、生活に窮せず、除隊後、保甲青年団等の幹部となり、郷村の振興に尽くすことができる者、⑤軍人や警察官になったことがない者、⑥確実な保証人三名(親族・排長・甲長)が挙げられている(前掲「第二軍区募兵計画即将開始詮選」)。

(16)　一九四〇年七月治安部令第三七号「陸軍身体検査規則」、一九四一年八月治安部令第二六号同改正、国務院法制局編『満洲国法令輯覧』第四巻、満洲行政学会所収(東北師範大学図書館東北文献中心所蔵版を使用。三四年刊行後の追録頁が綴じこまれている)。

(17)　二戸源治「募兵検査ニ現ハレタル満洲人ノ体格ニ就テ」『軍医団雑誌』三四、一九四〇年七月。

(18)　北部には龍江・黒河・興安北、中部には吉林・間島・興安南・興安西・濱江、南部には奉天・安東・通化・錦州・熱河が含まれる。

(19)　以下、二戸源治「国兵ノ体勢ニ就テ」『軍医団雑誌』四九、一九四三年一月による。

(20)　本書に言う「モンゴル人」は、当時の満洲国の民族区分によるものである。例えば、満洲弘報協会『満洲国の現住民族』(一九三六年)は、「満洲国内蒙古、即ち哲里木盟、昭烏達盟、卓素図盟及び呼倫貝爾地方の蒙古族は、ハルハ族を主として、ブリヤート族、オレート族が少数加わつてゐるのであるが、満洲国においては、之れ等の蒙古族と共にダホール族、ソロン族等のツングース族をも一括して蒙古族に加へ」るとしている(二六頁)。したがって中華人民共和国の民族区分における「蒙古族」の範囲とは必ずしも一致しない。

(21)　比較の方法として、諸測定値を組み合わせ、体勢図表を描画している。体勢図表とは縦軸上にａ群、横軸上にｂ群をとり、それぞれ身長と体重、座高の二倍と上膊囲、胸囲の二倍と肺活量、背筋力と握力(左右和の二分の一)の相関点から四辺形を描くものである。

(22) 例えば奉天憲兵隊は、「国兵法カ実施サレル事ニナッタソレカ為奉天各地ニ寄留シテ居ル山東人ハ相次イテ本籍地ニ皈ツテ行キマス」、「兄モ皈奉セハ必ス徴兵セラル、事ト思ヒマスソレ故皈奉ハ中止シタ方カヨイト思ヒマス」などと述べる手紙を探知している（「（奉天憲兵隊通信検閲日報）」一九四〇年九月推定『報告集（第三輯）』10、五九、六二頁）。

(23) 瀧山靖次郎牡丹江領事より梅津美治郎在満特命全権大使宛、一九四一年四月一六日、外務省記録『満洲国政況関係雑纂／治安状況関係』JACAR：B02032038400。

(24) 海拉爾憲兵隊「思想対策月報（五月分）」一九四一年六月六日『報告集（第一輯）』1、一一五～一一六頁。

(25) 『報告集（第一輯）』8、三八四頁。「没法子」とは中国語で「仕方がない」の意。

(26) 前掲「軍事支配（2）日中戦争・太平洋戦争期」一九七頁。

(27) 抗日側の立場から記された東北四省抗敵協会『東北現勢』（独立出版社、一九四四年）は、兵役服務者が物質的待遇を受けられたり、政治的圧迫から逃れられたりできることを「一時の欺騙政策」と批判している（一七頁）。

(28) 承徳憲兵隊「思想対策月報（二月）」一九四三年三月六日『報告集（第一輯）』7、二三八～二三九頁。

(29) 奉天憲兵隊「思想対策月報（第三号）」一九四三年三月一〇日『報告集（第一輯）』4、二一〇頁。

(30) 関東憲兵隊司令部「思想対策月報（三月分）第三号」一九四三年四月二八日『報告集（第一輯）』一三、四四頁。

(31) 奉天憲兵隊「思想対策月報（第十二号）」一九四三年一一月『報告集（第一輯）』4、二四九～二五〇頁。また奉天憲兵隊は四一年五月、「国兵入営ニ対スル関係機関ノ優遇ニ狎レ自己ノ使命ヲ没却シ一方的権利ノミヲ主張シ猛威ヲ逞シクスルモノ或ハ忌避的態度ニ出スルモノ極メテ多シ」と報告している（奉天憲兵隊本部「思想対策月報（五月分）」一九四一年五月末日『報告集（第一輯）』4、一三九頁）。

(32) 国兵入営者に対しては、市長や市民代表等が参加して壮行会が開かれた。例えばハイラルでは、次のような入営者の言動がみられた。「我等入営者ノ為ニ斯クモ盛大ナル壮行会ヲ催サレ加フルニ市長及部隊長市民代表ノ激励ヲ受ケ我等ノ感激之ニ過クルモノナシ入営後ノ精励ヲ誓フ」（海拉爾憲兵隊「思想対策月報（五月分）」一九四一年六月六日『報告集（第一輯）』1、一一五頁）。入営者が市長等から激励されて送り出されることは、入営者に少なくとも公的には否定できない、一定の権威を付与したと考えられる。

(33) 古屋克正東寧副領事より梅津在満特命全権大使宛、一九四一年一月一一日、前掲『満洲国政況関係雑纂／治安状況関係』

JACAR：B02032038300。

（34）　前掲『満洲国法令輯覧』第四巻。国兵法第三五条は、「国兵及国兵タリシ者並其ノ家族ハ別ニ定ムル所ニ依リ各種ノ優遇援護ヲ受ク」とし、また国兵法の基になった四〇年二月一五日第三回人民総服役制度審議委員会決定「兵役制度要綱」においては、優遇の一つとして、除隊者だけでなく家族への「就職優先権ノ付与」も明記している（長島信義「国兵法に就て」『協和運動』二―三、一九四〇年三月、三五頁）。

（35）　牡丹江憲兵隊「思想対策月報（五月分）」一九四一年七月一六日『報告集（第一輯）』8、三六〇頁。三九年度における同自動車隊の兵力は、後述のように五五三名とされている。

（36）　東安憲兵隊「思想対策月報（第二号）」四三年三月三日『報告集（第一輯）』3、二四六頁。史料劣化のため判読しづらいが、除隊者は「五三名」あるいは「一五三名」と読める。以上の二例は厳密に言えば国兵法導入前に入隊していた除隊兵の事例であるが、国兵除隊者に対しても方針は変わらないであろう。ある国兵は「満期後ハ政府ニ於テ特ニ我々ノ職業□《（ヲ）》考ヘテクレルラシイ従ツテ軍人ハ国家ノ為ニモナルガ又自分ノ為ニモナル」と述べている（佳木斯地方検閲部「通信検閲月報（一月分）」一九四三年二月三日『報告集（第三輯）』18、三〇〇頁）。

（37）　日本陸軍将校の親睦・研究団体誌である『偕行社記事』では一九一〇年、兵士が都会生活に染まらない方法を考える懸賞論文が募集されている（陸軍歩兵中尉萩原吉五郎「兵卒ヲシテ在営年間華美ナル都会生活ノ悪風ニ感染セシメサル方法」『偕行社記事』四一四、一九一〇年など）。フランスでも多くの農村出身者が除隊後、故郷に帰らず、農業への影響が問題になった（「仏国ニ於ケル田舎住民減少ト兵役」『偕行社記事』四八三、四八五、一九一四年）。

（38）　治安部「思想対策月報（五月分）」一九四一年六月五日『報告集（第一輯）』8、三八八頁、憲兵総団司令部「高等警察月報（三月分）」一九四三年四月一五日『報告集（第二輯）』15、五六頁。これらも国兵法導入前に入隊した除隊者についてのものであるが、国兵法期になっても入営者の都会経験という意味では変わらなかったであろう。ただし「オ前ハ除隊後帰家スルトノ事ダガ帰ツテハイケナイ今農家ハ出荷ノタメニハ大変ダ」（佳木斯地方検閲部「通信検閲月報（二月分）」一九四三年三月三日『報告集（第三輯）』18、三二〇頁）と除隊者家族の手紙にみられるように、背景として、強制的な「出荷」による生活難があったことが考えられる。

（39）　前掲「国兵法に就て」二九頁。長島の経歴については、『慶徳九年・民国卅一年版　満華職員録』満蒙資料協会、一九四一年（芳

賀登ほか編『日本人物情報大系』第一八巻、皓星社、一九九九年所収)。
(40) 前掲『第一軍管区康徳三年度秋季徴募規程』。
(41) 前掲「康徳四年度満洲国軍募兵要領」。三八、三九年度募兵要領においても実施の要領は変わっていない。
(42) 鈴木恒三郎「蒙古人部落ヲ行ク」『軍医団雑誌』二六、一九三九年三月、九一〜九二頁。鈴木は興安南省を巡回したと考えられる。同省は後述する徴兵制先行実施地域に該当しない。
(43) 前述の連合協議会で審議された「徴兵令実施促進に関する件」においても、「応募者は尽く貧困者にして、地方割当数を充たす為には、裕福なるものは貧者を買収して之に代るが如き悪風あり」としている。
(44) 家長は市街村長に適齢者の存在を届け出る義務があった。なお国民高等学校などに在学中の者や外国滞在者は徴集延期が可能であった。
(45) 例えば、龍江省白城県では全県二一保は合併により、一街一二村に改められた(黄顕升「偽満時的保甲制、街村制」『白城文史資料』第一輯、一九九九年。著者は当時同県大興村長などを務めた)。
(46) 司法部刑事司思想科「思想月報第五号」一九四一年五月『報告集(第一輯)』18、一四二一〜一四三三頁。
(47) 治安部「思想対策月報(五月分)」一九四一年六月五日『報告集(第一輯)』8、三八五頁。
(48) 前掲「軍事支配(2)日中戦争・太平洋戦争期」は、満洲国軍の性格を「治安維持」軍事力としてやや固定的に捉えているため、同軍の性格変化が視野に入っておらず、国兵法についても「治安維持」軍事力の枠組みで捉えている。本書では、満洲国軍の性格が抗日武装勢力討伐部隊から関東軍の侵略作戦補助部隊へ転化したとする傅大中の説(前掲『偽満洲国軍簡史』第一八章参照)を採用する。また平井廣一も、「満洲国軍は、日中戦争で大陸に拡大した戦争を支援するために一挙にその規模を拡大させ、関東軍の支援体制を整えた」と述べている(平井廣一「満洲国の軍事予算と兵器調達」(『北星学園大学経済学部北星論集』五三―二、二〇一四年三月、三一頁)。満洲国軍の維持費がノモンハン戦争を契機に拡大していることや同軍の兵器調達の詳細に関しては、同論文を参照。同盟通信社『同盟旬報』四―八(一九四〇年三月三〇日)も、満洲国軍は建軍方針を確立させたとし、松井最高顧問の訓示は、「将来非常の事態に際し国軍は日本軍の諸作戦を補翼すべき目標を示したものとして注目される」(九六頁)と報じている。
(49) 抗日勢力の兵力は年平均でみると、三五年二万四三〇〇、三六年一万六一〇〇、三七年一万一六〇〇、三八年七六〇〇、三九年三六〇〇、四〇年二四〇〇と大きく減少し続けていた(関東軍参謀部第四課『自昭和十七年度至昭和二十年度満州国戦争準備指導

計画』一九四一年五月二〇日、附表第七、JACAR：C13010305700）。

（50）前掲『自昭和十七年度至昭和二十年度満州国戦争準備指導計画』は、「『ノモンハン』事件ノ経験ニ鑑ミ速ニ満洲国軍ノ改編ノ必要ヲ認メ一方国兵法ノ実施ト相俟チ目下之カ改編充実ヲ実施中」と述べている。なお前掲『偽満洲国軍簡史』は、満洲国軍の性格転化の原因として抗日武装抵抗が下火になったことおよび国兵法の実施を挙げているが（三五〇頁）、ノモンハン戦争とは直接結びつけて論じていない。ただし国兵法実施とノモンハン戦争の関連については指摘している（三二五頁）。

（51）前掲満洲国軍事顧問・陸軍軍医中佐堀口修輔『状況報告』。

（52）初代最高顧問多田駿による建軍方針においては、「満洲国軍ヲ国防軍トスヘキヤ国内警備軍トスヘキヤニ関シテハ帝国ノ閣議決定ニ準拠シ国内警備軍トシテ整備スルヲ以テ不動ノ方針トス」とされていた（「満洲国軍政指導状況報告」三三年八月二四日『昭和八年　満密大日記　二四冊ノ内其一八』JACAR：C01002918600）。前掲『同盟旬報』四―八では、「国軍が国内治安の確立と共に、所謂国内警備軍的体制を脱却し名実共に国家目的の達成妨害者を排除撃破すべき国防軍の態様整備に邁進すべきことを闡明した」（九六頁）とされている。また石原莞爾は一九四一年二月に脱稿した「戦争史大観」において、「満洲国の治安は先ず主として満軍これにあたり、逐次警察に移し、満軍は国防軍に編成するようにすべきである。国兵法の採用により画期的進歩を期待したい」と述べている（石原莞爾『石原莞爾選集3　最終戦争論』たまいらぼ、一九八六年、二八五頁）。

（53）また蒙古軍軍事顧問と推定される著者が満洲国に出張し関係者から聴取して記した「『ノモンハン』事件ノ満洲国軍ノ行動ニ鑑ミ蒙古軍将来ノ為考究スヘキ事項ニ関スル卑見」（JACAR：C13021482900）においても同様で、「敗退スルモ更ニ兵力ヲ集結シテ数回ニ亘リ更ニ戦闘セル部隊ノ行動ハ誠ニ勇敢ニシテ蒙古人ノ慓悍性ヲ顕現セルモノナリ。実ニ賞讃ニ値スルト共ニ大イニ蒙古人ノ軍人適性ヲ示スモノナリ。即チ戦闘兵トシテ用フヘキモノアルヲ思ハシム」などと述べられている。

（54）前掲『偽満洲国軍簡史』第一八章。

（55）「国防軍」については、すでに平井が「関東軍の対ソ作戦に応じて外征軍ともいうべき国防軍として2箇師〔師団〕及び独立混成旅〔旅団〕4箇」が編成されたことを指摘している（前掲「満洲国の軍事予算と兵器調達」三一一頁）。

（56）「康徳六年度満洲国軍保有兵力概数」『満洲国軍事文件』東北師範大学図書館東北文献中心所蔵。

（57）前掲満洲国軍事顧問・陸軍軍医中佐堀口修輔『状況報告』の指導要綱においては、第一期（四〇〜四三年）には、①徴兵制度実施、②初級幹部養成教育の刷新、③既成軍官の補足教育・整理断行、④兵営および訓練施設充実・典範令整備、⑤特殊部隊整備、第二期（四三年以降）には、①軍紀厳正団結強固な国軍の練成、②予備兵の召集教育開始、③特殊部隊の充実化・軍の機械化が計画されている。

(58) 前掲『偽満洲国軍簡史』三三六頁。牛璽廷主編『長春市志・軍事志』（吉林人民出版社、一九九九年）一七九～一八〇頁によれば、第三・四期国兵では徴兵適齢が一七歳、四五年六月には三六歳にまで拡大されたという。

(59) 張聖東「陸軍軍官学校の設立から見る満洲国軍の育成・強化」『文学研究論集』四六、二〇一七年二月、一三三頁。

(60) 徴兵令・兵役法の変遷、各議会における改正審議に関しては、加藤陽子『徴兵制と近代日本』（吉川弘文館、一九九六年）を参照。

(61) 近藤正巳「徴兵令はなぜ海を越えなかったか？」浅野豊美・松田利彦編『植民地帝国日本の法的構造』信山社、二〇〇四年。

(62) 明石元二郎より寺内正毅宛、一九〇八年五月三日、尚友倶楽部編『寺内正毅宛明石元二郎書翰』芙蓉書房出版、二〇一四年、二〇～二一頁。

(63) 一九〇七年伊藤博文韓国統監は「将来ハ徴兵法ヲ施行シ精鋭ナル軍隊ヲ養成センコトヲ期」すとしつつ、軍隊解散を迫っている（「日韓協約につき伊藤統監草案　附属書三」一九〇七年七月、海野福寿編『外交史料　韓国併合　下』不二出版、二〇〇三年、四七七頁）。

(64) 拙稿「植民地朝鮮と軍隊」『北大史学』四四、二〇〇四年一一月。

(65) 「外国在留者ノ昭和三年徴集延期手続ニ関スル件」一九二八年一月一〇日、陸軍省『昭和三年　永存書類　甲第二類第一冊』JACAR：C01001026700。

(66) 「樺太ニ徴兵令施行ノ件」陸軍省『昭和四年　永存書類　甲第二類』JACAR：C01001084200。

(67) 戸部良一「朝鮮駐屯日本軍の実像：治安・防衛・帝国」日韓歴史共同研究委員会（第一期・二〇〇二～二〇〇五年）『第3分科報告書』第八章。

(68) 国民経済研究協会・金属工業調査会『戦時国民動員史　第2編兵力動員』一九四六年（『国民経済研究協会戦後復興期経済調査資料』第一巻、日本経済評論社、一九九八年所収）、三七頁。

(69) 近藤正巳『総力戦と台湾』刀水書房、一九九六年、四六～五五頁。なお海軍は四三年、特別志願兵令を朝鮮および台湾に施行している（同五一頁）。

(70) 前掲『戦時国民動員史　第2編兵力動員』三七頁。なお同書によると、四一年度にも特別志願兵が五〇〇名いたとされる。

(71)　前掲「植民地朝鮮と軍隊」七五頁。比率制限は、第一線部隊二〇％、後方部隊四〇％、勤務部隊八〇％。

(72)　関東軍参謀部「満蒙ニ於ケル占領地統治ニ関スル研究ノ抜萃」（一九三〇年九月）においては、「支那軍隊及警察ハ之ヲ廃止シテ我守備隊及憲兵ヲ以テ之ニ代ラシムルコト」とされている（稲葉正夫ほか編『太平洋戦争への道　別巻』朝日新聞社、一九八八年、九三頁）。

(73)　軍政部顧問部「満洲国軍警ノ現状」一九三三年一〇月六日（陸軍省『昭和八年　満密大日記　二十四冊ノ内第二十一』JACAR：C01002934500）では、「満洲国軍ノ実状ニ鑑ミ一部方面ニハ満洲国軍不要論アルカ如キモ満洲国ヲ独立国トシテ発達セシムトナス我国策ヨリスルモ平時ニ於ケル治安状況ヨリスルモ又我国カ大戦ニ臨ム場合ノ国内警備上ノ必要ヨリスルモ之カ全廃ヲ企テ難シ」とある。独立国としての問題のほか、次に述べる治安の観点等からも全廃が否定されている。

(74)　多田駿は、「仮令素質不良の軍隊なりとも之を一時に解散する時は四散せる兵は如何なるものとなるや、治安に如何なる影響を及ぼすやを考ふる時は、思ひ半ばに過ぐるものあらん」と述べている（関東軍参謀部『建設途上の満洲国』一九三三年六月、一六頁）。実際に裁兵が決まった吉林の兵士からは国務総理に宛て、「政府ヨリ逼ルレバ致方ナク下策（匪賊ニナル意）ニ出ズルノミニ候」として裁兵反対を求める意見書が出される事件も起っている（軍政部顧問部「吉林兵士ノ裁兵反対意見書」一九三三年五月、陸軍省『昭和八、五、一八～八、五、三〇　満受大日記（普）其九』JACAR：C04011592300）。

(75)　満洲国軍事顧問を務めた住谷悌は、満洲国軍による「匪賊討伐」に関して、「台湾の生蕃討伐」において「降参して来た者に又武器弾薬を与へて、又別の谿に住んで居る蕃人を討伐するといふ風にして非常な成果も挙げた」ことを先例的に指摘している（住谷悌『満洲国軍経理業務整備経過概要』陸軍主計団記事第三〇一号附録、一九三五年三月、滋賀大学経済経営研究所石田記念文庫所蔵、二六～二七頁）。

(76)　陸軍省軍務局軍務課満洲班『自昭和十四年八月至昭和十六年二月　満洲国関係政務主要事項記録』JACAR：C13010059500。

(77)　ハルビン憲兵隊「思想対策月報第一号」一九四三年一月一日、『報告集（第一輯）』2、二三九頁、延吉憲兵隊本部「思想対策月報（第三号）」同年三月四日、『報告集（第一輯）』3、二六頁、通化憲兵隊「思想対策月報（六月分）」同年七月五日、『報告集（第一輯）』6、四七三～四七五頁。四四年二月図們街で行われた壮丁訓練では、未就学者の出席率平均が九五％なのに対し、就学者のそれは三六・四％と、その忌避傾向を示している（間島憲兵隊「国内情勢月報（二月分）」一九四四年三月一三日、『報告集（第二輯）』15、四九二～四九三頁）。また台湾における徴兵制導入に伴い、在満台湾協会も設立されている（奉天憲兵隊「思想対

策月報（一月分）」一九四四年二月七日、『報告集（第一輯）』4、二八八頁）。

(78) 孫呉憲兵隊「思想対策月報（第七号）」一九四三年七月七日、『報告集（第一輯）』4、三〇一頁、承徳憲兵隊「思想対策月報（一月）一般」一九四四年二月七日、『報告集（第一輯）』7、三五二頁、牡丹江憲兵隊「思想対策月報（第一号）」一九四三年一月五日、『報告集（第一輯）』8、二六七～二六八頁。兵役を含め、在満朝鮮人政策をめぐる「内鮮一体」と「五族協和」の相剋については、田中隆一『満洲国と日本の帝国支配』（有志舎、二〇〇七年）第七章参照。

(79) 小林龍夫・島田俊彦・稲葉政夫編『現代史資料11 続・満洲事変』みすず書房、一九六五年、九四七頁。

(80) 佐々木到一『ある軍人の自伝』普通社、一九六三年、二四四頁。同書は、「昭和一四年七月稿」の表記がある佐々木の「予の支那生活を語る」上・下をもとにしたものである。

(81) 秋田茂「帝国と軍隊」濱下武志・川北稔編『支配の地域史』山川出版社、二〇〇〇年、一八一～一八四頁。

(82) なお領有初期の台湾では、兵士の供給源として最初は平埔族、次に漢族に期待をかけ、兵士養成を模索したが、失敗に終っていた（前掲「徴兵令はなぜ海を越えなかったか？」）。

(83) 多田駿より陸軍省宛、一九三三年七月二〇日、陸軍省『昭和八年 満密大日記 二四冊ノ内其一七』JACAR：C01002902200。

(84) 前掲「満洲国軍政指導状況報告」。

(85) 軍政部顧問部『満洲国軍ノ現況』一九三五年一二月一〇日。なお靖安軍（軍政部直轄部隊で幹部はほとんど日系）においても、三三年「徴兵制度実施ノ試練的募集」として、奉天省で「身元確実、普通教育ヲ受ケタル身体強健ナル壮丁六百五十名」を募集していた（関東庁警務局『旬報』第三二号、三三年一一月一〇日、JACAR：B02031466600）。

(86) 前掲「徴兵令実施促進に関する件」は、「興安軍に於ては他に比し募兵率高く且つ満期退役の時期不明の為め家庭経済に極度の不安を与へ、募兵に応ずるを忌むもの少しとせず」としている。

(87) 司法部刑事司思想科「思想月報第五号」一九四一年五月『報告集（第一輯）』18、一四三頁。

(88) 前掲「思想月報第五号」一四三頁。他地域でもモンゴル人偏重は同様であったと思われる。第一〇軍管区（興安北および東省を管轄）扎蘭屯兵事処処員および処長を務めた蒼書勛は、合格率は漢満族七％、回族五％、モンゴル族三〇％前後であった。一般に学歴は四年以上必要であったが、モンゴル族はその限りではなく、非識字者でもよかった。また家庭状況は生活富裕者であることが必要であったが、モンゴル族はその限りではなかったと回想している（蒼書勛「日偽時期兵役見聞」中国人民政治協商会議内蒙

古自治区委員会文史資料委員会編『内蒙古文史資料』第三四輯、一九八九年、一二〇頁）。

（89）前掲「思想月報第五号」一四五～一五一頁。

（90）ただし日本軍の兵力による裏づけがある限り、モンゴル人の民族的な不満は抑圧されることとなった。その点については、次章を参照。

（91）例えば、小林知治『大陸建設の譜』文松堂書店、一九四四年、八五～一〇一頁、佐々木到一「満洲国軍の社会的地位に就て」『鉄心』一―一、一九三五年三月、県参事官K・M生「満洲国軍を語る」同二―七、一九三六年七月。

（92）以下は、断らない限り、陳高華・銭海皓総主編『中国軍事制度史　兵役制度巻』大象出版社、一九九七年、第一一、一二章、前掲『長春市志・軍事志』第二篇による。

（93）陸士留学生の閻錫山、趙恒惕はそれぞれ山西と湖南において義務兵役制度の整備に着手しており、中国共産党も「国民軍」の成立、徴兵制の導入を構想していた。一九二八年二月海陸豊ソヴィエトでは、国民党軍の進攻が開始されたため実際には徴兵が実行されることはなかったが、徴兵条例が施行されている（阿南友亮『中国革命と軍隊　近代広東における党・軍・社会の関係』慶応義塾大学出版会、二〇一二年、第一、三章）。

（94）中国は徴兵制視察のため日本に調査員を派遣しており、日本の兵役法が中国の兵役法に与えた影響も皆無ではない（大阪府情報委員会『支那軍の正しき認識』一九三七年九月、一〇頁、JACAR：C13032475600）。

（95）ある白系ロシア人の入営兵は、「吾々ハ入営シテモ自分ノミカ家庭迄面当ヲ見テ貰ヘルシ今迄ノ月給ノ半分ハ今迄ノ勤務個所ヨリ扶助サル□《（ル）》ノテ安心シテ入営スルコトカ出来ル」と述べている（前掲ハルビン憲兵隊「思想対策月報（第一号）」四一七頁）。

（96）日本では兵役は絶対的な奉仕義務とみられ、兵役法や同等の法律レベルで家族への優遇や兵役負担に対応する権利が規定されることは忌避された。この点は、拙稿「徴兵忌避対策と徴兵制の定着」『ヒストリア』一九五、二〇〇五年六月参照。ただし満洲国においても「国兵ヲ出スコトニ依リ何等カ恩恵ヲ受クルヲ当然ナリ」とする国兵家族の動向については注意が向けられていた（前掲「高等警察月報（三月分）」五七頁）。

（97）三三年兵役法は、地方自治未完成区域においては志願制を採用し得るとしていた。

（98）笹川裕史・奥村哲『銃後の中国社会』岩波書店、二〇〇七年、第三、四章。

（99）冉綿恵「抗戦時期的兵役制度」『四川師範大学学報（社会科学版）』三四―五、二〇〇七年九月、一〇九頁。

(100) 佟衡は、四二年度の検査に際して、逃亡はなく、徴兵官も厳格であり、検査状況は良好であったと報告したと述べている（「佟衡自述」一九五四年七月一八日、『内幕』五五七頁）。

(101) 徴兵官などへの賄賂に関しては、前掲「从四平兵事処看偽満徴兵制度」、郝譲先「一九四〇年黒山県徴兵見聞」前掲『偽満史料叢書 偽満軍事』六六七～六六八頁（郝は錦州省黒山県公署国兵民籍係属官）。一方、満洲国警察による極貧の労働者等を捕まえて労役に従事させる「浮浪者狩り」は指摘されている（辛培林「『五族協和』の実質と民衆の悲惨な生活」前掲『〈日中共同研究〉「満洲国」とは何だったのか』二三四～二三五頁）。

(102) 人口については、国務院総務庁臨時国勢調査事務局『康徳七年臨時国勢調査報告』第一巻（一九四三年）による。入営者数二万五〇〇〇は、一九歳男子人口三二万三九八七の七・七％である。日本においては、一九四〇年現役数三二万は、一八～四五歳男子人口一三九八万五三八三の二・二九％、二〇歳男子人口七〇万三六七〇の四五・五％である（前掲『戦時国民動員史 第2編兵力動員』六九、七八頁）。

(103) 「熊式輝電蔣中正東北原有国兵法尚可採用能否徴足十萬名兵難預料」一九四六年六月三〇日、国史館檔案史料002-020400-00026-096。陳誠の籤呈は、同年七月三〇日。共産党地区においても、国兵法期の経験をふまえて、志願制ではなく、徴兵制が望ましいとする認識がみられた（大沢武彦「中国共産党による戦時動員と基層社会—東北解放区を中心に」『現代中国研究』四二、二〇一九年二月、三六頁）。

(104) 全三五条で、現役徴集二〇歳、現役は二年、予備役は四五歳まで、在学、在外徴集延期、家族特典がある点は変化していない。新たに補充兵役が設けられ、女子の服役志願が認められている（前掲『中国軍事制度史 兵役制度巻』三八四～三九五頁）。

(105) 黒龍江省地方志編纂委員会『黒龍江省志 第六十六巻 軍事志』黒龍江人民出版社、一九九四年、第三篇、吉林省地方志編纂委員会『吉林省志 巻十四 軍事志』吉林人民出版社、一九九六年、第二篇、遼寧省地方志編纂委員会『遼寧省志 軍事志』遼寧科学技術出版社、一九九九年、第二篇。吉林省では四六年国民党により徴兵二万五〇〇名、募兵一万四二九八名が実施された。両者を合計すると二〇～二二歳青年総数の七八・四％にあたった。

(106) 前掲「軍事支配（2）日中戦争・太平洋戦争期」。

第三章　満洲国軍の対外作戦と崩壊

はじめに

前章でみたように、満洲国軍は性格を対外作戦補助部隊に変化させていった。実際に満洲国軍は一九三七年の日中全面戦争開始に伴い、華北に出動し、その後、ノモンハン戦争、関特演に参加、四五年には再び、華北に部隊を派遣している。しかしソ連侵攻が始まり、満系やモンゴル系軍官による反乱も起こるなか、結局、軍が崩壊することとなる。

満洲国軍による対外作戦はどのようなものであり、それにはいかなる意義があったのか。または満洲国軍はいかに崩壊し、その崩壊は何をもたらしていったのだろうか。本章第一節では華北への出動、第二節ではノモンハン戦争、第三節ではソ連参戦について扱い、満洲国軍の対外作戦への動員および満洲国軍の崩壊に関して考察する。

一　満洲国軍の華北出動

1　一九三七年の華北出動

一九三七年七月七日盧溝橋事件が起こると、日本軍は現地の支那駐屯軍に加え、関東軍から独立混成第一旅団、同第一一旅団、朝鮮軍から第二〇師団、本国から第五、六、一〇師団を増派していった。軍内には反対意見もあったが、武藤章参謀本部作戦課長は同兵力をもって平津地方、内モンゴルを満洲国の緩衝地帯にすることを企図した(1)。八月には第五師団、独立混成第一一旅団を平綏線に沿って進軍させ、関東軍と協同してチャハル省を占領し、山西省北部や綏遠方面に侵攻させる計画が策定され、一〇月までに張家口、大同、平地泉、綏遠、包頭と主要都市を占領していった。

満洲国軍も同作戦への呼応が求められ、関内へ「外征」を行うこととなった。出動部隊は熱河支隊、興安支隊、特設高射砲隊（第十、第十一臨時高射砲隊）、独立第一自動車隊（簗瀬部隊の小堀連）、歩兵第三十五団（高部隊）であった(2)。熱河支隊は第五教導隊、靖安軍からなり、兵力は七五三名であった。八月五日長城の関門の一つであり、北京と熱河を結ぶ要地であった古北口に集結した。一部はそこから北京方面に向かい、密雲、懐柔、順義付近に進出して、日本軍の側背の安全を確保した。翌三八年一月靖安軍の新京凱旋までに戦闘回数は一九回に及び、戦死傷六〇余名、行方不明者一四三名を出している(3)。

興安支隊は第三教導隊、興安騎兵第五団からなった(4)。第三教導隊は第三軍管区所属で人員は一九一七名、隊長は石蘭斌、教導歩兵第三団、教導騎兵第三団、候補生連からなり、主要軍官二二名中、日系軍官は五名であった。八月下旬にチチハルを出発し、承徳を経て、古北口より密雲方面に出撃、治安維持に任じ、一一月三〇日に凱旋した。

興安騎兵第五団は興安南省警備軍所属で人員は三七一名、隊長は秦煥章、第一〜三連、機迫連からなっていた。各連は前述のように連長に満系軍官が就いていたとしても、隊付の日系軍官が主導したとみられる。

同団軍医として出征した山本昇は、「今事変に於て皇軍に共同し援助し効果を挙ぐれば満洲国は興隆し之に反すれば衰亡以外に道なし」、「吾等の一挙一動は即ち満洲国軍の価値評価の一端となるもの、頼むに足らざれば満洲国軍解消より外に意義なしである」と悲壮な決意を述べている(5)。

山本によると、七月三〇日に出動命令を受け、八月五日通遼を出発し、一二日承徳を経て、一九日チャハル省ドロンノールに入った。その後、二八日沽源、九月三日張家口に到った。そこで日本軍本多騎兵第二連隊の指揮下に入り、大同に向かい、進軍していった。その間の戦闘は、後退しつつ陣地を構えて対抗する国民党軍との戦いであった。

蔣介石は八月二〇日全国を五戦区に区分し抗戦体制を構築することを訓示した。山西・チャハル・綏遠を管轄する第二戦区司令長官には閻錫山が就任し、山西省陽高—チャハル省隆盛荘—陶林（科布爾）ラインを防衛し、日本軍が大同に到る前に撃退することを方針としていた(6)。

陽高や天鎮で防衛に当たったのは閻錫山系の第六一軍（李服膺）であり、第一〇一師および独立第二〇〇旅が指揮下にあった(7)。第一〇一師第二一三旅第四二六団第三連排長孫英年は、「我が連陣地前方約一〇〇〇メートルのところに、五輌の戦車が先導し、ゆっくりとこちらに向かって前進している敵を発見した。我が団所属の山砲連がすぐに敵に向かい砲撃し、ついに敵と激烈な砲撃戦を繰り広げた」、「我が砲兵の火力が敵によって制圧された後、すぐに北山方面の我が営左翼第一連で激しい戦闘が発生した」と戦闘を描写している。また独立第二〇〇旅第四一四団長白汝庸は、陽高城における戦闘について、「敵は城東関に歩、砲、空、戦車合同で猛攻を加え、激戦半日に及び、我兵死傷甚大」、「攻城の敵は日本関東軍および偽蒙軍（引用者注―興安軍）であった」と述べている。[8]

日本軍は天鎮、陽高一帯を突破し、九月一三日興安騎兵第五団の「加藤連」（第三連）が「大同一番乗り」を果たした。次に山西省の省都である太原が目標となり、部隊はさらに南へ向かい、二二日には渾源、二四日には応県に入った。応県「一番乗り」も第五団の部隊であったようである。第五団は一〇月一日には朔県、三日には寧武に到るが、四日太原を前に前進停止命令を受け、北京や天津、山海関を経て一〇月一七日凱旋している。

独立第一自動車隊は簗瀬幸三郎隊長のもと、ハイラル駐屯の臨時自動車隊を除き、承徳および奉天に駐屯しており、三〇五名中、日系者は一一三名を占めていた。華北へは一九〇名が出動した。[9]

満洲国軍はこの外征において一定の存在意義を示すこととなった。熱河支隊の日系軍官らが出席した座談会において、参謀の岩崎篤は、満洲国軍の部隊が蔚県に日本軍の兵站線確保の救援に駆け付けたこと、通信に関して「宣化或は張家口蔚県の駐屯部隊で満軍の方から日本軍の手不足のときは行つてや」ったことを指摘し、美崎丈平は「日本軍はどうかすると一小隊長でも満軍を頤で使ふといふやうな気持があつたが、このこと（引用者注―蔚県への救援）以来すつかりよくなつた」と述べている。[10] また篠田三郎は、満洲国軍の第一〇高射隊が依頼されて熟練度の低い日本軍高射砲隊を臨時教育したこと、第一〇高射隊を視察した植田謙吉関東軍司令官は「軍紀の厳正さは全たく日本軍以上であったと激励し、金壱封を渡された」ことを指摘している。[11]

しかし日本軍の満洲国軍への蔑視が完全になくなったわけではなかった。篠田は熱河「支隊出動間、日本軍は国軍について理解がなく種々問題もあったようで、国軍を軽蔑する傾向があり、指導顧問皆藤中佐（後に中将）は特に『日本将兵に告ぐ』の印刷文を配布し日満軍間の融和を期待したが、効果として見るべきものが少なかった」とも述べている。[12] また満洲国軍の日系軍官自身も差別を正当化するような態度を採っていた。前述の座談会では、「列車で帰つて来るときも日本軍は三等車に我々満軍は貨物列車に乗つて来たのでありますが、兄貴だからさうするのだといふ気持ちでこれに対して何一つ不満も不平も殆どない」、「満軍は日本軍と比較しまして特別な糧秣、防寒装備とかを持たずして戦争することも出来ます」（山田上尉）という発言がなされている。[13] 後述のように満洲国軍内においても、日系と満系やモンゴル系では給養や待遇に差があり、満系およびモンゴル系の不満は高まっていくこととなる。

また同時期、満洲国軍は三七年七月に通州事件を起こした冀東政府保安隊の統制に従事した。事件前より同隊顧問に満洲国軍日系軍官が就いており、異民族部隊の指導や武器回収の実績がある満洲国軍から再び顧問として十数名の日系軍官が派遣された。三八年六月に任務は完了し、日系軍官は一部を残して、満洲国軍に戻っている。[14]

2　一九三八年の華北出動

三八年にはまた新たに満洲国軍による関内への外征が行われている。六月甘支隊が編成され、華北出動が命じられた。司令官は興安南地区司令カンジュルジャブ、参謀長は興安東地区参謀長曽根崎清臣、支隊顧問は野田又雄であった。甘支隊は興安東地区の騎兵第二団（金永福・四五二名）、独立山砲第三連（斎藤安五郎・四二名）、興安南地区の騎兵第五団（秦煥章・二六九名）、独立山砲第二連（呢嗎・五〇名）をもって編成された。[15]

騎兵第五団は単独で討伐に先発しており、後に甘支隊に合流することとなった。同団附軍医兪京植は戦闘に関して、「我ガ部隊ハ長城国境ノ山岳地帯ノ敵ヲ圧迫シ冀東ノ平原ニ追撃戦ラ（ヲ）展開シ来タリ」、「敵ハゲリラ戦術或ハラワー戦術ヲ以テ山岳ヲ利用シ我ガ追撃攻撃ヲ巧ミニ避ケルト共ニ機アラバ我方ヲゲリラ網ニ掛ケ反撃セント企図セリ」と述べている。[16] 同団は前年に引き続いての外征であったが、今度の相手はゲリラ戦を仕掛ける八路軍が相手であった。

八路軍は国民党軍が敗退した後、晋察冀辺区を設置し、日本軍の側方や後方に潜入した。晋察冀辺区には熱河省南半分も含まれており、日本軍の背後を脅かすとともに、満洲国への勢力浸透が図られていった(17)。八路軍は第一二〇師に雁北支隊と鄭華支隊を合同して第四縦隊を編成し、冀東に進出しゲリラ戦を展開した(18)。

甘支隊は七月七日承徳に集結し、八日軍用列車で古北口に向かい、先発の騎兵第五団と合流した。木下軍医は騎兵第五団について、「如何ニモ戦ヒ馴レノシタ、古参ト云ツタ感ジヲアタヘタ」とし、兪京植から「部隊ノ戦ヒ上手ナ事、蒙古兵ノ素晴ラシク勇敢ナ事」、「大同一番乗リノ功績ヲ挙ゲ、サスガノ皇軍ヲ唖然タラシメタト云フ有名ナ部隊デアル事」を聞いている。

同支隊は熱河省内に「潜入シ来タレル敵ヲ捕捉殲滅ス可シ」との命令を受け、一二日古北口より南南東の北営坊に向かい、その後、八路軍を追って半壁山、仏爺来へ進軍していった。木下は「半壁山、仏爺来此ノ方面ノ部落ハスッカリ共匪ニ荒サレテ、街ノ土塀ト云フ土塀ニハ種々ノ文句ノ反満抗日文ガ白『ペンキ』デ太ク書キナグラレテヰル」と述べている。戦闘では二名の日系軍官が戦死するなどの損害を出した。

七月二五日甘支隊は南下し、河北省遵化に入った。冀東地区においても「北京、天津、通州ソノ他二、三ヲ除クノ外ハ皆八路軍遊撃隊ニ占拠サレテ、各城壁ニ青天白日旗ガ掲ゲラレ市政ハスッカリ共産化サレテヰル」、遊撃隊は「国境ヲ越ヘテ満洲国ニ迄入リ彼等ノ『スローガン』タル反満抗日、日満後方攪乱ノ目的ヲ着々達成シツツアッタ」と木下は述べる。甘支隊はそのような状況のなかで八月には石門鎮を経て、一二月凱旋するまで薊県に駐屯し、治安戦に当たった。八月には興安西地区から騎兵第三団（仁欽寧侮）約三二〇名、独立第一自動車隊から装甲自動車三輌・約四〇名（小畑中尉）などが増派され、兵力は一一〇〇余名となった。カンジュルジャブは、大小合わせて四〇余りの主要な戦闘があり、抗日軍に三〇〇〇余名の損害を与え、歩兵銃、騎銃、拳銃など一六〇〇～七〇〇挺、トラック

一輌を鹵獲し、一〇余名を捕虜にしたと供述している。(19)

八路軍においても興安軍を敵として一定の評価を与えていたようで、『第一二〇師陝甘寧晋綏聯防軍抗日戦争史』では、日本軍は急遽編成した第一一〇師団と「当地の日偽軍および東北偽満軍」によって冀東地区での大規模包囲攻撃を実行したため甚大な損害を出し、第四縦隊は平西根拠地へ撤退途中に「日偽軍の包囲追撃、遮断攻撃に遭い、蜂起勢力の大部分が離散した」とされている。(20)軍事顧問野田も「蒙古軍（引用者注―興安軍）は信頼に足ると云ふ事を実にその戦闘の経験に鑑みて自分が頭に刻み附けられた」と述べたという。(21)

ではモンゴル兵を戦わせ、部隊の統制を維持させたものは何だったのだろうか。それは日本軍の軍事力による威圧や日系軍官の監視であり、また日系軍官と兵士の間に生じた「師弟関係」であった。木下は部下のモンゴル兵に関して、「無智蒙昧」であるとして、「兵隊ヘノ心尽シハ常ニ信愛ノ極致」にあることが必要で、彼らは「蒙古民族ノ為」や「国体観念」、「忠君愛国ノ精神」からではなく、「我等ノバクシー（引用者注―先生の意、日系軍官を指す）ノ為」に戦うとしている。(22)また漢人に対する民族的憎悪心も挙げられる。(23)ただし部隊の統制維持は戦況が優勢にあることが大前提であった。「傀儡軍」の士気にとって、戦況は大きな影響を及ぼすものであり、以下にみるように劣勢の状況においては、部隊崩壊や反乱が発生していくのである。

二　満洲国軍とノモンハン戦争

満洲国とモンゴル人民共和国間においては、ハルハ河付近で国境をめぐる紛争が繰り返されていた。一九三五年六月より国境紛争解決のために、リンション興安北省長ら満洲国側とG・サンボー全軍総司令官副官らモンゴル側の代表が交渉を行っていたが、三六年四月にはリンションらがモンゴル独立運動の陰謀に加担したとして処刑された。ウルジン興安北省司令官も取調べを受けたが、軍事顧問の寺田利光が助命に奔走したために釈放された。サンボーもまた三七年一〇月に日本のスパイであるとして国家反逆罪のかどで銃殺された(24)。

ソ連の脅威が叫ばれるなか、満洲国軍政部発行『精軍週刊』誌上では、日露戦争を回顧し戦意を高めようとする記事が現れるようになった(25)。日露戦争で満洲義軍を率いた花田仲之助が来満して旧部下を慰問しつつ、日露戦争を回顧する講演を行ったり、また熱河省ハラチン王府にロシア側に捕えられて処刑された北京特別任務班の横川、沖らの記念碑が建てられたりしている(26)。

ハルハ河は紛争となった地域では概ね南東から北西に流れている。日満側は国境線をハルハ河とする一方、ソ・モ側はハルハ河より東のノモンハンを通る線にあると主張していた。よって両軍は両ラインの間において衝突することとなる。一九三九年五月満洲国軍とモンゴル人民共和国軍との間で戦闘が発生すると、以降、日本およびソ連は部隊を増派し、戦闘は大規模化していった。

前節でみたように、満洲国軍はすでに華北、内モンゴルへの対外作戦に参加していた。ノモンハン戦争においては、戦争終結後、出動した日系軍官を招いた座談会において、治安部の長島事務官が冒頭の挨拶で、「此処にお集りの方々は従来討伐で種々経験をされた方許りで、又一部外征作戦にも或は北支察哈爾の作戦に参加された方もありま(27)す」と述べているように、対外作戦の経験を有する騎兵第五団などの部隊や軍官が動員された。大同占領で有名になった加藤上尉や木下軍医も興安支隊で参戦した(28)。

1　五月の攻防

戦火が拡大していく直接的契機となったのは、五月一一日の満洲国国境警察隊とモンゴル人民共和国第二四国境警備隊の戦闘であった。(29) 満洲国側は興安騎兵第七団が応援に駆けつけ、一三日に小松原道太郎第二三師団長は、東八百藏中佐の指揮する歩兵二中隊、ハイラル駐屯の興安騎兵第八団一五〇名を派遣した。(30) 日満軍は一五日には外モンゴル兵をハルハ河左岸に撤退させ、日本軍は満洲国軍を残して帰還した。小松原は一七日の日記に、帰還した東からの報告を受けてと思われるが、「所見」として「満軍（蒙古軍）ハ強シ部隊長以下真剣真面目ナリ労苦ヲ厭ハス、騎兵部隊ヲ以テ迂回スヘキ件ハ満軍ノ意見具申ニヨル信頼スルニ足ル」と記しており、満洲国軍を高く評価していたことがわかる。(31)

その後、モンゴル側では、タムサクボラク（タムスク）からモンゴル騎兵第六師団、ソ連第一一戦車旅団の機動集団ブイコフ支隊、ウランバートルからソ連第三六機械化師団第一四九狙撃兵連隊などを応援に派遣し、ハルハ河右岸に陣地を構築した。(32)

日本軍第二三師団は歩兵第六四連隊基幹の山県支隊と東捜索隊によって、ソ・モ軍を包囲殲滅しようとしたが、連携が上手くいかず、東捜索隊が壊滅する損害を出し、作戦は失敗に終わった。(33) 同作戦には満洲国軍からも、興安騎兵第一団（郭美朗）一六〇名・山砲二門三三名、第七団（郭文通）六〇名・自動車五輛一五名、第八団（索特納莫）二二〇名、計四八八名が参加した。(34) それらは日本軍の後方で控えていたわけではなく、正面および左翼から対敵し戦闘に及んだ。同第一団はモンゴル第六騎兵師団第一七騎兵連隊と戦闘を行い、一二名が捕虜となったとされ、また小松原は五月二八日の日記に「満軍行衛不明三十」と記している。(35)

2　七月の日満軍の攻勢

ソ・モ軍は日本軍の増援があると思い込み、一度ハルハ河左岸に撤退するが、すぐにまた右岸に陣地を構築し、部隊を増派して防備を固めた。六月半ばにはソ連軍機による空襲が続くなか、関東軍は大規模な攻勢をかけることを決意した。関東軍の当初の作戦計画では、第七師団を地上部隊の主力としてハロンアルシャン側、すなわち左翼側（上流方面）からハルハ河を渡らせ、敵を背後から攻撃する予定であった。

満洲国軍は両翼に配置され、日本軍を支援する役割を担った。現地人部隊を両翼に置き、諜報や道案内などで日本軍を支援させるという起用法は、日露戦争と同様であり、より小規模な形で再現されることとなった。興安軍管区参謀長であった郭文林は、「日満共同防衛議定書に基づき日本軍の作戦を援助し、人員、馬匹の補充のほか、被服、弾薬、糧秣の供給は偽満治安部が担当し、ハイラルと前線の間の輸送は奉天の偽満第一軍管区簗瀬部隊が担当した」と述べている[36]。簗瀬部隊は三七、三八年に引き続いての対外作戦であった。

右翼に配置されたのは烏爾部隊であった。支隊長はウルジン、顧問は市村治三郎である。興安北・東地区の騎兵第一団、同第二団、同第七団（郭文通）、同第八団、独立野砲連からなった。一方、左翼に配置されたのは、興安師をもって編成された興安支隊であった。支隊長は野村登亀江、顧問は野田又雄である。興安支隊は興安南・西地区の騎兵第四団、同第五団、同第一二団、山砲団、陸軍興安学校騎兵教導団（金永福）、迫撃砲団（中野中校）からなり、ほかに騎兵第一一団がハロンアルシャンに置かれた兵站の護衛を担当した[37]。

興安支隊には、日露戦時に日本軍に協力したバボージャブの息子であるジョンジュルジャブも参加している。ジョンジュルジャブや曽根崎清臣、フクバートル（胡克巴特爾）ら六名は興安軍から中央陸軍訓練処高等軍事研究班に派遣されていたが、六月一九日には興安軍に戻るよう指示を受け、興安支隊の参謀として加わった。ただしジョンジュルジャブは参謀としては何ら具体的な職責は負っておらず、実習的なものであったとしている(38)。後に武装蜂起を主導する王海山も副官として従軍したとみられる(39)。

当初の計画は変更され、第七師団に代わり安岡支隊が渡河することとなったが、左翼側は降雨により増水し、湿地状態となったため行動が困難で、渡河も難しいため、第二三師団主力が助攻を担う安岡支隊と連携しつつ右翼側から渡河する作戦へと変更されることとなった(40)。第二三師団は七月一日未明に行動を開始した。

この変更が烏爾部隊と興安支隊の命運に大きな差を生み出した。右翼側の烏爾部隊はその特性、作戦地域の地理に明るい点を生かし、「神速ナル行動ニ出テ敵ノ虚ヲ衝クカ如キ戦法ニ依リ終始翼側警戒ノ任ヲ完遂シ相当ノ戦果ヲ挙」げることができた。満洲国軍の哨兵ははるか遠方のソ・モ軍装甲車輌を最初に発見している(41)。

烏爾部隊は「戦闘ノ会期間殆ント最右翼ニアリテ作戦シ」たが、前線正面のバルシャガル高地の戦闘にも参加した。同部隊の通訳として従軍した岡本俊雄は、「日軍が戦場の地理には全く盲人同様」のなか、「蒙古人の兵隊が水の湧く処を教え」たり、戦死馬を料理し食糧として給与したりして貢献したと述べている(42)。

しかし左翼側の興安支隊は「『ノロ』台高地ヲ占領シテ軍ノ左翼ヲ警戒スル」任務が与えられ、正面から陣地の攻略あるいは防衛に当たり、「騎兵の特性と機動力を充分に発揮できず」、予想以上の大きな被害を受け、離隊兵も続出することとなった。例えば騎兵教導団では七月七日までに半数が敗散し、五〇名となっている(43)。

日満軍にはソ・モ軍に対する認識の甘さもあった。前述の座談会で長島事務官は、「今度のやうな科学的装備を有つた軍隊との戦闘は初めてゞありまして、その点は北支討伐とか、従来の匪賊討伐或は外征と比較して非常な相違を感ぜられたと思ひます」と述べている(44)。ある満洲国軍事顧問は、編成されたばかりで「教育訓練及団結ニ於テ不十分」であったのにも拘わらず、「興安師を以てハルハ河上流地区より行動せしめ敵の外方より攻撃せしめては如何」と進言したという。[45] 大同占領などで「猛将」として有名となった騎兵第五団副団長の徳勒格は、前線でフクバートルに対して、「こんな戦闘には遭遇したことがない」、「天意に背いた戦闘であり、良い結果をもたらすことはできないだろう」と述べたとフクバートルは回想している。[46] また七月初めの興安支隊の戦闘を視察した荒川上尉は、「日本軍と同じやうにしてこの敵の正面に翼を連ねての共同作戦としては兵器装備の殆んどないと云つてもい、位の興安軍にとつては実に御話にならない程無理な戦ひであつた」と述べている。[47]

結局、日本軍のハルハ河左岸渡河部隊は、ソ・モ軍の反撃を受けて撤退を余儀なくされ、戦況は再び膠着した。興安師では慰問品が分配されたが、日本人は二人前、モンゴル軍官は一人前、士兵はなしという配分であり、モンゴル人たちは不満を募らせることとなった。[48]

3　八月のソ・モ軍の攻勢

戦況は次にソ・モ軍が攻勢を仕掛ける流れとなっていった。ソ・モ軍は八月二〇日を期して攻勢を企図し、日満軍の両翼を狙った。前線集団司令官シュテルンは、「両翼で我々はモンゴル軍に警備されており、敵は興安騎兵によって警備されている。最も有利なのは右翼（引用者注―日満軍の左翼）に対する攻撃と思われ、その上この地区には我々は戦車をより多く配置しており、作戦をより良く展開できるからである」と報告している。[49] S・N・シーシキン大佐「一九三九年のハルハ河畔における赤軍の戦闘行動」（一九四六年）も、「突撃グループは日・満軍防禦線の最も手薄な個所―バルガ騎兵隊および満洲軍の最ももろい部隊によって掩護されていた両翼をねらった」としている。[50]

シュテルンが述べているように、ソ・モ軍においても両翼にはモンゴル軍が配置されている。左翼にはモンゴル人

表30　満洲国軍ノモンハン戦争参戦兵力（1939. 6 - 9）

	「ノモンハン事件機密作戦日誌」[1]	「小松原将軍日記」[3]	「康徳六年度満洲国軍保有兵力概数」[4]	「ノモンハン事件記録」[5]	『満洲国軍』[7]	『偽満洲国軍簡史』[8]
烏爾部隊	歩騎兵 約1,000[2]	—	—	1,851[6]	3,000以下	2,500
興安支隊	—	1,300	2,934	2,936	6,000～7,000	4,700
石蘭支隊	—	1,500	1,661	1,376	3,000以上	5,000
鈴木支隊	—	1,000	—	1,176	3,000	—

註：1）第23師団参謀長より関東軍参謀長宛，８月21日，防衛省防衛研究所『ノモンハン事件関連史料集』2007年，296頁.

2）ほかに「戦車隊五〇，大隊砲十数門」とされている．厲春鵬ほか『諾門罕戦争』（吉林文史出版社，1988年）190頁では騎兵1500名，四一式山砲4門，重機関銃27挺，速射砲4門とされている.

3）６月30日条，８月10日条，前掲『ノモンハン事件関連史料集』441頁．６月25日条では「興安師団編制」計約1,700，８月12日条では「石蘭支隊編成」計2,022とある.

4）『満洲国軍事文件』東北師範大学図書館東北文献中心所蔵.

5）防衛研修所戦史室，1950年，JACAR：C13010400500．関東軍作戦主任参謀服部卓四郎の日誌や関係者の聞き取りなどから編纂したとされる.

6）「興安師」とあるが，駐屯地や編成から「烏爾部隊」と判断した.

7）満洲国軍刊行委員会編，蘭星会，1970年.

8）傅大中，吉林文史出版社，1999年.

民軍騎兵第六師団、右翼には同騎兵第八師団が置かれ、それぞれ烏爾部隊、興安支隊と対峙する形となっていた。満洲国軍のモンゴル人兵士には、モンゴル人民軍に対する敵対意識が薄いところがあった[51]。

興安支隊では七月三一日、ソ・モ軍の包囲攻撃、日本軍機の誤爆を受け、部隊の大部分が離散し、八月二日には陣地からの後退を余儀なくされた。興安支隊に代わるかたちで左翼側に投入されたのが、石蘭支隊であった[52]。石蘭支隊は独立混成第一旅の別名である。三七年八月に華北に出兵した第三軍管区第三教導隊（石蘭斌）を中心に改編した部隊[53]で、歩兵第一四団、独立歩兵営、独立砲兵営、騎兵第二〇団などからなっていた。石蘭支隊はソ・モ側主張の国境線付近にある「九七〇高地附近ヲ占領シテ軍ノ左翼ヲ警戒スル」任務に当たった。ソ・モ軍の攻勢が開始されると、八月二一日には突出した地区にあり、砲撃に曝されていた歩兵第一四団第一営長以下二三四名が日系軍官四名を殺害し、ソ・モ軍に投降する

という事件が起こっている。(54)

殺害された迫田金次郎同団副官、大谷喜代三郎機関槍連長は同年五月、佐藤營一第一連長は同年七月に着任したばかりで、部下との良好な「師弟関係」が構築される前に事件が起こり、殺害されたと考えられる。(55)

また第一軍管区から鈴木菊次郎第一教導隊長率いる鈴木支隊もハンダガヤに派遣され、日本軍の左翼を援護する任務に就いたが、近代戦の教育を受けておらず、動揺が拡がって三〇名の離隊者を出している。(56)

結局、ソ・モ軍は両翼から日満軍陣地を突破して包囲を完成させ、概ね自らが国境線とみなすラインより日満軍を追い出すことに成功した。

4　参戦した満洲国軍兵力

六月下旬以降の戦闘に動員された満洲国軍兵力については表30の通りである。(57) 兵力は史料・文献により幅があるが、前述のように所属兵力と実際に出動した兵力の相違に基因するものであろう。(58) 小松原日記は実際に出動した兵力に近いと考えられ、最も具体的な数値を挙げている「ノモンハン事件記録」は、興安支隊は別として小松原日記に近い数値を示している。「ノモンハン事件記録」の数値の合計は七三三九であるが、(59) 仮に興安支隊は小松原日記、それ以外は「ノモンハン事件記録」の数値を取ると、総兵力は五七〇三となる。

満洲国軍の戦死、戦傷者数に関しては、明確ではない。ハイラル憲兵隊が探知した元満洲国軍モンゴル人下士官の発言では「満軍ノ戦死者八二百七十二名」、興安支隊の軍医として従軍した木下は「自分の所は戦傷者三百五十名許り」、興安軍管区参謀長であった郭文林は「死傷は四五百名」としている。(60) また秦郁彦は、死傷者の合計を一〇〇〇人弱と推定している。(61)

三　ソ連侵攻と満洲国軍の崩壊

1　軍の強化と対外作戦

一九四〇年末の時点で関東軍は一一個師団、平時編制で三五万人体制であった。その後一個師団を増加、四一年七月に始まった関特演で本国から二個師団の派遣を受け、朝鮮の二個師団と合わせて一六個師団となり、満洲には六五万人が駐屯した。しかし関特演は中止となり、その後も南方戦線の拡大によって対ソ侵攻を実行する機会は失われた(62)。四三年後半には中国本土や南方戦線への関東軍の本格的な兵力抽出がなされていった。抽出は工兵・通信・兵站部隊から始まり、独立守備隊、後詰めの師団へと移った。四四年には温存されていた精鋭師団の抽出も始まり、四五年三月時点で関特演以来配備された精鋭師団はすべて姿を消している(63)。

一方、満洲国軍では関東軍とは反対に兵力を増強させていった。警備軍は三九年には五万ほどであったが、四五年八月時点で九万となり、総兵力は約一五万までになっている（前章参照）。四四年には結局、中止となったものの、赫慕侠を師長とするビルマへの遠征軍派遣も計画されたという(64)。

ノモンハン戦争以降、満洲国軍では部隊の機械化と後方部隊の増設が図られた。四五年時点で工兵隊三一隊（一軍管区に二隊以上）、輜重隊三十隊（同上）となっており、対ソ作戦道路や対ソ陣地の構築に使用された(65)。

関東軍は兵力抽出を補うため、四五年二月までに一四個師団を新設した。その後、七月には在郷軍人の根こそぎ動員を行い、兵力は二四個師団・九個混成旅団に膨れ上がった(66)。関東軍は兵器が足りないため、満洲国軍に兵器の返納を命じたが、多くの軍管区では命令を握りつぶすなどして徹底されずに崩壊を迎えることとなった(67)。敗戦間際の混乱もあっただろうが、満洲国軍が自身を関東軍の単なる「下請け」とは見做すことを潔しとしないまでに強化され、自負心を強めていたとみられる。

以下、対外作戦に関わる部隊の状況についてみていこう。満洲国軍飛行隊は三七年二月に発足して次第に拡充されていった。新京に第一飛行隊、奉天に第二飛行隊、ハルビンに第三飛行隊、通遼に独立飛行隊が設置され、百十数機が配備された(68)。関東軍では航空戦力もまた四三年以降、多くが抽出されており、四五年七月の時点で戦闘飛行部隊は鞍山の独立第一五飛行団しか残っておらず、戦闘機は六五機、重・軽爆撃は各一〇機の計八五機で、実働機はさらに少なかったとみられる(69)。それを鑑みれば、満洲国軍飛行隊の百十数機がいかに貴重な戦力であったかがわかる。しかも奉天・撫順の防空を担当する奉撫飛行団においては、満洲国陸軍飛行学校長の野口雄二郎が飛行団長、同教官が幕僚を務め、同校、満洲国軍第二飛行隊（奉天）のほか、日本軍第一四練成隊（熊岳城）および第二二練成隊（奉集堡）によって編成されており、満洲国軍の指揮官が日本軍の部隊を指揮する態勢にさえなっていた(70)。

浅野部隊は日系軍官浅野節を隊長とし、白系ロシア人コサック騎兵からなる部隊で、日系軍官、白系ロシア人軍官、陸軍中野学校出身の将校を含んでいた。関東軍、ハルビン特務機関の指揮下に置かれ、前章表27にいう「国境監視隊」の「挺進任務」に当たった。関東軍による対ソ攻勢作戦計画では、東部および北部正面からソ連に攻勢をかけ、「其の他の正面の持久作戦を助ける為にも、威力謀略部隊の遊撃行動が必要である」(71)とされていた。関特演では、横道河子の白系ロシア人森林警護隊も浅野部隊に編入され、総員約八〇〇名が北部国境、呼瑪西南の十三站付近において機を窺ったが、対ソ攻勢は望めない状況となって部隊は原駐地へ戻った。四三年から四四年にかけてほとんどの日系軍官が転出していった(72)。

自動車隊はノモンハン戦争での活躍を受けて増強が図られ、敗戦までに自動車隊七隊、自動車学校、自動車廠が設置されている。(73)

八路軍が熱河、冀東地区においてゲリラ戦を展開するなか、満洲国軍の兵力は熱河地区を管轄する第五軍管区に比重を置いて配置され(74)（前章表25参照）、また四五年一月には冀東地区へ鉄石部隊が派遣された。同部隊の派遣には、「満洲国軍に対し実戦を体験せしめて確固たる自信を得しめ且外征に功を奏せる光輝ある歴史を満洲国軍に持たしむる」狙いがあった。(75)

鉄石部隊は総兵力約一万五〇〇〇名で、連絡部、歩兵旅（鉄心部隊）、騎兵旅（鉄血部隊）、鉄路警察隊（鉄華部隊）で構成され、兵士は第三～五期の国兵からなった。連絡部は独立第一自動車隊（鉄虎部隊・桑原清）、臨時派遣輜重隊（鉄輪部隊・篠田六三）、間島特設隊（朝鮮人部隊・藤井義正）、通信隊（鉄波部隊）など、鉄心部隊は靖安師歩兵三七団（内村柳太郎）、第七軍管区歩兵二六団（劉徳溥）、騎兵隊（室岡静雄）、鉄血部隊は興安師騎兵第四七団（鈴木軒司）、第九軍管区騎兵第四九団（郭文通）、歩兵隊（土田博）などから編成されており、(76)三七年以来、対外作戦に従事している独立第一自動車隊やノモンハン戦争に従軍した郭文通などが参加している。「結果は予期に反せす頗る良好にして大いに粛正効果を挙け得たり」という。(77)

鉄波部隊の軍官として出征した施明儒は、列車で吉林を出発、秦皇島を経て、灤県で下車、一月二五日駐屯地の遷安県楊店子に入った。そこを拠点に京山線（北京―山海関）の南北で対八路軍作戦に従事している。四月一一日には「払暁朗各庄周辺の部落を攻撃、遁走する八路軍と小戦闘あり、八時頃朗各庄へ入り、剔出および拷問を開始す、またある古寺内にて地下道式の八路倉庫一つを発見し、被服および消耗品宣伝文など甚だ多数を捜索取得す」、四月二七日には「払暁寵清水を攻撃、公安隊員数名を捕虜とし、兵器弾薬甚だ多数を鹵獲す、井戸、かまど、柴草の山、トイレの穴…いたるところに武器を隠している」と日記に記している[78]。またモンゴル人騎兵部隊が特に漢人に対して残虐性を発揮しつつ、治安作戦に臨んでいたことが窺われる[79]。

彼の日記からは、鉄石部隊を慰労するために満洲国から女性を連れて来て「慰安所」を開設したこともわかる[80]。前述のように日本軍は日露戦争における「買売春」管理の経験をきっかけに満洲に公娼制度を移植し、「慰安婦」制度へと展開していった。満洲国軍が成立すると、日本軍と同様に「慰安所」が設けられ[81]、外征の際にも欠かせないものとなっていたのである。その点からもまさに鉄石部隊は、満洲国軍の対外作戦補助部隊化の到達点を象徴するような部隊であった。

2　軍内の不満の高まり

対外作戦補助部隊化を進めた満洲国軍の歩みはその一方で、崩壊への歩みでもあった。三九年一二月に開催され、治安部軍事顧問、高級日系軍官、関東軍参謀などが参加した奉天会議では、ノモンハン戦争では日系軍官が団長を勤める団では逃亡が多い一方、モンゴル人が団長の団では逃亡が少なく、戦闘力も上で、重火器部隊を除いてモンゴル人に団・連長を任せること、モンゴル人をモンゴル人と戦わせることは適切ではなく、待遇上の不平等さが失敗の原因の一つであったことなどが確認されたという[82]。

しかし日系軍官は三八年一二月の一一〇〇人から四五年八月には約六〇〇〇名に増加していくように、比重の増加が止まることはなかった。四〇年一二月には興安軍管区が廃止され、興安南および西省は第九軍管区、興安北および東省は第一〇軍管区となって、興安軍という区分はなくなった[83]。第九、第一〇軍管区が団・連長への日系軍官進出を抑制し得たかというと、難しいであろう。日系軍官の増加は前述のように反感を呼んでいくこととなる。

待遇上における不平等も容易には解消されるものではなかった。第九軍管区のモンゴル人軍官とみられる者は、旧正月において「日系軍官ハ何処カラ貰ツテ来タカ知ラヌカ高イ清酒ヲ一人四升宛貰ツテイルノニ我々ハ一合ノ日酒ノ配給モ斡旋シテ呉レヌ」として「日□（系）軍官ニ比較シテ配給割当酷ナリ」とする不平不満を洩らしている。またハイラル憲兵隊でも、「満軍内ノ日系ハ私服ヲ肥スコトニノミ汲々トシテ隊内ノ統制ヲ紊スヤウナ行動多ク一般ニ横暴テアル」というモンゴル系軍官の不満を探知している。[84]

ノモンハン戦争では、興安軍の前身である満洲事変時の内モンゴル自治軍以来の関係を有していた、興安支隊第一二団附の栗城徳雄、同団第二連長の加藤恒三が戦死した。またカンジュルジャブ、ジョンジュルジャブ兄弟と関係が深い興安支隊顧問野田又雄も戦傷死している。[85] 同戦争中、興安軍官学校は、興安支隊の臨時野戦病院となり、生徒たちは負傷兵の看護に動員され、「ソ連軍はものすごい、武器は良く、日本人は打ち負かされた」と語る負傷兵の姿をまざまざと見せつけられた。[86] また同戦争に従軍した元満洲国軍モンゴル人下士官による、「将来ノ日『ソ』戦ニハ日本軍ハ『ソ』軍ニ勝目ハナイカラ我々蒙古人モ考ヘネハナラヌ」という発言も探知されている。[87] モンゴル人と関係の深い人材が失われ、モンゴル人の日本の軍事力に対する信頼度も低下していったのである。

中国共産党も四〇年七月時点で、満洲事変当初は上下層とも親日意識が濃厚であった「淪陥区」（日本支配地区）のモンゴル人に変化が生じてきたとみていた。[88] すなわち長期に亘り日本と結合してきた王公を除き、一時的に日本を利用して自己の勢力を拡大しようとした王公は日本に失望している。また日本から圧迫を受けている王公は抗日に共感しはじめ、また大多数の下層の人々も失望や不満を増大させて抗日に共感し、一部はすでに八路軍周辺と結びついて抗日運動を始めているとされている。

興安学校においても戦況の悪化と管理強化の中で生徒の離反は避けられなかった。早朝の天皇遥拝やモンゴル語の禁止は生徒の反感を生み、戦況の推移とともにモンゴル人教官を主導者として校内の抗日的団結が密かに進んだ(89)。日本側が比較的信頼度が高いとみなしていたモンゴル系軍官においても抗日秘密組織が作られるほど、抗日意識の広がりは深刻化していったのである。

満系軍官においても同様であった。特に若い世代の軍官には抗日意識を隠して軍に入った者がいた。前述の施明儒(90)は中訓七期生であり、国民党を自任し、中訓入処前に友人三、四人と抗日秘密組織「国民党東北流亡抗日救国社」を作っていた。同志二人が殉死しており、中訓に入ったのは保障を求めてのことであった。軍内に多くの同志を獲得し、吉林に本拠を置いて各地に連絡処を設置した。四二年秋には江上軍の艦船、四三年には鞍山の製鋼所の破壊を計画したが、いずれも未遂に終わったという(91)。

四五年一月鉄石部隊の一員として冀東へ出征する際、施明儒は日記に「今日は故郷を離れて西征する日であり、祖国に向かう日である」と記しており、対八路軍治安作戦に従事したものの、犠牲になった同胞に同情を禁じ得なかった(92)。彼は毎年七月七日盧溝橋事件の紀念日には抗日の意を改めて強くするとともに、世界情勢の的確な認識を示していた。三八年七月七日の時点では「憤慨により気持ちが憂鬱」であるとしていたが、四一年七月七日には「独ソ戦による新局面は世界を大きく転変させる」として連合国に有利な情勢となることを予見した。四三年七月七日には「圧倒的な勢力により一掃しようとしている我等の盟邦」と、連合国の勝利を確信し、四五年七月七日には「中国勝利の年、帝国主義倒壊の年だ！」とした。七月二八日には「日本滅亡は数月を出でず」と記している(93)。

軍官学校二期生呉宗方は、従兄が馬占山軍に参加して戦死しており、幼少期より軍官になって祖国防衛軍を率いると決心していた。そして抗日の実力を養うため軍官学校へ入校した。呉と同様の意志を抱く同期生もいたという(94)。

軍官学校内には多くの抗日秘密組織が作られていった。一期生の恢復会は同期生の五分の一に当たる三四名にまで会員を増やしており、また二期生二名および三期生七名による仙洲同盟、三期生九名による共産党指導秘密組織、四、五、六期生による東北青年甦生連盟会、六期生による鉄血社、陸大留学後、軍官学校教授部長に就任した王家善を中心とする真勇社があった(95)。抗日勢力にとって抗日ゲリラ運動が弾圧され、次第に縮小していたなか、満洲国軍内に潜伏しての抗日運動は重要性を高めていった。彼らは満洲国軍に籍を置いて身を立てつつ、中国復興の機を窺っていたのである。

3　軍の崩壊

四五年六月ソ連の侵攻が避けられない状況となると、関東軍は大連―新京、新京―図們に最終防衛ラインを置き、東部方面には第一方面軍、西部方面には第三方面軍、北部および西北部方面には第四軍を配備した。満洲国軍においては、第一方面軍の下に第六、第七、第一一軍管区、第三方面軍の下に第一、第二、第五、第九軍管区、第四軍の下に第三、第四、第八、第一〇軍管区がそれぞれ指揮下に入った(96)。

八月九日、ソ連軍は八〇個師団の兵力をもって対日戦争を開始した。満洲国の東部から第一極東方面軍、西部からザバイカル方面軍、北部から第二極東方面軍が侵攻した。またそれらに策応し、モンゴル軍、八路軍も承徳、張北方面へ迫った(97)。一五日までにソ連軍と組織的に交戦し得た関東軍の部隊は、二四個師団のうち九個師団程度に過ぎず、ソ連参戦からわずか七日で日本は降伏した(98)。

関東軍が設定した最終防衛ラインの外に置かれた放棄地域においては、同ライン内へ向けて部隊の撤退が開始されると、満洲国軍の各部隊において日系軍官を殺害する反乱が起きている。日系軍官・軍属で殺害された者または自決した者は約二〇〇名と推定される(99)。

密山に駐屯した第一一軍管区諸隊は防衛線が突破され、関東軍が退却すると、牡丹江方面に撤退しようとしたが、ソ連軍機の爆撃を受け、逃亡が続くなかで、反乱が起こり、日系軍官が殺害された(100)。通遼に配備された第九軍管区諸隊は八月一二日、二縦隊で奉天方面に撤退しようとしたが、一三日左縦隊では日系軍官が殺害されたとみられ、壊滅離散した。同軍管区司令官カンジュルジャブは一六日未明、離隊している(101)。

王爺廟にある興安軍官学校においては、同校に勤務するモンゴル系軍官(同校卒業生)およびモンゴル人生徒の武装蜂起が起こった。興安軍官学校第一二期生連長王海山、少年科連長ドグルジャブ(都固爾扎布)ら一期卒業生たちはすでに四五年七月より、秘密裏に連携して興安学校、第五三部隊、騎兵第四六団などを掌握し、来るべきソ連参戦に合わせて武装蜂起し、ソ連軍を迎え入れる計画を整えていた(102)。八月一〇日、ソ連が参戦すると、関東軍は興安軍官学校を王爺廟から鄭家屯一帯まで撤退させるよう指示した(103)。興安軍官学校は生徒隊、教導団、軍士候補生隊を有していたが、中心となっていたのは生徒隊であった。各学年ごとに連があり、連の下に三個区隊が設けられた。生徒隊長、連長のほとんどは日系軍官で、区隊長のほとんどはモンゴル系軍官であった。生徒隊は四梯隊に分かれ撤退を始めた。第一梯隊は少年科一・二年級、第二梯隊は少年科三年級、第三梯隊は予科一・二年級、本科一年級、第四梯隊は生徒隊本部、本科二年級の学生で構成されていた。一一日早朝、まず第四梯隊で、次いで他隊でも同様に武装蜂起が起こり、日系軍官の殺害が実行に移された。日系軍官殺害後、第三梯隊の総勢約二〇〇名は、予科一年級(一二期生)連長であった王海山が大隊長となり、予科二年級(一一期生)区隊長であった那達那および巴音図をそれぞれ中隊長とし、独自行動を開始し、一五日にはソ連軍と合流し、王爺廟に戻っている。

興安学校の武装蜂起と連携したのが、「第五三部隊」であった。四一年九月設立、モンゴル人兵士によって構成された第八六八部隊(磯野部隊)には、対ソ攻撃時に外モンゴルに展開し、謀略活動を行う任務が与えられた。しかし四三年以降、任務はソ連の侵攻を受けた際にゲリラ戦を展開することへと変わっていった。同部隊は同年三月には第五三部隊と改称され、関東軍情報部長の指揮下に入り、国兵法によって徴兵された兵士に置き換えられていった。四四年七月には関東軍の正規部隊となり、関東軍第二遊撃隊となった。(104) 四五年六月末時点で日本軍将校・下士官兵一〇八名、日系軍官・軍属一五名、モンゴル人軍官・士兵千二百余名であった。八月、実際にソ連が侵攻した際には王爺廟付近でゲリラ戦を準備していたが、各中隊との連絡が断絶し、壊滅した。ただし多くの日系軍官が難を逃れている。(105)

第一〇軍管区参謀長としてハイラルに駐屯していたジョンジュルジャブは、国民党が東北を回復すれば自分の身が危ういこと、ソ連と戦うことを部下に命じても従わない可能性が高いことからソ連への投降を決意した。(106) 部隊がハイラル南方の錫尼河に撤退するなか、ジョンジュルジャブは郭文林軍管区司令官などモンゴル人軍官と日系軍官を殺害する計画を協議し、時機を窺った。八月一一日、ジョンジュルジャブや郭文林が指示を出す前に反乱は始まり、日系軍官および軍属三〇数名が殺害されたという。ただし難を逃れた日系軍官も多く、他部隊も同様であるが、良好な「師弟関係」を構築できていたか否かが生死を分かつ結果となったことがわかる。(107) 翌一二日、ジョンジュルジャブら二千余名は、色仁索倫旗長の仲介でソ連軍に投降している。

チチハル、洮南一帯に配備された第三軍管区では関東軍が撤退し、新京方面へ退却することとなったが、途中で日本降伏の消息が伝わると、日系軍官が殺害される反乱が起こった。(108)

ほぼ最終防衛ライン上にあった吉林では、上記の地域に比べると状況の逼迫度は下がる。第二軍管区参謀長肖玉琛は幹部を集め、「漢奸のこの汚点をぬぐい去り、銃口を転じて日本を攻撃しなければならない」、ただし「ロシア人の漢奸」にはならないという考えで皆が一致した。そして銀行を襲撃して軍費を確保し独自にゲリラ活動をするという反乱計画を立て、日系軍官殺害も準備したが、実行されることなく終わった。一四日肖玉琛は新京の禁衛歩兵団長喬遇春からの反乱支援要請に応じている。一五日には江島顧問[109]宅に兵を派遣するが、江島はすでに通化に避難していた。一八日には日系軍官の武装解除を行っている[110]。

政府機構を通化に移転させた新京でも日本の権威が低下していた。陸軍軍官学校ではソ連が日本に宣戦した時点で、

表31　主要満系・モンゴル系要人処遇

		役　職	処　遇
古参	張景恵	国務総理	ソ連抑留・撫順
	于芷山	参議府参議	北京潜伏・撫順
	張海鵬	元侍従武官長	北京潜伏・51年処刑
	バトマラプタン	興安局総裁	ソ連抑留・獄死
	ウルジン	興安軍官学校長	モスクワで処刑
浪人	王殿忠	元第1軍管区司令官	営口市長・51年処刑
陸士留学生	熙　洽	宮内府大臣	ソ連抑留・ハルビン獄死
	臧式毅	参議府議長	ソ連抑留・撫順
	吉　興	尚書府大臣	同　上
	邢士廉	軍事部大臣	同　上
	曹秉森	江上軍司令官	同　上
	丁　超	参議府参議	同　上
	張煥相	同　上	瀋陽潜伏・撫順
	赫慕侠	第5軍管区司令官	国内収監・82年釈放
	呉元敏	軍事諮議官	国民党第11路軍総司令
	王静修	同　上	?
	郭恩霖	同　上	?
	應振復	同　上	?
	張益三	元第6軍管区司令官	?
	于治功	元第11軍管区司令官	?
	憲　原	元江上軍司令官	?
	尹祚乾	汪政権軍事委員会委員	台湾へ
	カンジュルジャブ	第9軍管区司令官	ソ連抑留・撫順
新エリート	王之佑	第1軍管区司令官	ソ連抑留・撫順
	肖玉琛	第2軍管区参謀長	同　上
	趙秋航	第3軍管区司令官	同　上
	郭若霖	第11軍管区司令官	同　上
	佟　衡	軍事部参謀司長	同　上
	王済衆	元第11軍管区司令官	?
	姜鵬飛	冀東特別行政区長官	国民党第27軍長・46年処刑
	郭文林	第10軍管区司令官	ソ連抑留・撫順
	ジョンジュルジャブ	第10軍管区参謀長	同　上

典拠：徐友春主編『民国人物大辞典』増補版，河北人民出版社，2007年，王鴻賓ほか主編『東北人物大辞典』第2巻，遼寧古籍出版社，1996年，紀敏「偽満戦犯集団改造紀実」『文史精華』総171期，2004年8月，沈燕『偽満官吏』吉林人民出版社，2011年，岡本俊雄『一人の「ブリヤートモンゴル人」と日本青年の出合い』1979年，田中克彦『ノモンハン戦争』岩波書店，2009年，肖玉琛口述『一个偽満少将的回憶』黒龍江人民出版社，1986年，傅銘勛「張海鵬概略」徐延華主編『文史資料存稿選編 日偽政権』中国文史出版社，2002年．

註：撫順戦犯管理所は朝鮮戦争時，ハルビンに移転した．

学生たちは命令を聞かないようになり、日本側と対峙した。そしてソ連軍が新京に進駐すると、軍官学校は解散し、別々に行動するようになった(111)。

一八日には溥儀が退位し、一九日には軍事部大臣邢士廉による満洲国軍解散宣言がなされ(112)、満洲国軍はその歴史に幕を下ろした。中国共産党はソ連軍の東北占領に合わせて、東北抗日聯軍および八路軍冀熱遼軍区部隊をもって、「日偽残余勢力」の武装解除を図った。四五年九～一〇月頃に満洲国軍五個旅、二個団および六〇県の警察大隊など計四万人、日本軍五千余人が武装解除されたとみられる(113)。一方、国民党軍は四五年末から四六年初にかけて米軍支援の下、東北への大軍輸送を実施した。国民党内では対日協力政権軍収容をめぐって、対共産党軍の観点からそれに賛成する何応欽・白崇禧と、国民党軍編成の整理を妨害するとして反対する陳誠の間で論争があったが、結局蒋介石は賛成意見を支持し、収容が実施されていった(114)。

表31は主要満系・モンゴル系要人の処遇を示すものである。前述のように満系・モンゴル系軍官で要職を担った層は概ね、古参軍官→浪人軍官・陸士留学生→新エリート軍官と推移した。古参軍官や陸士留学生の多くはすでに第一線を退いて、名誉職的なポストに就き、各軍管区司令官は新エリート軍官が中心となっていた。敗戦時には多くがソ連に抑留され、のちに撫順戦犯管理所に移送されている(115)。于芷山(116)、張海鵬、張煥相は潜伏逃亡していたが、発見され、張海鵬のみ処刑されている(117)。赫慕侠はソ連軍によって日系軍官とともに拘束されたが、日系軍官の支援によって脱走を果たし、華北に逃れた。しかしその後逮捕され、八二年まで収監されることとなった。例外的に王殿忠、呉元敏、姜鵬飛は国民党の下で地位を確保したが、姜鵬飛は四六年、王殿忠は五一年に共産党当局により処刑されている。古参軍官から新エリート軍官までの満系高級軍官は概して、共産党軍や国民党軍の下で居場所を得ることはなかったのである。

4　陸軍軍官学校・興安学校世代の動向

戦後、国共の対立が激化するなかで両党が取り込んでいったのが、陸軍軍官学校生であった。満洲国崩壊後の軍官学校生に関しては、張聖東の研究に詳しい(118)。同研究では満洲国軍の満系軍官や軍官学校生の大部分が国民政府による接収改編を望んでいたが、ソ連の妨害があり、鉄石部隊などにいる軍官学校出身者を除き、組織的に国民政府に接収改編されずにそれぞれ主体的に行動したこと、軍官学校生は国共双方の軍・警察部門に集中したこと、多くの軍官学校生は当初、国民党に加担するが、次第に失望し見切りをつけたこと、共産党参加の軍官学校生は軍官学校の人脈を利用して国民政府支配地域で地下工作を行ったことなどが指摘されている。

国民党は東北保安第一総隊（兵力四四一四、駐屯地唐山・古冶、以下同）、第二総隊（四六七一、長春）、第三総隊（二二一四、唐山）、第四総隊（?、長春）を新設した(119)。第四総隊は張聖東が指摘するように多くの軍官学校生を含んでいた。第四総隊主力の歩兵一一団は、団長は元満洲国禁衛隊上校喬遇春であり、副団長および営級軍官の多くは満洲国軍中少校、連・排級幹部の多くは軍官学校一〜三期生、一部は四期生であった。たとえば、四五年末、一期生孫憲治は連長、三期生解徳泉は排長に任じられている(120)。

第四総隊歩兵一一団排長となったのは、軍官学校在学中から共産党の指導を受けて活動していた三期生の田羽であった。国民党軍に潜入した田羽は、軍官学校の同窓関係を利用して情報を収集し、四六年四月の共産党軍による長春の一時占領に貢献した(121)。後に田羽は東北人民政府公安部に勤務し、五〇年七月にはソ連から移送された溥儀以下満洲国戦犯の受領任務に当たっている(122)。新エリート軍官までの軍官とその下の軍官学校世代との断絶を象徴するようなエピソードである。

共産党軍に参加した軍官学校生は、学んだ軍事知識をもって部隊の教育、訓練に当たっていたことが注目される。三期生裴輔忠は東北民主聯軍の高射砲大隊（のち高射砲団）に配属され、「高射砲兵の教育訓練畑を歩み、朝鮮戦争にも参加し」た。[123]また四七年七月晋察冀砲兵旅三団の参謀に任じられ、内戦に参加していった四期生姜顕民は、「軍校で修得したいくつかの軍事知識が実戦で運用でき始め、心中とても愉快であった」と述べている。姜顕民は四九年には砲兵幹部訓練隊教員、のちに華北機動砲兵団参謀となった。同団には日本製九〇ミリ野砲、アメリカ製一〇五ミリ榴弾砲があったが、使いこなせる者がおらず、姜顕民の手によって『砲兵射表計算尺原理与使用方法』がまとめられ、印刷されて各部隊に給与された。同団は五一年五月志願軍砲兵四一団と改称され、朝鮮戦争に参戦した。[124]

これらは、草創期の韓国軍において二期生朴正熙が果した役割と重なる。四七年に韓国軍第八連隊第四警備隊長となった朴正熙も、連隊配属将校のほとんどが実質的に軍事訓練の経験がないため、作戦参謀代行の役割を果たしてマニュアルを書き、訓練を主導した。[125]そのほか韓国軍には軍官学校生ほか多くの満洲国軍関係者が入隊していた。[126]すなわち朝鮮戦争は満洲国軍と抗日ゲリラとの対立構造の継続に加え、[127]満洲国軍の軍事技能を引き継いだ軍同士の戦争であった側面を有するのである。

一方、興安学校生は内モンゴルの民族運動を支える基盤となっていった。四五年八月一三日、王海山部隊に興安総省長ボヤンマンダフ（博彦満都）、同省参事官ハフンガ（哈豊阿）が合流し、一四日ボヤンマンダフを委員長、ハフンガを秘書長、元興安学校教官アスガン（阿思根）[128]を軍事主管とする内モンゴル解放委員会が成立した。[129]一八日内モンゴル人民革命党が再建されて、ハフンガが中央委員会書記に選ばれ、内モンゴル人民革命党を中心に東モンゴル全域で内外モンゴル合併をめざす大衆運動が組織されていった。[130]

興安学校一〇期生布特格其、保音都仍、一一期生阿民、旺丹、一二期生義都、官布色仍、前達木尼は、「モンゴル人民共和国青年同盟章程」を参照して、「内モンゴル人民革命青年同盟章程」を起草し、内モンゴル人民革命青年同盟（のち内モンゴル人民革命青年団）を成立させた。(131)

翌四六年一月一九日、「東モンゴル自治政府樹立宣言」が出され、ボヤンマンダフが首相、ハフンガが官房長官となり、東モンゴル人民自治政府が成立した。「内モンゴル人が二〇世紀に独力でつくったほとんど唯一の正式の政府」(132)と評される同政府の軍事力の基盤となったのが、興安学校出身者であった。先に四五年九月二日、ソ連軍の指導の下で、興安学校一〇～一二期生百人余りを基に、那達那を隊長とする民警中隊が成立していた。さらに一〇月二日には、同民警中隊に九期生、一三～一五期生の一部、王海山やドグルジャブら軍官、興安学院、育成学院学生、国兵など二五〇人を加え、計三五〇人余りをもって民警大隊が設立された。大隊長にはドグルジャブ、第一中隊長には王海山、第二中隊長には那達那、第三中隊長には額勒伯格図（経歴不詳）、第四中隊長には單福祥（経歴不詳）が就いた。同年一二月一日、民警大隊は警備総隊に拡張された。総隊長はドグルジャブ、大隊長は王海山、双宝（経歴不詳）、單福祥であった。そして同警備総隊を骨幹として、東モンゴル人民自治軍騎兵第一師が創設された。師長に莫徳勒図（経歴不詳）、副師長・参謀長にドグルジャブ、第一団長に王海山が就き、師長は後に王海山に交代している。(133)

興安学校生の朝鮮戦争参加も確認できる。一四期生肖樹林は人民志願軍砲兵二一〇団営教導員となった。(134)その肩書きから教官的役割が与えられていたとみられる。同団はもともと内モンゴル人民解放軍騎兵第三師二三団であった。五一年四月東北軍区直属砲兵第一団となり、後に人民志願軍砲兵二一〇団と改称された。同団は兵種が騎兵から砲兵に変更されたため、肖樹林ら教導員の存在が重要となったと考えられる。同団は同年一〇月鴨緑江を渡り、金川に布陣した。その後、二年余りに亘り、新式の国産五〇六式ロケット砲によって多くの戦果を挙げた。(135)

おわりに

一九三五年一二月改正「満洲国陸軍指導要綱」では、「蒙古騎兵等一部の兵力は逐次外征に使用し得る如く実力を向上する」とされ、特にモンゴル人に期待しつつ、満洲国軍の対外作戦補助部隊化が進展していった。具体的には、警備軍のほかに航空隊や高射砲隊、自動車隊などの「特殊部隊」、外征用の部隊である「国防軍」が設けられた。三七年日中戦争が全面化していくと、満洲国軍は関東軍とともに華北に出動していった。熱河支隊、興安支隊、特設高射砲隊、独立第一自動車隊、歩兵第三十五団が出動し、国民党軍との戦闘などで、満洲国軍は一定の存在感を示すこととなった。また通州事件を起こした冀東政府保安隊の統制に当たるために満洲国軍日系軍官が派遣されている。三八年にはカンジュルジャブを司令官とする甘支隊が華北に派遣され、ゲリラ戦を仕掛ける八路軍と戦闘を繰り広げ、一定の成果を挙げた。そこでもまた日本側の信頼を得ることとなった。

しかし、以上のような満洲国軍の活躍ぶりは、戦況が日本側に有利にあるという条件によって大きく規定されていた。三九年ノモンハン戦争以降にみられるように、日本側が守勢に回った場合や劣勢の状況に置かれた場合、綻びをみせていくのである。

ノモンハン戦争では、三七、三八年の華北出動の経験を有する部隊が引き続いて参加しており、国民党軍や八路軍とは違うソ連軍相手にどう戦うことができるかが問われることとなった。三九年七、八月の戦闘においては、日ソともに両翼にモンゴル人部隊を置いて支援させており、両陣営は左右相称と呼べるような配置となっていった。包囲作戦の攻勢を仕掛ける日本の右翼側に配置された烏爾部隊では、諜報などで能力を発揮できたが、主に防衛に当たった左翼側に配置された興安支隊では、損害を出すなかで、部隊の崩壊は免れなかった。興安支隊に代わるかたちで左翼側に配置された石蘭支隊でも、ソ・モ軍の攻勢を受けるなかで反乱が起こり、日系軍官が殺害されている。

しかし満洲国軍の働きぶりは評価され、四〇年以降、満洲国軍の兵力は増強され、対外作戦補助部隊化は本格化していった。特に四五年一月に華北に派遣された鉄石部隊は、「外征に功を奏せる光輝ある歴史を満洲国軍に持たしむる」ことを目的とし、三七年以来、対外作戦に従事している独立第一自動車隊や「国防軍」が参加するなどして、一定の実績を挙げた。満洲国から女性を連れてきて「慰安所」も設置されており、同隊は対外作戦補助部隊化の到達点を象徴するような部隊であった。

しかし、戦争末期、全体の戦況としては日本の劣勢は疑いようもない状況であった。日系軍官増大に伴う満系軍官の不満が高まり、待遇上の不公平さも解消されることはなかった。陸軍軍官学校や興安学校では抗日秘密組織が作られ、そのような状況下にソ連侵攻を迎えるのである。

関東軍が設定した最終防衛ラインの外に置かれた放棄地域においては、同ライン内へ向けて部隊の撤退が開始されると、満洲国軍内では反乱が起き、良好な「師弟関係」を築いていた者は難を逃がれた一方、多くの日系軍官が殺害された。そしてソ連軍に組織的にほとんど対抗することなく、満洲国は崩壊を迎えた。

共産党軍および国民党軍が満洲国軍の武装解除、収容に当たったが、両者ともに基本的に古参軍官から新エリート軍官までの満系・モンゴル系高級軍官を利用することはなく、軍官学校、興安学校出身者を取り込んでいった。興安学校出身者は内モンゴルの民族運動を支え、東モンゴル人民自治政府軍の基盤となった。朝鮮戦争では中国人民志願軍は満洲国軍出身者を多く含む韓国軍と対峙し、同戦争は満洲国軍の軍事技能を引き継いだ軍同士の戦争の様相を呈した。

註

(1) 防衛庁防衛研究所戦史室『戦史叢書 支那事変陸軍作戦1』朝雲出版社、一九七五年、一六一頁。

(2) 元満洲国軍中校篠田六三『満洲国軍1／2　昭和七・四―一一・八・一四』防衛省防衛研究所所蔵（以下『満洲国軍1／2』）。

(3) 『満洲国軍1／2』。

(4) 第三軍管区司令部「第三軍管区月報（康徳四年十月份）」、興安南省警備軍司令部「興安南省警備軍月報（康徳四年十月分）」陸軍省『昭和十三年 満受大日記（密）第三四冊ノ内其四ノ一』JACAR：C01003332700、『満洲国軍1／2』。

(5) 以下は特に断らない限り、山本昇「聖戦三ケ月（上）（下）」（『鉄心』四―一、四―三、一九三八年一月、三月）による。

(6) 「大本営頒国軍戦争指導方案訓令」一九三七年八月二〇日、「第二戦区作戦計画」、中国第二歴史檔案館『抗日戦争正面戦場』江蘇古籍出版社、一九八七年、一一～一六、四四七～四四八頁。なお第一戦区は河北・山東北部、第三戦区は江蘇南部・浙江、第四戦区は福建・広東、第五戦区は江蘇北部・山東であった。

(7) 指揮系統については、全国政協《晋綏抗戦》編写組『晋綏抗戦』中国文史出版社、一九九四年、七五五～七五六頁、姜克夫編著『民国軍事史略稿』第三巻上冊、中華書局、一九九一年、第一四章第三節参照。

(8) 孫英年「憶李服膺軍長率第六十一軍参加晋綏抗戦」中国人民政治協商会議全国委員会文史資料委員会編『文史資料存稿選編 抗日戦争（上）』中国文史出版社、二〇〇二年、六三九頁、白汝庸「防守陽高的第四一四団」前掲『晋綏抗戦』二〇頁。独立第二〇〇旅第四〇〇団附であった劉佩璽は、日本軍が航空機のほか、催涙性の毒ガス弾も使用したと述べている（劉佩璽「失守盤山的李生潤第四〇〇団」前掲『晋綏抗戦』一四頁）。山西省における毒ガス戦に関しては、豊田雅幸「中国側資料からみた山西省における毒ガス戦」粟屋憲太郎編『中国山西省における日本軍の毒ガス戦』（大月書店、二〇〇二年）参照。

(9) 独立第一自動車隊「独立第一自動車隊月報（康徳四年十月分）」前掲『昭和十三年 満受大日記（密）第三四冊ノ内其四ノ一』。

(10) 「外征軍官に聞く座談会」『鉄心』四―三、一九三八年三月、一〇七～一一〇頁。

(11) 『満洲国軍1／2』。

(12) 『満洲国軍1／2』。

(13) 前掲「外征軍官に聞く座談会」一一一、一一五頁。山田は「満軍にしても日本軍と一緒にさういふ風（引用者注―防寒装備）になれば喜ぶと思ひます」と述べ、不満の要因になり得ることに気づいていながら、「粗衣粗食の我々の満軍を現在のまゝ大いに活用し、利用しなければならぬ」と差別を肯定していた（一一五頁）。
(14)『満洲国軍1／2』、満洲国軍編纂委員会編『満洲国軍』蘭星会、一九七〇年、五三一頁。
(15) 以下は特に断らない限り、木下眞澄「我甘支隊ト共ニ行ク」、同「続我甘支隊ト共ニ行ク」『軍医団雑誌』二六、二七、一九三九年三月、七月（著者は甘支隊本部附軍医）、興安軍管区司令部「興安軍管区月報（康徳五年七月分）」陸軍省『昭和十三年 満受大日記』JACAR：C01003413000による。
(16) 兪京植「共産軍討匪行従軍記」前掲『軍医団雑誌』二七、一一九頁。
(17) 防衛庁防衛研究所戦史室『戦史叢書 北支の治安戦1』朝雲出版社、一九六八年、八三～八七頁。
(18) 第一二〇師陝甘寧晋綏聯防軍抗日戦争史編審委員会『第一二〇師陝甘寧晋綏聯防軍抗日戦争史』軍事科学出版社、一九九四年、四七頁。
(19)「甘珠爾扎布筆供」一九五四年七月三一日、中央檔案館編『偽満洲国的統治与内幕―偽満官員供述』中華書局、二〇〇〇年（以下『内幕』）、六五八頁。なお兪京植は九～一二月においては「一定地ニ駐屯シ公私娼ニ接スル機会多ク」なり、六～八月に一名の患者もいなかった花柳病が九、一〇月に「多発」したとしている（前掲「共産軍討匪行従軍記」一二二頁）。
(20) 前掲『第一二〇師陝甘寧晋綏聯防軍抗日戦争史』四九頁。
(21) 建国大学教授辻権作の発言、座談会「野田顧問を語る」『鉄心』六―二、一九四〇年二月、九〇頁。
(22) 木下が興安軍とは対照的に理想的な軍隊として捉えていたであろう日本軍においても、その内実は必ずしも愛国の至情ではなく、「親分子分ノ私情」や力、勇気をめぐる相互監視が組織としての秩序を支えていたことが指摘されている（一ノ瀬俊也「皇軍兵士の誕生」『岩波講座アジア・太平洋戦争5』岩波書店、二〇〇六年、一六～一七頁）。日本軍との差異が満洲国軍蔑視の源泉にあるとするならば、その蔑視は漠然としたイメージによって維持されていたこととなる。また木下は日系軍官の役割について、「身ヲ等シク異民族軍ニ投ジアジア民族ノ先達」となることが、「日本ノ大陸国策遂行」につながると信じていたが、日系軍官の戦死者が出るなかで、「子孫ニソノ死業ノ功ガ百分ノ一デモ伝ヘラレテユクデアラウカ」という不安を抱く心の揺れを吐露している。対八路軍攻撃については日本兵が出るまでもない大したことのない戦いで、「私達蒙古軍デ大丈夫」であると述べており、興安軍の「関ケ原ハ外蒙突入」であるという認識であったという。
(23) 前掲『満洲国軍』五三四頁。

(24) 田中克彦『ノモンハン戦争』岩波書店、二〇〇九年、第三章参照。

(25) たとえば、王亜僑「日俄戦役俄軍失敗之原因」『精軍週刊』一二七、一九三七年二月二一日、王之佑「日俄戦役之回顧与国軍使命」同一七七、一九三八年三月二一日。王之佑は「ロシアの国家組織は変わったが、その極東政策は依然として侵略であり覇道である」として、満洲国軍を防共体制の礎石とすることを主張している。

(26) 「花大人蒞吉協和会主辦講演会」『精軍週刊』一三二、一九三七年三月二八日、「日俄戦時諸烈士而今始得建豊碑」同一七九、一九三八年四月七日。

(27) 「『ノモンハン出動の体験を聞く』座談会」『鉄心』五―一〇、康徳六年一〇月、一〇〇頁。

(28) 胡克巴特爾「諾門罕戦争親歴記」『内蒙古文史資料』三四、一九八九年一二月、二四三頁、前掲『満洲国軍』五五六頁。

(29) 前掲『満洲国軍』五三九頁、傅大中『偽満洲国軍簡史』吉林文史出版社、一九九九年、三〇八～三〇九頁。

(30) 「小松原将軍日記」五月一三日条、防衛省防衛研究所『ノモンハン事件関連史料集』二〇〇七年（以下『史料集』）、八三頁。小松原は最初に応援に駆けつけた部隊を興安騎兵第九団としているが、第七団の誤りである。第九団の駐屯地はハイラルより北側にあり、ノモンハン周辺に駐屯していたのは、第七団であった（前掲「興安軍管区月報（康徳五年七月分）」）。

(31) 『史料集』八四～八五頁。

(32) マクシム・コロミーエツ著・小松徳仁訳『ノモンハン戦車戦』大日本絵画、二〇〇五年、二九～三七頁。ソ連軍第五七特別軍団は日本の脅威を理由に一九三七年八月以降、外モンゴルに駐屯しており、同年九月に始まるモンゴル政府内の大粛清の後ろ盾となった。三七年から三八年にかけてモンゴル人将校団一七〇〇人のほぼ半数が処刑あるいは投獄されたり、軍務から外されており、モンゴル軍は弱体化していた（MANDAH ARIUNSAIHAN「ノモンハン事件前夜におけるソ連の内政干渉とモンゴルの大粛清問題」富士ゼロックス小林節太郎記念基金二〇〇三年度研究助成論文、二〇〇五年四月）。

(33) 戦局に関しては、以下、特に断らない限り、アルヴィン・D・クックス著、岩崎俊夫訳『ノモンハン 草原の日ソ戦―一九三九』上・下（朝日新聞社、一九八九年）による。

(34) 「昭和一四、五、二一～一四、六、二歩兵第六十四連隊山県支隊ノモンハン事件戦闘詳報」JACAR：C13010480800、「郭文林筆供」一九五四年五月一一日、『内幕』。

(35) 前掲『ノモンハン戦車戦』三九頁、『史料集』九二頁。

（36）前掲「郭文林筆供」六三二頁。
（37）同前。
（38）前掲「諸門罕戦争親歴記」二三三～二三四頁、正珠爾扎布「諸門罕戦事回憶」『内蒙古文史資料』三四、一九八九年一二月、二七七頁。
（39）厲春鵬ほか『諸門罕戦争』吉林文史出版社、一九八八年、九九頁。
（40）関東軍司令部「対外蒙作戦計画要綱（案）」昭和一四年六月、角田順編『現代史資料10 日中戦争3』みすず書房、一九六三年、一一二～一一三、一一七頁、防衛庁防衛研究所戦史室『戦史叢書 関東軍〈1〉』朝雲出版社、一九六九年、四六九～四七一、四九二～四九七頁。
（41）「『ノモンハン』事件の満洲国軍の行動に鑑み蒙古軍将来の為考究すべき事項に関する卑見」一九三九年、JACAR：C13021482800（以下「卑見」）、前掲『ノモンハン 草原の日ソ戦―一九三九』上、一四八頁。興安北省警備軍参謀処鈴木上尉は、同軍の特徴の一つとして、「日本人ノ双眼鏡ヲ以テ視察スルト殆ント同様ノ視力ヲ有ス」として「視力強キ事」を挙げていた（鈴木上尉「呼倫貝爾軍隊指導ニ関スル参考」一九三七年五月、防衛省防衛研究所所蔵）。
（42）「卑見」、岡本俊雄『一人の「ブリヤートモンゴル人」と日本青年の出会い』一九七九年、一三六頁。
（43）「卑見」、金永福「諾門汗戦争的回憶」『内蒙古文史資料』一九、一九八五年一二月。ソ連軍機は、「モンゴル人はモンゴル人を殺せない、早く日本軍官を殺し、投降せよ」とする伝単を投下していた（前掲「諾門汗戦争的回憶」一五六頁）。
（44）前掲「『ノモンハン出動の体験を聞く』座談会」一〇〇頁。第七師団第二六連隊長として従軍した須見新一郎も、「満州の匪賊討伐の戦いと、シナ軍を相手のシナ事変で、五月のハエを追うように、こちらが進めば向こうは逃げる、こちらが下がればまた出てくると……その執拗さはあったけれども、いくさそのものは必ず勝つということだったんですが、軍はそういう頭から一歩も出ておらない」と証言している（テレビ東京編『証言・私の昭和史2 戦争への道』文藝春秋、一九八九年、四四三頁）。
（45）「卑見」、興安師長野村中将「日軍との協力に就て」『鉄心』五―一〇、一九三九年一〇月、六頁。
（46）前掲「諸門罕戦争親歴記」二四二頁。
（47）「ノモンハン事件従軍記者座談会」『鉄心』五―八、一九三九年八月、一二一～一二二頁。
（48）前掲「諾門汗戦争的回憶」一六九頁。

(49)「第一七軍司令部　ノモンハン作戦全般報告（前線集団司令官シュテルンの報告）」『史料集』六一二頁。

(50)田中克彦編訳『シーシキン他　ノモンハンの戦い』岩波書店、二〇〇六年、八七頁。牛島康允『ノモンハン全戦史』（自然と科学社、一九八八年）二九四頁でも、「敵戦線の弱点と流動正面に攻撃を指向することは当然である。ソ蒙軍は、興安支隊の配備されている地区へ、兵力の移動と宣伝活動の重点を指向してきた」としている。

(51)興安騎兵第一二団のある日系軍官は、「外蒙兵を捕獲して一夜監禁したが警備兵は格別厳重に見張る様子もなく、時には微笑を浮べながら会話を交わして」いたとし、日満軍陣地に入り偵察活動を行っていたあるモンゴル人は、見つかって監禁されたものの、満洲国軍のモンゴル人によって密かに解放されたと回想している（蘭星興安会「私達の興安回想」編集委員会編『私達の興安回想』蘭星興安会、一九九九年、二三頁、鎌倉英也『ノモンハン　隠された「戦争」』ＮＨＫ出版、二〇〇一年、一九二〜一九四頁）。また興安騎兵第七団長郭文通は実はソ連の諜報員であり、ソ・モ軍は同団方面に対して積極的な攻撃を行わなかった（呼斯勒「満洲国軍少将郭文通について」『日本モンゴル学会紀要』三一、二〇〇一年）。

(52)『歩兵第七十一連隊長野支隊・森田支隊第二次「ノモンハン」事件戦闘詳報』、『歩兵第七十一連隊森田支隊第二次「ノモンハン」事件戦闘詳報』防衛省防衛研究所所蔵、「小松原将軍日記」八月二日条『史料集』四三六頁。

(53)同第三教導隊、第二軍管区第二教導隊野砲連、陸軍訓練処平射砲連の混合であったという（黄勉之「草木皆兵惊魂不定」孫邦主編『偽満史料叢書　偽満軍事』吉林人民出版社、一九九三年、三八一頁。著者は「石蘭部隊歩兵第三団二営四連少尉排長」）。

(54)「卑見」、「満洲国軍の叛乱」『機関誌ノモンハン』五、一九七〇年八月（歩兵第一四団所属の中尉・石井寛一の回想）、「小松原将軍日記」八月一二日条『史料集』四四二頁。「卑見」では、投降部隊は「約二百八十名」、ソ連ラジオ放送（九月二日・モンゴル軍参謀本部発表）では二八四名とされている（「小松原将軍日記」九月二日条附箋『史料集』四五六頁）。一方、モンゴル軍においても七月前半まではたびたびパニックによる逃走や撤退が起こっていた（前掲「第一七軍司令部　ノモンハン作戦全般報告（前線集団司令官シュテルンの報告）」『史料集』六七一頁）。

(55)「殉国勇士戦死情況及経歴」『鉄心』五―九、一九三九年九月。前掲『ノモンハン全戦史』三二八頁は、殺害された四名が出動に際して臨時に配属されたとしているが、同団附前田幸二のみは、三六年に着任した当初から同団附であった。

(56)「小松原将軍日記」八月十日条『史料集』四四一頁、前掲「『ノモンハン出動の体験を聞く』座談会」一〇三〜一〇四頁、前掲『満洲国軍』五七三頁。

（57）後述のように三七年二月には満洲国軍飛行隊が設立され、整備が進んでいたが、ノモンハン戦には参加していないようである（「丸山茂夫氏聴取録」一九六四年一〇月三一日、防衛研修所図書館『対ソ陸軍航空作戦史資料 NO13』防衛省防衛研究所所蔵、篠田六三述『昭和一四―二〇 満洲国軍2／2』防衛省防衛研究所所蔵〈以下『満洲国軍2／2』〉）。また七月半ばよりハロンアルシャンに防空部隊として、神岡上尉率いる臨時高射砲隊、早稲田隊（照空隊）が配置され、戦果を挙げているが（治安部参謀司防衛課「阿爾山防空に於ける体験と感想」『鉄心』六―六、一九四〇年七月）、兵力は不明であり、表には含めていない。

（58）興安支隊は「全部隊ノ集結ヲ待ツコトナク集□セシ部隊ヨリ逐次戦場ニ到ラシムル情況」であったという（「卑見」四頁）。一方、モンゴル軍参謀本部によると、モンゴル軍は一万七六二一人で編成され、八七七五人が参戦している（G・ミャグマルサムボー「ハルハ河戦争に参加したモンゴル人民革命軍について」田中克彦、ボルジギン・フスレ編『ハルハ河・ノモンハン戦争と国際関係』三元社、二〇一三年、七八頁）。

（59）秦郁彦は実際に参戦した満洲国軍兵力を七〇〇〇～八〇〇〇人と推測している（秦郁彦『明と暗のノモンハン戦史』ＰＨＰ研究所、二〇一四年、三五六頁）。

（60）ハイラル憲兵隊「思想対策月報（五月分）」昭和一六年六月六日、吉林省档案館・広西師範大学出版社編『日本関東憲兵隊報告集（第一輯）』1、広西師範大学出版社、二〇〇五年（以下、同報告集は『報告集（第一輯）』1のように記す）、八七頁、前掲「『ノモンハン出動の体験を聞く』座談会」一一四頁、前掲「郭文林筆供」六三三頁。

（61）前掲『明と暗のノモンハン戦史』三五六頁。篠田六三は戦死三〇〇〇人、戦傷五〇〇〇人としているが（『満洲国軍1／2』）、過大であるとみられる。一方、モンゴル軍の損耗は、戦死二三七、戦傷六二六、行方不明三二、計八九五とされている（二木博史「国際シンポジウム『ハルハ河戦争　その歴史的真実の探求』について」『日本モンゴル学会紀要』二五、一九九四年、八二頁）。

（62）日本は四三年九月「日ソ国交ノ好転ヲ図ル」ことを方針とした（「今後採ルヘキ戦争指導大綱」一九四三年九月三〇日御前会議決定、外務省編『日本外交年表竝主要文書』下、原書房、一九六九年、五八八～五八九頁）。

（63）山田朗「軍事支配（2）日中戦争・太平洋戦争期」浅田喬二・小林英夫編『日本帝国主義の満州支配』時潮社、一九八六年、二四〇～二四四頁、中山隆志『関東軍』講談社、第六章。

（64）肖玉琛口述『一个偽満少将的回憶』黒龍江人民出版社、一九八六年、七三～七四頁。肖玉琛は当時、軍事部人事課長で、遠征軍の副官処長に予定されていた。

(65)『満州国軍2／2』。
(66) 前掲「軍事支配（2）日中戦争・太平洋戦争期」二四四～二五〇頁。
(67)『満州国軍2／2』。
(68)『満州国軍2／2』。三九年には九一式戦闘機三〇機、四〇年には九七式戦闘機六〇機となり、その後、最新鋭の一式戦闘機、二式戦闘機の配備が進められた（前掲「丸山茂夫氏聴取録」、『満州国軍2／2』）。「最強の配備と最新鋭の戦闘機を保持し」たという第二飛行隊では、二式重戦闘機約一二、二式単戦闘機約一〇、九七式戦闘機約三〇、その他の戦力があった（同徳台二期生会『満洲国軍官学校二期生の記録 朔風万里』一九八一年、一〇四頁）。
(69) 前掲「軍事支配（2）日中戦争・太平洋戦争期」二四四～二五〇頁、防衛庁防衛研究所戦史室『戦史叢書 関東軍〈2〉』朝雲出版社、一九七四年、三九一頁。
(70) 野上完一「終戦時における満洲国陸軍飛行学校記」一九六四年一〇月二〇日、前掲『対ソ陸軍航空作戦史資料 No13』。
(71) 復員局『満洲に関する用兵的観察』第一〇巻、一九五二年、第四篇第六章、JACAR：C13010012300。
(72) 前掲『満洲に関する用兵的観察』第一〇巻、第四篇第六章、JACAR：C13010012300、C13010012400、前掲『偽満洲国軍簡史』三七七～三八二頁、萩原正巳「浅野部隊の思い出」『蘭星同徳』一、二〇〇四年一〇月。
(73)『満州国軍2／2』。
(74) 満洲国軍少尉として任官した朴正熙も第五軍管区に属する歩兵第八団副官、排長となり、承徳から二五〇キロ北西の半壁山に駐屯した。同団には一三名の日本人軍官、四名の朝鮮人軍官がいた（Chong-Sik Lee, *Park Chung-Hee: From Poverty to Power*, Palos Vardes, Calif, 2012, pp.163-169）。
(75) 復員局『対蘇作戦記録』第一巻、一九四九年一二月、第四章第六節、JACAR：C14020824000。同記録は、関東軍参謀竹田宮中佐の備忘録・手記を基に編纂されたものである。
(76)『満州国軍2／2』、前掲『満洲国軍官学校二期生の記録 朔風万里』五二～五三頁、李雪松「鉄石部隊的編成与活動片断」『吉林文史資料』一九、一九八七年、劉徳溥「偽満鉄石部隊」前掲『偽満史料叢書 偽満軍事』、前掲『偽満洲国軍簡史』三六九～三七〇頁。
(77) 前掲『対蘇作戦記録』第一巻、第四章第六節。軍事部参謀司長であった佟衡は鉄石部隊に、小銃弾八〇万発、擲弾銃弾八万発、迫撃砲弾二万四〇〇〇発、糧食二万五〇〇〇トンを補給したとしている（「佟衡筆供」一九五四年七月一八日『内幕』五六三頁）。間島特設隊出身者により日本軍の「虐殺技術」が韓国軍に引き継がれたことについては、飯倉江里衣「満洲国軍朝鮮人の植民地解放前後史―日本植民地下の軍事経験と韓国軍への連続性―」（二〇一七年東京外国語大学博士学位申請論文）を参照。

(78) 吉林省政協文史資料委員会ほか編『轍印深深 一個偽満軍官的日記』第四巻、二〇一一年（以下『轍印』四のように記す）、四五年一月八日、一六日～二五日、四月一一日、二七日条。施明儒の経歴については後述。

(79) 『轍印』四、四五年四月二一日、二九日条。

(80) 楊店子に駐屯していた四五年七月一三日には、「本日ハルビンより五名の妓女が送られて来て、慰安所を成立させた。みな飢えて栄養不足の顔色で、憔悴した表情に満ちた悲しく痛ましい顔が分かる。年齢はみな青春期を過ぎている」と述べている。「慰安所」設置は治安作戦が一段落し、部隊に休養が与えられたなかでのことであった。前述の甘支隊の遠征において花柳病患者が急増した経験もふまえられているだろう。遷安県城にいた八月六日にも「東営まで歩いて行くと、あいにく郭さんに出くわし慰安所（軍中妓館）に連れて行かれる」（括弧内は日記編者による注釈）とし、「慰安所開設一か月半」とも述べている。ただ妻想いの施明儒は心は揺れるものの、情を交わすことはなかったとみられる（『轍印』四）。このような日記の記述は、劉徳溥や舎旺（連絡部軍需処）の鉄石部隊のために「慰安所」を開設したという回想（前掲「偽満鉄石部隊」、舎旺「鉄石部隊見聞」前掲『偽満史料叢書 偽満軍事』）を裏付けるものである。施明儒は、陸軍訓練学校附であった四一年九月二九日にも、「満洲各省地区で命令により無理に十二歳から二十四歳の女性、各村若干名を選んで、日本関東軍の下へ集め」、戦地へ送っているという話を聞き、憤慨していた（『轍印』二）。他に満洲国から関内に「慰安婦」を送っていたことが窺える史料としては、鞍山から徐州への「慰安婦仕込」の資金送受に関わる四五年三月三〇日付満洲中央銀行「聴取要項」がある（庄厳主編『鉄証如山 吉林省新発掘日本侵華檔案研究』吉林出版集団有限責任公司、二〇一四年、一五〇～一五五頁）。

(81) 浅野部隊に所属したある日系軍官は、「部隊の一角の建物を妓楼とし中国人娼婦数名を常駐」させた「性の処理施設を造った」と回想している（満洲国軍日系軍官四期生会『大陸の光芒―満洲国軍日系軍官四期生誌』下巻、一九八三年、一一六頁）。

(82) 前掲「諸門罕戦争親歴記」二七一頁。

(83) 前掲「郭文林筆供」六三四頁、中央檔案館ほか編『日本帝国主義侵華檔案資料選編 東北〝大討伐〟』中華書局、一九九一年、附録、七九三頁。

(84) 阿爾山独立憲兵分隊「思想対策月報（第三□）」時期不明、『報告集（第一輯）』9、六一頁、前掲「思想対策月報（五月分）」。

(85) 前掲「殉国勇士戦死情況及経歴」、興安支隊田脩部隊将校団「英霊に捧ぐ」『鉄心』五―一一、一九三九年一一月、「故陸軍歩兵中佐野田又雄氏略歴」同六―二、一九四〇年二月。野田は興安軍官学校の選抜試験の「選に漏れた蒙古青年を集めて下士官を養成すると共に、親衛隊の如き」少年隊を作ったという（熊川少佐「顧問野田中佐」同六―七、同年七月、七一頁）。

(86) 興安軍官学校七期生色旺扎布の回想、前掲『諾門罕戦争』一九七頁。

(87) 前掲「思想対策月報（五月分）」。

(88) 「関于抗戦中蒙古民族問題堤綱」一九四〇年七月中央西北工作委員会擬定、中央檔案館編『中共中央文件選集』第一二冊、中共中央党校出版社、一九九一年、四三六～四三七頁。

(89) 「〝八・一一〟起義六五周年：听老革命講述烽火往事」『北方新報』二〇一〇年八月一〇日付、包化民「興安陸軍軍官学校」中国人民政治協商会議内蒙古自治区委員会文史資料委員会編『内蒙古文史資料』第三四輯、一九八九年、六六～六七頁（包は一三期生）、牧南恭子『五千日の軍隊』創林社、二〇〇四年、一八七～一九二頁。

(90) 施明儒は一九一三年一〇月一九日吉林省梨樹県の生まれ。三五年満洲国軍通信兵、三八年四月軍官候補生、同年八月中訓に入処、四〇年四月少尉に任官し、候補者隊附となった。四一年八月陸軍訓練学校、四二年二月江上軍、四三年三月吉林独立通信隊へ赴任している（『轍印』一～四、三八年四月一一日、八月一一日、四〇年四月一八日、四一年八月二七日、四二年二月四日、四三年三月八日条および前書き）。

(91) 『轍印』四、四五年九月一八日条。四一年五月三〇日には、同志加入者の「誓血式」を行ったことがわかる（『轍印』一）。

(92) 『轍印』四、四五年一月一六日、二月四日条。実際、彼の祖籍は河北であった（同年一月一八日、二五日条）。

(93) 『轍印』一・二・四。

(94) 呉宗方「為抗日入軍校」『長春文史資料』一九九一年第二輯（以下『長文・九一』）、一四二～一四三頁。実際に呉は陸士での本科卒業後、同期生二人とともに逃亡し抗日戦争に参加した。

(95) 汪静岳「偽満軍校中的反満抗日組織」『長文・九一』六七～八三頁。汪は六期生。予科修了後、隊付勤務で熱河派遣部隊に随行した生徒は、本科に八路軍の宣伝品を持ち帰り、学内に流布させたという（李天成「偽満洲帝国陸軍軍官学校」『長文・九一』一一一～一一二頁。李は五期生）。辛珠柏「満洲国軍 속의 朝鮮人将校 와 韓国軍」（『역사문제연구』제9호、二〇〇二年）一一九～一二二

〇頁では、軍官学校内の秘密組織に言及し、満漢人生徒に対し、朝鮮人生徒はそれらの組織に属していなかったことを指摘している。ただし満漢人一期生汪先は、予科時代に同宿であった朝鮮人同級生の方圓哲、姜載淳が金日成の活躍について話すなど抗日思想を有していたことを回想している（汪先「文芸生活六十年」『長春文史資料』一九九四年第一輯〈以下『長文・九四』〉、三四一～三四二頁）。

(96) 前掲『偽満洲国軍簡史』第二一章。

(97) ソ連共産党中央委員会附属マルクス・レーニン主義研究所編、川内唯彦訳『第二次世界大戦史10 関東軍の壊滅と大戦の終結』弘文堂、一九六六年、第四図、第一六章。

(98) 前掲「軍事支配（2）日中戦争・太平洋戦争期」二五〇～二五一頁。

(99) 前掲『満洲国軍』七七二頁。

(100) 前掲『偽満洲国軍簡史』四〇五頁。

(101) 前掲『満洲国軍官学校二期生の記録 朔風万里』一四五頁。

(102) 王海山「〝八・一一〟葛根廟武装起義」巴音図・胡格編『〝八・一一〟葛根廟武装起義』内蒙古人民出版社、二〇〇二年（以下、『起義』）。

(103) 以下、巴音図「黎明前的覚醒」、布特格其「抗戦決勝前的〝八・一一〟葛根廟武装起義」、布和「回憶〝八・一一〟葛根廟武装起義時的第3梯隊」『起義』による。

(104) 関東軍情報部高級参謀であった西原征男の回想（一九五九年一〇月）によると、第二遊撃隊は金川耕作（のち松浦友好）を隊長とし、「改編の機会に、従来の将兵の大部を入れ替え、精鋭をすぐり、満軍の軍官たる日蒙系は、これを情報部の嘱託とし、また蒙系の軍士、兵は日本の兵補たらしめた」という（土居明夫伝刊行会編『一軍人の憂国の生涯―陸軍中将土居明夫伝―』原書房、一九八〇年、二〇三～二〇四頁）。

(105) 前掲『偽満洲国軍簡史』三八六～三九一頁、井上源治「日蒙『信頼』の絆 五三部隊・栄光と悲劇の記録」『五族の墓』七、一九八三年七月（著者は五三部隊副官）。

(106) 以下、正珠爾扎布「偽満第十軍管区所属部隊投降蘇聯紅軍的経過」（孫邦主編『偽満史料叢書 偽満覆亡』吉林人民出版社、一九九三年）による。なお同回想の日本語訳は、前掲『私達の興安回想』に収録されている。

(107) 騎兵五一団では司令部や五〇団に比べて日系の死者は少なく、兵士らは「バクシー、逃げろ！」と叫びつつ、空に向けて銃を撃ち、脱出を援助したという（牧南恭子『五千日の軍隊―満洲国軍の軍官たち―』創林社、二〇〇四年、一六二）。また興安学校一三期生エンケーは、一九四五年八月一日まで区隊長をしており、転任先で殺害された奥土至中尉に関して、「自分たちの連にいたなら、同期生たちがなんとかして生かす策をとったでしょう」と述べている（同二〇一頁）。また施明儒も上官の高木電台長について、「日本人であるが、中国的気風があり、少しも人の差別をすることなく、私とかなり気が合った」と評しており（『輸印』一、一九三八年一月二六日条）、中国社会によく溶け込み、良好な関係を築いていた日系軍官もいたことが窺われる。

(108) 前掲『偽満洲国軍簡史』四〇六～四〇七頁。第一軍管区所属の第二高射砲隊のうち洮南駐屯部隊、水豊ダム駐屯の第五高射砲隊第一営でも反乱が起こっている（同四〇〇頁、前掲『満洲国軍』八六六頁）。

(109) 軍事顧問の動向に関しては不明なところが大きい。軍事部顧問は政府機構の移転に伴って通化に撤退し、降伏後、新京に戻り、ソ連軍に拘束されたとみられる（前掲『満洲国軍』七五六頁）。

(110) 前掲『一个偽満少将的回憶』一〇一～一〇五頁。

(111) 李天成「偽満洲帝国陸軍軍官学校」『長文・九一』一一一～一一三頁。

(112) 前掲『偽満洲国軍簡史』三九六頁。第一軍管区、第八軍管区は二〇日、第四軍管区は二一日に解散している（前掲『満洲国軍』八〇六、八五八、八六四頁）。

(113) 中国人民解放軍歴史資料叢書編審委員会『剿匪斗争・東北地区』解放軍出版社、二〇〇一年、七～四四頁。

(114) 劉措宜「抗戦勝利後蒋介石収編偽軍経過」『文史資料選輯合訂本』第一二巻第三六輯、二〇〇〇年、一六二～一六三頁（著者は当時南京陸軍総部所属）。「国民党新編第二十七軍関于接収東北的工作綱要」（一九四六年一月一〇日）には、「旧東北軍、偽満軍、潜伏日軍および地下各武装団体」により混合編成するとある（前掲『剿匪斗争・東北地区』一一四二頁）。

(115) 関成山、蕭玉琛ら第二軍管区幹部も八月二五日ソ連軍の捕虜となり、ハバロフスクに移送されている（前掲『一个偽満少将的回憶』一〇六～一〇八頁）。なお袁金鎧は一九四四年に病気のため尚書府大臣を辞職し、四七年に遼陽で病没している。

(116) 肖玉琛は、戦犯管理所がハルビンに移転した際に病気となり、ハルビン医科大学に入院した際、病没する前の于芷山と再会している。肖玉琛の聞いたところでは、于芷山は新京から奉天に逃れた際に、国民党から新軍建設を打診されて募兵したが、軍官が集まらず、謝絶したという（前掲『一个偽満少将的回憶』一二三～一二五頁）。

(117) 満洲国軍日系軍官四期生会編『大陸の光芒』上巻、一九八三年、三〇二頁、前掲『満洲国軍』八四四～八四五頁。

(118) 張聖東「『満洲国』陸軍軍官学校中国人出身者の戦後」梅村卓ほか編『満洲の戦後 継承・再生・新生の地域史』(勉誠出版、二〇一八年)。

(119) 前掲「抗戦勝利後蔣介石収編偽軍経過」一六六～一六七頁。第二総隊は、冀東地域に派遣された鉄石部隊の鉄心部隊を改編したものであった。歩兵二六団長劉徳溥は、ソ連軍が侵攻してきたために部隊の満洲国帰還を命じられたが、ノモンハンなどにおける教訓から対ソ作戦に動員されることを避け、日系軍官を武装解除して自ら旅長となり、国民党軍に収容されている。劉徳溥は東北保安第二総隊長・少将に任じられた(前掲「偽満鉄石部隊」六三八～六四一頁、「〝鉄石部隊〟的暗淡往事」『長春晩報』二〇一三年七月二九日付、前掲『偽満洲国軍簡史』三七四頁)。鉄波部隊の施明儒も劉徳溥に従って行動し、軍を離れることを希望していたものの、当面は国民党東北保安司令部のもと、「東北接収工作」に従事しようとしていたことがわかる(『轍印』四、四五年一一月一六～二一日、一二月三日条)。

(120) 田羽「長春戦役打響之前」、孫憲治「革命后来人」、解徳泉「一份重要的情報」『長文・九四』八四、八九、三七〇頁。

(121) 前掲「長春戦役打響之前」。

(122) 田羽「記押解偽満皇帝群臣経過」『長文・九四』。

(123) 前掲「『満洲国』陸軍軍官学校中国人出身者の戦後」四四頁。裴輔忠は四八年五月幹訓隊の隊長となり、満洲国軍の教範を用いて幹部候補六〇名を教育しつつ、戦闘任務に当たった。五〇年には高射砲団が安東に転じ、朝鮮戦争に参加した。五一年三月、団副参謀長代行として入朝し、同年七月には安東市で再び幹訓隊責任者となっている(裴輔忠「在部隊這十一年間」『長文・九四』)。

(124) 姜顕民「我与我的老師和同学」『長文・九四』。

(125) Chong-Sik Lee, p.234.

(126) 韓国軍の主要将校、満洲国軍出身者に関しては、佐々木春隆『朝鮮戦争 韓国篇上』原書房、一九七六年、前掲「満洲国軍 속의 朝鮮人将校 와 韓国軍」を参照。日系の軍官学校生については、自衛隊に入っているケースが確認できる(『満洲国軍官学校二期生の記録 朔風万里』同徳台二期生会、一九八一年、一五九頁)。

(127) 平野龍二「朝鮮戦争における対立構造の起源」(赤木莞爾ほか編『戦略史としてのアジア冷戦』慶應義塾大学出版会、二〇一三年)は、朝鮮戦争の対立構造の起源を満洲国軍と共産主義ゲリラの戦いとしている。

(128) アスガンは郭文林らと同様、中訓専科学生第一期生であった。ただし専科学生時点で少校であった郭文林に対し、アスガンは上尉であり、満洲国崩壊までに昇進して軍管区司令官に就任するには至らなかった(前掲「郭文林筆供」、「注釈」『起義』三四〇頁)。アスガンについては、ウユンゴワ「モンゴル軍人アスガンの思想について――『アスガンの演説』(一九四五年三月)を中心に」(『史海』六一、二〇一四年六月)も参照。

(129) 前掲「黎明前的覚醒」三七頁。

(130) 二木博史「ボヤンマンダフと内モンゴル自治運動」『東京外国語大学論集』六四、二〇〇二年。

(131) 前掲「黎明前的覚醒」四〇~四二頁。

(132) 前掲「ボヤンマンダフと内モンゴル自治運動」六七頁。

(133) 前掲「黎明前的覚醒」四一~四二頁、前掲「注釈」三四〇~三四一頁、都固爾扎布「〝八・一一〟葛根廟武装起義前後」、格日勒図「回憶参加〝八・一一〟葛根廟武装起義到内蒙古成立騎兵第一師」『起義』二三~二四、一一〇頁。

(134) 「人名録」『起義』三一六頁。

(135) 李海涛「国産〝喀秋莎〟顕神威――五〇六式火箭炮朝鮮戦場実戦記」『党史縦横』一九九二年五期(五月)、「抗美援朝戦争中的内蒙古騎兵」『北方新報』二〇一〇年七月二九日付。李海涛は同団団長。

終章　帝国日本の大陸政策と満洲国軍

本書では、日露戦争以降、中国東北地域が重要な焦点となった日本の大陸政策に関して、中国東北地域の在地勢力の動向に着目しつつ、満洲国軍について分析してきた。具体的には、日露戦争で日本と関係を有した在地勢力は張作霖が主導する奉天軍期を経て、いかに満洲国軍に組み込まれていったか、成立した満洲国軍において当局はいかに在地勢力の統制を図り、いかにそれが破綻していったのか、満洲国における徴兵制を規定した国兵法の下で満洲国住民はいかなる状況に置かれ、同法はどのような意義を有したか、満洲国軍はいかに対外作戦へ動員され、軍が崩壊するなかで、在地勢力はどのように身を処していったかなどを考察してきた。以下、その要旨をいくつか論点を補いつつ、整理していきたい。

1　起点としての日露戦争

満洲事変、満洲国の成立において軍事力がいかに重要な要素を占めていたかを想起するならば、軍事史的な観点からの考察は不可欠である。古屋哲夫は、日中全面戦争へと至る「分離主義」政策の最初の契機として日露戦後の「特殊利益論」の登場を挙げ、笠原十九司は、満洲事変・日中戦争の「『前史』のはじまり」を対華二十一か条要求としているが、(1)本書における誰が満洲国軍に参加したかに関する考察からは、満洲事変へと至る起点、すなわち満洲国軍の起点として日露戦争の重要性を指摘しなければならない。一九一〇年代の二度にわたる「満蒙独立運動」の意義にしても、日露戦時の特別任務班以来の経緯を踏まえた上で把握しないと十分ではない。
日露戦争で日本軍は福島安正や青木宣純らを中心に特別任務班を組織し、馬賊を利用して諜報・破壊工作を行うことを企図した。日本軍は同じく馬賊を利用しようとしたロシア軍との競合を制して、張作霖や馮徳麟、バボージャブら在地勢力を巧みに利用することに成功し、そのことが戦況を優勢に運ぶ上で寄与した。日本軍の左翼には北京特別任務班が配置され、馮徳麟、バボージャブらが作戦に従事した。右翼には満洲義軍が配置され、馬連瑞がその下にあった。そうした馬賊利用の経験を通して、中堅幹部に多くの日本人を投入することによって部隊を統制する、モンゴル人は勇敢、樸直であって期待し得るという発想が生まれていった。張作霖はすでに馬賊から清国官軍に編入されており、清国が設定した中立地域において諜報の拠点を置くには絶好の位置に駐屯していた。張作霖は脅迫を圧力を受けてロシア軍に協力したこともあったが、日本が優勢になるなかで日本軍に協力した。それ以降も張作霖にとって日本との関係は、情勢如何によって変化し得るドライなものであった。

さらに日本は満洲独立のような有事に日本の影響力が残る部隊を利用することを見越して、馮徳麟、バボージャブ、馬連瑞ら馬賊の清国官軍編入を認めさせた。同時点で満洲事変が見通されていたわけではなく、在地勢力の意図もそう単純ではないが、実際に満洲事変では馮徳麟の部下であった張海鵬ら特別任務班で活動した在地勢力が日本に帰順しており、日本側の意図が結果的に実現することとなった。

また特別任務班で馬賊操縦に当たったのが、馬賊が横行する中国にロマンティシズムを感じていた大陸浪人らからなる監督官であった。監督官の人選には川島浪速が関与していた。馮徳麟らの清国官軍編入に合わせて監督官も顧問として招聘され、日本の既得権の一つとなっていった。

日本側の支援対象が次第に、奉天省さらには東三省で実権を握っていく張作霖に一本化されていくなかで、東三省の軍事長官に顧問派遣が認められるようになり、大陸浪人に替わって正規の陸軍軍人が顧問を占めるようになっていった。大陸浪人は、辛亥革命以降、モンゴル独立運動に従事するバボージャブと結びつきを強めた。バボージャブは中国軍との戦闘で戦死するが、その息子カンジュルジャブ、ジョンジュルジャブ兄弟が川島浪速の下で保護され、人脈は維持されていった。

顧問の派遣と合わせて、清から陸士留学生を受け入れることも日本側は影響力を強める一環として重視していた。日露戦争で奉天周辺に駐屯した日本軍は、在地の子弟に陸士留学を勧め、多くの留学生を送り出すこととなった。陸士留学生には中国全土から派遣されたが、八期生のなかで奉天出身者は数において群を抜いており、その団結力、日本から受けた強い影響力の点で注目される。彼らもまた満洲事変で多くが日本に帰順していった。

モンゴル勢力も陸士へ留学生を派遣しようとしたが、清朝によって警戒されて実現せず、民国期になり、バボージャブの死後、カンジュルジャブ、ジョンジュルジャブ兄弟らが陸士留学を果たした。同兄弟は満洲事変に呼応し、バボージャブの元部下も集結させつつ、内モンゴル自治軍として挙兵し、日本軍当局も特別任務班の再現を期待した。中国人を相手とする馬賊謀略方式の作戦は、さしたる成果は挙げられなかったが、同軍の存在はモンゴル王公らの独立運動参加へと繋がり、また満蒙独立謀略発動で課題となることが予想されたモンゴル人勢力と満漢人勢力の調整を計算できる勢力であった点で一定の意義を有した。満洲国成立後、同兄弟は満洲国軍のモンゴル人部隊である興安軍において中核を占める軍官となっていく。

ノモンハン戦争には興安軍ほか満洲国軍も参加した。カンジュルジャブは興安南警備軍司令官として部隊を送り出し、ジョンジュルジャブは興安支隊の参謀として参戦している。ノモンハン戦争ではより小規模ではあるが、日本軍の両翼において在地勢力が諜報等で支援するという日露戦争と同様の布陣がとられたのが特徴的である。

2　日本の大陸政策と陸士留学生・軍事顧問

満洲国軍を構成した重要な人材の一つは、陸士留学生であり、その中心にいたのが八期生であった。辛亥革命後、第二七師長となった張作霖が、馮徳麟の第二八師、呉俊陞の第二九師を支配下に入れつつ、東三省支配を確立させていくなか、帰国した八期生は奉天軍に集結していった。

南北武力統一策を推進する段祺瑞ら安徽派と結んで張作霖が実行した南征への参加は、八期生の最初の顕著な動きである。八期生のなかで張作霖直系と呼べるほど重用された楊宇霆は、南征で大功を挙げようとするが、兵力の損失を望まない張作霖によって更迭された。八期生においては楊宇霆に近いグループとそれ以外の間で分化が生じていく。

楊宇霆とは距離を置く者たちは、孫烈臣や呉俊陞、張作相ら旧派の庇護下で、中東鉄路護路軍など黒龍江省や吉林省で地位を確立していった。旧派が日本に対抗する姿勢をみせたように、八期生も単純に「親日」的といえるような存在ではなかった。中国の利権回収が進むなかで、その矛先はロシアへと同様、日本へも向けられていった。利権回収を支持する点では楊宇霆も同じであった。日本が陸士留学生に有していたであろう期待は打ち砕かれ、日本の目論見通りには事は運べなかった。日本が分離主義政策を遂行するには、日本軍による武力行使が不可欠であった所以である。

庇護を受けていた旧派軍人の死去、張学良への代替わりにより、八期生の政治的な立ち位置は変動をみる。楊宇霆、于珍は国家統一志向の点で張学良と同様の位置にあり、張煥相、熙洽、丁超、吉興、于国翰など黒龍江省や吉林省で地位を確立していった者は、東北割拠を志向する旧派に連なる位置にあったと考えられる。王樹常、臧式毅、邢士廉は、旧派から張学良に接近していった。

満洲事変においては関東軍が満鉄本線沿線などの主要都市を迅速に占領し、また張学良が無抵抗命令を発し、関内からの援軍も望めなかったため、多くの軍官の関内撤退が困難となった。日本に帰順し、満洲国において当初大臣や軍司令官など重職を担った者はすべて日露戦争以来の繋がりがある人物であり、満洲事変における日本軍の武力発動は彼らに日露戦争を思い起こさせたと考えられる。特別任務班に関係した張海鵬や于芷山、旧派に連なる陸士留学八期生は、割拠志向の面では共通していた。ともかく関東軍は武力を背景に日本の影響力が残る勢力を強引に満洲国軍官あるいは官吏として再編していった。

日露戦争以来の関係の再編という点では日本人軍事顧問も同様であった。日露戦争期の満洲軍―監督官―馬賊というチャンネルは、東三省期には関東都督―軍事顧問―奉天軍となり、さらに満洲国期には関東軍―軍事顧問―満洲国軍へと形を変えて維持された。東三省軍事顧問は張作霖に密着し、影響力を及ぼそうとしたが、兵器の日本化には一定の効果があったものの、それ以上の効果は引き出すことはできなかった。東三省軍事顧問は日露戦争を体験し中国人に連帯感を有していた陸軍支那通の第一世代が担っていたが、満洲国軍事顧問は満洲を客観視し武力を背景に理想を追求した第二、第三世代へと移っていった。

3　満洲国支配と満洲国軍統制

満洲国においては、日系をいかに配置し、満系をどう統制していくかが問題となった。それは満洲国軍でも同様であった。民政・外交・財政など各部においては総務庁中心主義と接合した「次官政治」が行われた一方で、軍政部・軍では当初、関東軍司令部附の軍事顧問が多数配置され、「顧問統治」がなされた。しかし軍事顧問は次第に減少していき、一九三七年七月軍政部の治安部への改称以降、次長や参謀司を除く司長は日系が占めるようになり、軍事教官の廃止、日系軍官の増員およびその指導官から指揮官への転換がみられた。一九三七年より始まる「満洲国の『外地化』ないし『日本化』」(2)に対応し、満洲国軍統治は次第に「顧問統治」から「次官政治」へと重点を移し、より直接的な支配の側面を強めたのである。満洲国に倣うかたちで中国大陸には様々な傀儡政権が作られ、傀儡軍が設けられたが、満洲国軍事顧問や日系軍官がそれらに転出していき、統治技術が伝えられていった。

「次官政治」への重点の移行が満系の強い反発を呼ぶことは事前に予想され、古参の于芷山、張海鵬らは名誉職へと追いやられた。軍管区司令官は軍事顧問による統制を受けながらも、実際に兵権を有する点で重要なポストであり、当初は八期生を中心とする陸士留学生たちが就き、その後には中訓の専科学生班で教育を受けた者などからなる新エリート軍官が就任した。満洲国軍が発展し得た一因には、その世代交代の巧みさが挙げられる。

しかし世代交代が概ね成功したのはそこまでであった。陸軍軍官学校が設立され、満系軍官の本格的な養成が開始されたが、日露戦争を知らない世代である軍官学校生には抗日意識が広がっていった。それは日本側が反発が少ないとみなしていたモンゴル人も同様で、陸軍興安学校においても抗日意識の広がりは止まらなかった。

各部隊内においても日系軍官の増員に伴い満系の民族的反感が広まり、それを更なる日系軍官の増員によって抑制するという負のスパイラルに陥っていくしかなかった。日本は日露戦時特別任務班の経験で得られた、在地部隊の統制を強めるために多数の日本人幹部を配置するという方法以外、用意することができなかったのである。

日本化の強まりは、日本軍による満洲国軍への差別を止めさせるものではなかった。陸軍予科士官学校受験者から選ばれ、軍官学校で養成された日系軍官は、日本軍によって差別されていた満洲国軍に入ることに割り切れない思いを抱えていた者もおり、士気は必ずしも上がらない側面があった。結局、軍官学校四期生は、陸士の同期生に合流することとなり、満洲国日系軍官としての養成制度は破綻していった。

4　日本植民地兵制・中国兵制史と満洲国軍

満洲国軍は統制の面で根本的な問題を抱え込んでいたにも拘らず、発展をみせた。日中全面戦争開始に対応し外征に乗り出していき、また徴兵制を導入するまでに強化されている。一部では満洲国軍が日本軍の部隊を指導したり、指揮したりするという事態もみられた。

満洲国では朝鮮や台湾と異なり、独立国家の建前上や軍事情勢の判断により、領有当初から現地人部隊が積極的に利用された。特にモンゴル人は漢人と対立してきた歴史的経緯、対ソ作戦遂行の観点から多くの期待がかけられた。モンゴル人は兵士としての身体的素質面に関しても高く評価されており、満洲国軍の対外作戦補助部隊化および国兵法施行は、モンゴル人への期待と密接な関係にあった。「尚武の民」としてのモンゴル人の存在と徴兵制の組合せは、日本植民地兵制の理想の実現とも呼び得るが、期待の分だけ、モンゴル人には過重な兵役負担が課され、彼らの不満を増大させることとなった。

中国では中華民国成立後、徴兵制導入が模索されたが、南北分裂を経て、国民政府による国内統一がなってようやく徴兵制が実施された。東北地方・内モンゴル東部は満洲国として切り離されたため、日本の支配下で中国本土に遅れて徴兵制導入の流れを追いかけることとなった。実現した国兵法は、中国本土の徴兵制とは異質のものとなった。国兵法は、日本植民地兵制の一環として展開されつつ、日中の兵役法の影響が混在していた。法の施行実態をみると、中国本土では兵員需要が逼迫し、総力戦に対応する社会条件が整っていないなかでの徴兵制実施のため、多くの壮丁が逃亡し人数合わせのための拉致が横行した。皮肉にも本土から切り離された満洲国の方が、植民地経営の経験を踏まえ慎重に国兵法を運用したため徴兵圧力は低く、拉致が横行することもなかった。消極的な受容がみられたことを考えても、国兵法は法の貫徹という点で中国の徴兵制をめぐる環境に適合していたと言えよう。抗日戦争勝利後、東北を占領した国民党軍が徴兵制実施に際して国兵法を高く評価し、一部を同法に準拠しようとしていたことからもそのことが窺われる。

駒込武は、「日本帝国主義による多民族支配にともなって生じた諸矛盾が本国の制度や理念の変革・変質を促すものとなること」を「膨張の逆流」と呼んでいる(3)。その用法に準拠しつつ述べれば、満洲国において統帥権の独立が明確化されたのは、統帥権の不独立が本国へ「逆流」することを防ぐことが意識されていたからであった。その一方で、満洲国における朝鮮に先行しての徴兵制実施は、「逆流」が朝鮮統治へ及んでいくこととなった。満洲国人と比較して朝鮮人が兵役を課すに足らないとみなされることは、「内鮮一体」イデオロギーへの疑義を生じさせる。しかし関東軍の徴兵制導入の意志は固く、名称を「国兵法」に改めるという小手先の対処をしたのみで、徴兵制の導入を押し切った。国兵法施行は、朝鮮における早急な徴兵制実施を促す一因となったであろう。また実際に朝鮮で徴兵制が実施されると、今度は満洲国における朝鮮人と日本人の待遇の差が問題視されるようになった。まさに「逆流」が植民地内を「回流」しているのである。

満洲国軍に参加した人材は、日本人、中国人、モンゴル人、朝鮮人と東アジアに広くわたっている。それら人々の不満を醸成させ、最終的には崩壊していったが、戦後の各地における軍を担う人材の揺籃の場でもあったことも特徴の一つである。軍官学校出身などの朝鮮人は韓国軍の要職に就いており、同校出身の中国人は国民党軍あるいは共産党軍に参加し、興安学校出身のモンゴル人は東モンゴル人民自治政府軍の基盤となっていった。満洲国軍の軍事技能や知識は各軍に受け継がれ、朝鮮戦争では敵味方に分かれ、対峙することとなったのである。

註

（1）古屋哲夫「日中戦争にいたる対中国政策の展開とその構造」同編『日中戦争史研究』吉川弘文館、一九八四年、笠原十九司『日中戦争全史 上』高文研、二〇一七年、一六頁。

（2）山本有造『「満洲国」経済史研究』名古屋大学出版会、二〇〇三年、一六頁。

（3）駒込武『植民地帝国日本の文化統合』岩波書店、一九九六年、三七四～三七五頁。

[附録] 満洲国軍 軍政系統一覧（一九三七年・一九四二年・一九四五年）

① 一九三七年六月時点

- 皇帝
  - 将軍府
  - 軍政部（大臣・次長）
    - 参謀司
      - 総務課
      - 軍事課
      - 訓練課
      - 軍衡課
      - 江防課
      - 医務課
      - 軍法課
      - 調査課
      - 測量課
    - 軍需司
      - 主計課
      - 需品課
      - 兵器課
      - 艦政課
    - 中央軍法会審
    - 禁衛隊司令部（新京）
    - 憲兵司令部（新京）
    - 江防艦隊司令部（ハルビン）
    - 靖安軍（錦州）
    - 独立第一自動車隊（奉天）
    - 中央陸軍訓練処（奉天）
    - 憲兵訓練処（吉林）
    - 興安軍官学校（王爺廟）
    - 軍用通信本処（新京）
    - 陸軍軍医学校（ハルビン）
    - 陸軍獣医材料部（奉天）
  - 侍従武官処

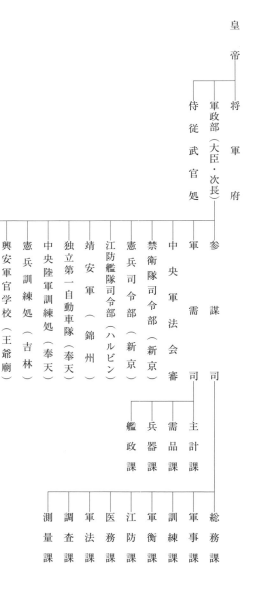

- 軍械本廠（奉天）
- 陸軍被服本廠（奉天）
- 陸軍衛生材料廠（奉天）
- 第一軍管区司令部（奉天）
- 第二軍管区司令部（吉林）
- 第三軍管区司令部（チチハル）
- 第四軍管区司令部（ハルビン）
- 第五軍管区司令部（承徳）
- 第六軍管区司令部（牡丹江）
- 興安東省警備軍司令部（博克図）
- 興安南省警備軍司令部（銭家店）
- 興安西省警備軍司令部（林西）
- 興安北省警備軍司令部（ハイラル）

②一九四二年一〇月時点

皇帝

- 将軍府
- 軍事諮議院
- 治安部（大臣・次長）
  - 参謀司
    - 軍事科
    - 訓練科
    - 精軍科
    - 報道科
  - 軍政司
    - 軍務科
    - 兵事科
    - 主計科
    - 人事科
    - 兵器科
    - 医務科
    - 獣医科
    - 法務科
  - 警務司
  - 官房（秘書・庶務・用度股）
  - 第一参事官室（一般軍事調査）
  - 第二参事官室（法令・編制・審査）
  - 中央軍法会審
  - 第一師（富錦）
  - 第二師（王爺廟）
  - 独立第一自動車隊（奉天）
  - 禁衛隊司令部（新京）
  - 憲兵総団司令部（新京）
  - 飛行隊司令部（新京）
  - 高射砲隊司令部（奉天）
  - 江上軍司令部（ハルビン）
  - 陸軍軍官学校（新京）
  - 陸軍興安学校（王爺廟）
  - 陸軍訓練学校（奉天）
  - 陸軍自動車学校（奉天）
  - 陸軍飛行学校（奉天）
  - 陸軍軍需学校（新京）
  - 陸軍軍医学校（ハルビン）
- 侍従武官処

- 陸軍獣医学校（新京）
- 憲兵訓練処（吉林）
- 通信養成部（吉林）
- 陸軍被服本廠（奉天）
- 軍械本廠（奉天）
- 新京軍需処（新京）
- 飛行材料廠（奉天）
- 陸軍衛生工廠（奉天）
- 陸軍獣医工廠（奉天）
- 第一軍管区司令部（奉天）
- 第二軍管区司令部（吉林）
- 第三軍管区司令部（チチハル）
- 第四軍管区司令部（ハルビン）
- 第五軍管区司令部（承徳）
- 第六軍管区司令部（牡丹江）
- 第七軍管区司令部（ジャムス）
- 第八軍管区司令部（通化）
- 第九軍管区司令部（通遼）
- 第十軍管区司令部（ハイラル）
- 第十一軍管区司令部（密山）

③一九四五年八月時点

- 皇帝
  - 将軍府
  - 軍事諮議院
  - 軍事部（大臣・次長）
    - 参謀司
      - 第一科
      - 第二科
      - 第三科
      - 第四科
      - 第七科
    - 軍政司
      - 軍務科
      - 兵事科
      - 兵器科
      - 主計科
      - 医務科
      - 獣医科
      - 法務科
    - 鉄路警護司
      - 第五科
      - 第六科
    - 官房
      - 秘書室
      - 人事科
      - 庶務科
    - 第一参事官室
    - 第二参事官室
    - 中央軍法会審
    - 高等軍事学校（新京）
    - 陸軍軍官学校（新京）
    - 陸軍興安学校（王爺廟）
    - 陸軍訓練学校（奉天）
    - 憲兵訓練処（吉林）
    - 陸軍自動車学校（奉天）
    - 陸軍飛行学校（奉天）
    - 陸軍軍需学校（新京）
    - 陸軍軍医学校（ハルビン）
    - 陸軍獣医学校（新京）
    - 陸軍被服本廠（奉天）
    - 軍械本廠（奉天）
    - 新京軍需処（新京）
    - 飛行材料廠（奉天）
    - 陸軍衛生工廠（奉天）
  - 侍従武官処

陸軍獣医工廠（奉天）
軍馬補充廠（喇嘛甸子）
陸軍自動車廠（奉天）
鉄石部隊（冀東）
第一師（勃利県）
第二師（王爺廟）
禁衛隊司令部（新京）
憲兵総団司令部（新京）
飛行隊司令部（新京）
高射砲隊司令部（奉天）
江上軍司令部（ハルビン）
独立通信隊司令部（吉林）
第一軍管区司令部（奉天）
第二軍管区司令部（吉林）
第三軍管区司令部（チチハル）
第四軍管区司令部（ハルビン）
第五軍管区司令部（承徳）
第六軍管区司令部（牡丹江）
第七軍管区司令部（ジャムス）
第八軍管区司令部（北安）
第九軍管区司令部（通遼）
第十軍管区司令部（ハイラル）
第十一軍管区司令部（密山）

（中央檔案館ほか編『日本帝国主義侵華檔案資料選編 東北〝大討伐〟』中華書局、一九九一年、附録表を加筆修正）

あとがき

本書は、筆者がここ一〇年ほど取り組んできた研究テーマである満洲国軍に関する既発表論文をもとに、加筆修正などを施し、書き下ろしの章を加えて構成したものである。各章のもとになった論文の初出は、以下の通りである。

序　章　書き下ろし

第Ⅰ部

第一章「日露戦争期から辛亥革命期の奉天在地軍事勢力―張作霖・馬賊・陸軍士官学校留学生―」（白木沢旭児編著『北東アジアにおける帝国と地域社会』北海道大学出版会、二〇一七年）

第二章　書き下ろし

第三章「『満洲国軍』創設と『満系』軍官および日系軍事顧問の出自・背景」（『史学雑誌』一二五―九、二〇一六年九月）

第Ⅱ部

第一章「『満洲国軍』の発展と軍事顧問・日系軍官の『満系』統制」（『北大史学』五六、二〇一六年一二月）

第二章「満洲国軍と国兵法」（『歴史学研究』九二一、二〇一四年八月）

第三章　書き下ろし

終　章　書き下ろし

幼い頃、元陸軍下士官であった亡き祖父が戦争や中国のことを語り、写真を見せてくれた。中国のどこかの街の塔や微笑む現地の女性。そのすっかり赤茶けた写真の記憶が自分の中にずっと残っている。その記憶が戦争や中国に対する関心の原点となっているのかもしれない。

日本史を学ぶために北海道大学文学部に進み、第二外国語は自然と中国語を選択していた。同大学院では、日本軍の徴兵制を中心に研究するようになった。研究を進めるなかで、満洲国の国兵法、そして満洲国軍の存在を認識し、やがて満洲国軍の研究を重点的に行うようになった。しかし当初は、関係史料を収集したものの、論文として形にするには今一つ決め手に欠ける感があった。

転機となったのは、二〇一〇年より二〇一四年にかけて中国長春の東北師範大学、吉林大学に勤務したことであった。自治体史編集員としての勤務が一区切りつき、身の振り方を思案していたところに、東北師範大学外教専家の募集があり、渡りに船とばかりにそれに応じた。海外で日本語をメインに教えることにまったく不安はないわけではなかったが、自分は楽天的な性格なのであろう、あまり深く考えずに海を渡った。

右も左も分からずに、新しい世界に飛び込み、自分の至らなさを痛感させられた。しかし長春は、在留日本人のネットワークが発達している街であり、初めて海外で生活する自分にとっては幸いであった。日本人教師会がしっかり運営されているのみならず、留学生や企業駐在員との連携もあり、毎年、在長春日本人の懇親会が大々的に開催されている。

生活や仕事をしていく上で、国籍や職業に関わらず、多くの人にお世話になり、大変助けられた。赤桐敦さん、劉志秀さん、水本圭亮さん、尾崎亨先生、尾崎篤子さん、平山允子さん、嶋本紀子さん、山寨亭の森夫妻、林嵐先生、徐雄彬先生、曲暁範先生、周頌倫先生、ブライアンさん、大田英昭さん、水戸貴久さん、賀川知美さん、元木りえ子さん、家田修先生、平野宏子さん、野波幸希さん、岩崎拓也さん、佐久間葉澄さん、南條淳さん、周異夫先生、胡建軍先生、柳暁東先生、森屋美和子先生、隣りの部屋の朴さん、孟令偉さん、権慧頴さん、趙夢嬌さん、学生および院生のみんな、その他にもお一人ずつ名前を挙げることはできないが、お世話になった方々に改めて感謝申し上げたい。

長春では多くの史料や文献を入手することができ、本書のもととなった論文の輪郭が徐々に出来上がっていった。中国で生活し、実際に中国社会や中国における日本人コミュニティのあり様を目の当たりにしたことも研究上の理解に役立っているのかもしれない。

多くのご厚意を受けたが、ほとんど恩返しもできないまま、日本に戻ることとなってしまった。お世話になった方々がいなければ、不慣れな地でサヴァイヴすることはできなかったし、本書も生まれることはなかったに違いない。本書の刊行がご厚意へのせめてもの恩返しとなれば幸いである。

本書はＪＳＰＳ科研費JP23320133、JP16K16897、JP17H00924および平成二七年度公益財団法人髙梨学術奨励基金若手研究助成による研究の成果である。書き下ろしの章に関しても一部は同科研費研究会における報告がもとになっている。記して謝意を表したい。

長春滞在中から白木沢旭児先生が研究代表者を務める科研費研究会「北東アジアにおける帝国のプレゼンスと地域社会」に参加させていただいた。同研究会において報告し、指摘を受けたことにより、次第に研究の方向性が定まっていった。夏季休暇や冬期休暇で帰国して研究会に参加する機会があることは、長春で生活しながら研究を進めるモチベーションとなっていた。帰国してからも「日ソ戦争および戦後の引揚・抑留に関する総合的研究」研究会の末席に連なり、大きな刺激を受けている。

白木沢先生には学部の頃より指導教官として大変お世話になっている。本書のもととなった論文を発表する度に先生の「本になる」と声をかけていただき、非常に励みになった。拙いながらも本書を形にすることができたのは、先生のご指導の賜物である。多少なりとも先生の学恩に報いることができていれば幸甚である。

川口暁弘先生には修士論文の主査を務めていただいて以来、折に触れて気にかけていただいている。気さくに声をかけてくれる先生のお言葉が励みとなり、何とか研究を続けることができている。改めて御礼申し上げたい。

そして本書を刊行するにあたって大変お世話になった吉川弘文館の若山嘉秀さんに御礼申し上げる。

最後に、研究を続けることを許してくれ、いつも心配をかけている両親に本書を捧げる。

二〇一九年八月

及川琢英

索　　引

Ⅰ　事　　項

あ　行

か　行

さ　行

た　行

な　行

は　行

ま　行

や　行

ら 行

Ⅱ 人　　名

あ 行

か 行

さ 行

た 行

な 行

は 行

ま 行

や 行

ら 行

わ 行

著者略歴
一九七七年　北海道に生まれる
二〇〇九年　北海道大学大学院文学研究科博士後期課程修了、博士（文学）
現在　北海道大学大学院文学研究院専門研究員

〔主要論文〕
「学生と軍隊—北海道帝国大学を事例に—」（『道歴研年報』第四号、二〇〇四年）
「植民地朝鮮と軍隊」（『北大史学』第四四号、二〇〇四年）
「徴兵忌避対策と徴兵制の定着」（『ヒストリア』第一九五号、二〇〇五年）

帝国日本の大陸政策と満洲国軍

二〇一九年（令和元）十月二十日　第一刷発行

著　者　及《おい》川《かわ》琢《たく》英《えい》

発行者　吉川道郎

発行所　株式会社　吉川弘文館
郵便番号一一三—〇〇三三
東京都文京区本郷七丁目二番八号
電話〇三—三八一三—九一五一〈代〉
振替口座〇〇一〇〇—五—二四四番
http://www.yoshikawa-k.co.jp/

印刷＝株式会社　東京印書館
製本＝株式会社　ブックアート
装幀＝山崎　登

ISBN978-4-642-03889-8